普通高等教育"十三五"规划教材

建 筑 力 学

廖永宜　杨清荣　编著

北京
冶金工业出版社
2019

内 容 提 要

本书为普通高等教育和高等职业教育"十三五"规划教材。内容共分三篇：理论力学、材料力学和结构力学。第1~3章为理论力学部分，包括静力学基础、平面问题和空间问题的受力分析和平衡计算；第4~8章为材料力学部分，包括拉伸（压缩）、剪切与挤压、扭转、弯曲和组合变形的内力分析、变形规律与强度计算；第9~13章为结构力学部分，包括平面体系的几何组成分析、静定结构的内力和位移计算、超静定结构的内力和位移计算（力法与位移法）。每章后有小结和习题，书末附有习题参考答案。

本书力求体现高等职业教育和成人高等教育教学改革的要求，突出实用性和应用性，具有精选内容、图文配合、叙述简练、紧密联系工程实际的特点。

本书可作为高等职业院校和成人高等教育土建类专业和其他工科类专业的建筑力学和工程力学等课程的教材，也可供自考和工程技术人员参考。

图书在版编目 (CIP) 数据

建筑力学／廖永宜，杨清荣编著 . —北京：冶金工业
出版社，2018.2（2019.1重印）
普通高等教育"十三五"规划教材
ISBN 978-7-5024-7714-1

Ⅰ.①建… Ⅱ.①廖… ②杨… Ⅲ.①建筑科学—力学
—高等学校—教材 Ⅳ.①TU311

中国版本图书馆 CIP 数据核字（2018）第 013232 号

出 版 人 谭学余
地 址 北京市东城区嵩祝院北巷 39 号 邮编 100009 电话 (010)64027926
网 址 www.cnmip.com.cn 电子信箱 yjcbs@cnmip.com.cn
责任编辑 夏小雪 美术编辑 彭子赫 版式设计 禹 蕊
责任校对 石 静 责任印制 李玉山
ISBN 978-7-5024-7714-1
冶金工业出版社出版发行；各地新华书店经销；北京印刷一厂印刷
2018 年 2 月第 1 版，2019 年 1 月第 2 次印刷
787mm×1092mm 1/16；16.75 印张；402 千字；255 页
39.00 元

冶金工业出版社 投稿电话 (010)64027932 投稿信箱 tougao@cnmip.com.cn
冶金工业出版社营销中心 电话 (010)64044283 传真 (010)64027893
冶金书店 地址 北京市东四西大街 46 号(100010) 电话 (010)65289081(兼传真)
冶金工业出版社天猫旗舰店 yjgycbs.tmall.com
（本书如有印装质量问题，本社营销中心负责退换）

前　言

本书为普通高等教育和高等职业教育"十三五"规划教材，内容共分三篇：理论力学、材料力学和结构力学。本书是为适应高等职业教育和成人高等教育改革与发展需要，根据高等学校土建学科高等职业教育教学大纲的基本要求，吸取相关教材长处，结合作者长期从事教学和工程实际工作的经验编写的。本书可作为高等职业院校和成人高等教育土建类专业和其他工科类专业的教学用书。

本书在总体编排上考虑了课程体系的系统全面，而在知识点的介绍上兼顾了各篇内容的相对独立性和完整性，以适应不同课程设置的需要。在编写过程中，注重结合工程实际，根据知识点尽可能多地用工程实例进行分析计算，力求体现高等职业教育和成人高等教育教学改革的要求，突出针对性和实用性，以培养技术应用能力为目的，以够用为原则，具有精选内容、注重基本概念和基本方法、叙述简练、图文配合、简化理论推导、举例典型、紧密联系工程实际的特点。书中编入了适量结合工程应用的例题和习题供教学选用，书末附有习题答案供学生参考。

本书由昆明理工大学廖永宜（编写第 2 篇、第 3 篇和全书的习题及参考答案）、昆明冶金高等专科学校杨清荣（编写第 1 篇）编写，全书由廖永宜统稿。

限于编者水平，书中难免有错漏和不妥之处，恳请广大读者批评指正。

编　者
2017 年 10 月

目　录

第 2 篇　材料力学

第 3 篇 结构力学

绪　　论

1. 建筑力学研究的内容

建筑力学是研究工程结构的力学计算理论和方法的学科，是一门应用广泛的基础课，它包括了传统学科中理论力学、材料力学和结构力学三门课程中的主要内容。

理论力学是研究物体机械运动一般规律的基础学科，讨论机构及其构件（质点和刚体）的受力分析及其运动情况。

材料力学和**结构力学**则是研究结构及其构件的强度、刚度、稳定性、承载能力和动力反应等问题。

由以上内容可见，建筑力学研究和分析作用在结构或构件上力的平衡规律，结构或构件内力、应力和变形的计算方法以及强度、刚度和稳定条件，为保证工程结构及其构件既安全可靠又经济合理提供计算理论和方法，是相关工程技术人员必须具备的理论基础。

2. 建筑力学的学习方法

（1）联系实际

建筑力学来源于人类长期的生活实践、生产实践与科学实验，具有较强的理论性，和工程实际联系紧密。因此，理论联系实际是学习建筑力学的一个重要的学习方法。广泛联系与分析生活及工程中的各种力学现象，就会产生对建筑力学的学习兴趣，而兴趣是最好的老师。联系实际也是从获得理论知识到养成分析与解决问题能力之间的重要途径。

（2）总结交流

读书是一个由薄到厚，再由厚到薄的过程。通过对内容的理解、分析、概括和整理，结合教材中的例题，举一反三，融会贯通。理论要总结，解题的方法与技巧要总结。注重一题多解，也是培养归纳总结能力的重要方法。

相互交流是获取知识的一种重要手段，通过课堂教学、习题讨论、课件利用，不断得到提高。

3. 课程教学中的能力培养

（1）分析能力

1）选择结构计算简图的能力。

2）力系平衡分析和变形几何分析的能力，是结构分析的两个基本功，要在反复运用中加以融会贯通，逐步提高，力求达到正确、熟练、灵活运用的水平。

3）选择计算方法的能力，在众多方法中，要了解各种方法的特点和最适用的场合，具有根据具体问题选择恰当计算方法的能力。

（2）**计算能力**

1）对各种结构进行计算和确定计算步骤的能力。

2）对计算体系进行定量校核或定性判断的能力。

3）初步具有使用结构计算程序的能力。

（3）**应用能力**

具有根据具体问题查阅参考书、资料、设计手册以补充、扩展知识的能力；在掌握理论和计算方法的基础上，具有解决工程实际问题的能力。

第1篇

理 论 力 学

理论力学是研究物体机械运动一般规律的一门科学。运动形式是多种多样的，从简单的位置变化，到各种物理现象和化学现象。**物体机械运动**是指物体在空间的位置随时间的变化，如日月的运行，车船的行驶，机器的运转，水的流动、机械结构和建筑结构的振动等，都是机械运动。**物体的平衡**是机械运动的特殊情况，所谓物体的平衡，一般是指物体相对于惯性参照系（如地面）处于静止或做匀速直线运动的状态。

机械运动现象十分普遍，不仅存在于我们的周围，存在于人类的一切劳动生产过程之中，也普遍存在于研究其他运动形式的各门学科之中。因此，学习理论力学，研究机械运动，是解决众多工程技术问题的重要理论基础，同时，理论力学也是工科院校中一系列后续技术基础课和专业课的基础，在工程技术领域中有着广泛应用。

理论力学是以牛顿力学为基础的，属于古典力学的范畴，通常包括以下三个部分：

（1）**静力学**：研究力系的简化与物体在力系作用下的平衡规律，是物体**受力分析**的基础。**力系**是指作用于同一物体上的一组力。物体处于平衡状态时，作用于该物体上的力系称为**平衡力系**。静力学建立力系平衡条件的主要方法是力系的简化，所谓**力系的简化**就是用简单的力系代替复杂的力系，这种代替必须在两力系对物体的作用效应完全相同的条件下进行。对同一物体作用效应相同的两力系，彼此称为**等效力系**。若一个力与一个力系等效，则此力称为该力系的**合力**。

（2）**运动学**：研究物体机械运动的几何特征（轨迹、位移、运动方程、速度、加速度等），从几何学的角度来研究物体在空间的位置随时间的变化规律，而不考虑产生运动的原因。

（3）**动力学**：结合静力学和运动学，研究作用于物体上的力与物体运动变化的关系。

理论力学的研究对象为**刚体**与**质点**。不考虑物体受力时的变形而获得刚体的概念，不计物体的尺寸而得到质点的概念，这些理想化的力学模型都是为了将问题简化，根据问题的性质，抓住主要的因素，而忽略次要的因素。例如，在研究人造卫星、飞机等的运行轨迹问题时，不考虑其大小和形状而将其抽象为一个质点；在研究机构的运动时，往往忽略其构件受力产生的变形，而将构件简化为刚体。理论力学的分析和研究方法在科学研究中有一定的典型性，通过对本课程的学习，有助于提高分析和解决实际问题的能力，为今后从事生产实践、科学研究打下良好的基础。

本篇为理论力学部分，是材料力学和结构力学的基础。主要介绍力的基本概念及其运算、静力学的一些基本概念和基本公理、工程中常见的约束类型和物体受力图的绘制；力系的简化；平面和空间力系平衡问题的求解方法。

静力学基础

1.1　力的概念和性质

1.1.1　力的概念

用手推车时，手与车之间有了相互作用，这种作用使车产生了运动；将毛坯置于模具中加压，模具和毛坯有了相互作用，这类作用使毛坯产生了变形。这类作用广泛存在于人与物及物与物之间，如奔腾的水流能推动水轮机旋转，锻锤的锻压会使工件变形等。可见，力是物体间相互的机械作用，力作用于物体将产生两种效果：一种是使物体机械运动状态发生变化，称为力的外效应；另一种是使物体产生变形，称为力的内效应。故力可定义为：**力是物体间相互的机械作用，这种作用使物体的运动状态发生改变（外效应），或者使物体的形状发生改变（内效应）。**

（1）**力的三要素**

实践证明，力对物体的作用效应，是由力的大小、方向和作用点的位置所决定的，这三个因素称为力的三要素。如图1-1所示，用扳手旋螺母时，作用在扳手上的力，因大小不同，或方向不同，或作用点不同，它们产生的效果就不一样。

（2）**力的单位**

在国际单位制中力的单位用 N（牛［顿］）或 kN（千牛［顿］），在工程单位制中力的单位是 kg（千克）或 t（吨）。

（3）**力的矢量表示与力的投影**

力是矢量，如图1-2所示常用一个带箭头的线段来表示，线段的长度按一定比例代表力的大小，线段的方位和箭头表示力的方向，其起点或终点表示力的作用位置。该线段的延伸称为力的作用线。

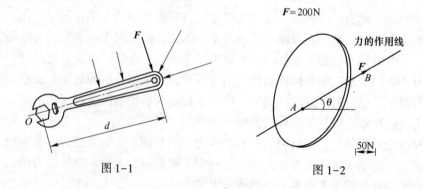

图1-1　　　　　　　　　　　　　　　图1-2

如图 1-3 所示，力 $\boldsymbol{F}$ 在直角坐标轴上的投影定义为：过 $\boldsymbol{F}$ 两端向坐标轴引垂线得垂足 A'、B' 和 A''、B''。线段 $A'B'$、$A''B''$ 分别为 $\boldsymbol{F}$ 在 x 和 y 轴上投影的大小。投影的正负号规定为：如图 1-4 所示，从 A' 到 B'（或从 A'' 到 B''）的指向与坐标轴的正向相同为正，相反为负。$\boldsymbol{F}$ 在 x、y 轴上的投影分别记作 F_x 与 F_y。

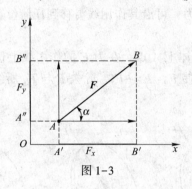

图 1-3

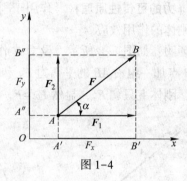

图 1-4

若已知 $\boldsymbol{F}$ 的大小及其与 x 轴所夹的锐角 α，则有：

$$\begin{aligned} F_x &= \pm F\cos\alpha \\ F_y &= \pm F\sin\alpha \end{aligned} \tag{1-1}$$

力的矢量表达式即为：

$$\boldsymbol{F} = F_x\boldsymbol{i} + F_y\boldsymbol{j} \tag{1-2}$$

若已知 $\boldsymbol{F}_x$、$\boldsymbol{F}_y$，则可求出 $\boldsymbol{F}$ 的大小及方向，即：

$$\begin{aligned} F &= \sqrt{F_x^2 + F_y^2} \\ \alpha &= \arctan\frac{|F_y|}{|F_x|} \end{aligned} \tag{1-3}$$

式中，取 $0 \leqslant \alpha \leqslant \pi/2$，$\alpha$ 代表力 $\boldsymbol{F}$ 与 x 轴的夹角，具体力的指向可通过投影的正负值来判定，如图 1-5 所示。

1.1.2　力的性质

性质 1（两力平衡公理）　作用于同一刚体上的两个力，使刚体处于平衡状态的充分与必要条件是：此两力必须等值、反向、共线，如图 1-6 所示。

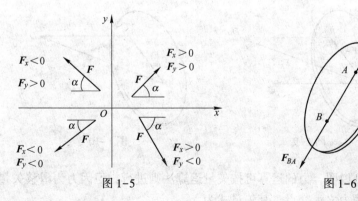

图 1-5

图 1-6

两力平衡公理是刚体受最简单的力系作用时的平衡条件，如一物体仅受两力作用而平衡，则两力的作用线必定沿此两力作用点的连线，这类构件常被称为两力构件，如图1-7所示。

性质2（加减平衡力系原理）　在已知力系上，加上或减去任一的平衡力系，不会改变原力系对刚体的作用效应。

推论（力的可传性原理）　作用于刚体上的力，可沿其作用线滑移到任何位置而不改变此力对刚体的作用效应。

推论证明：如图1-8所示，设力 F 作用于刚体上 A 点。在力 F 的作用线上任选一点 B，并在 B 点加一组沿 AB 的平衡力 F_1 和 F_2，且使 $F_2 = F = -F_1$，除去 F 与 F_1 所组成的一对平衡力，刚体上只剩 F_2，显然 $F_2 = F$。

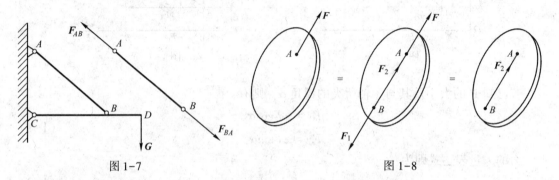

图1-7　　　　　　　　　　　　　　　　图1-8

力的可传性原理说明，力是滑移矢量，它可以沿其作用线滑移，但不能任意移至作用线以外的位置。

必须指出，力的可传性原理不适应于研究物体的内效应。例如，一根直杆受一对平衡力 F、F' 作用时，杆件受压，若将两力互沿作用线移动而易位，则杆变为受拉，但拉、压是两种不同的内效应。因此，当研究物体的内效应时，力应视为固定矢量。

性质3（力的平行四边形法则）　如图1-9所示，作用于物体上某点两力的合力也作用于该点，其大小和方向可用此两力为邻边所构成的平行四边形的对角线来表示。

有时为简便起见，如图1-10所示，作图时可省略 AC 与 DC，直接将 F_2 连在 F_1 的末端，通过 $\triangle ABD$ 即可求得合力 F_R。此法就称为求两汇交力合力的三角形法则。按一定比例作图，可直接量得合力 F_R 的近似值。

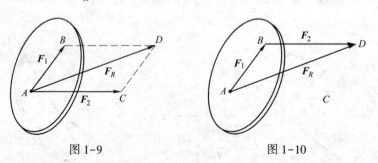

图1-9　　　　　　　　　　　图1-10

平行四边形法则说明，力的运算可按矢量运算法则进行，但因力为滑移矢量，故合力作用线必须通过前两力之汇交点。其矢量式为：

$$F_R = F_1 + F_2 \tag{1-4}$$

式（1-4）的投影式为：

$$F_{Rx} = F_{1x} + F_{2x}$$
$$F_{Ry} = F_{1y} + F_{2y} \tag{1-5}$$

若有多个力 F_1，F_2，$\cdots$，F_n 汇交作用于物体 A 处，显然其合力 F_R 的矢量式为：

$$F_R = F_1 + F_2 + \cdots + F_n = \sum F \tag{1-6}$$

式（1-6）的投影式为：

$$F_{Rx} = F_{1x} + F_{2x} + \cdots + F_{nx} = \sum F_x$$
$$F_{Ry} = F_{1y} + F_{2y} + \cdots + F_{ny} = \sum F_y \tag{1-7}$$

式（1-7）即为合力投影定理：力系的合力在某轴上的投影等于力系中各力在同轴上投影的代数和。

式（1-6）还可连续使用力的三角形法则来求解：如图 1-11 所示，为求合力 F_R，只需将各力 F_1，F_2，F_3，F_4 首尾相接，形成一条折线，最后联结其封闭边，从首力 F_1 的始端 O 指向末力 F_4 的终端所形成的矢量即为合力 F_R 的大小和方向，如图 1-12 所示。此法称为力的多边形法则。上述为两个或多个汇交力合成的方法。

如图 1-13 所示，一个力也可以分解为两个分力，分解也按力的平行四边形法则来进行。显然，由已知力对角线可作无穷多个平行四边形，故必须附加一定条件，才可能得到确切的结果。附加条件可以为：

（1）规定两个分力的方向；

（2）规定其中一个分力的大小和方向等。

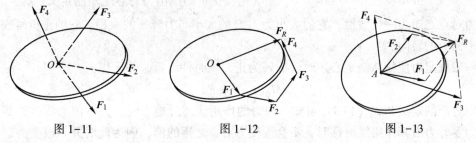

图 1-11　　　　　　图 1-12　　　　　　图 1-13

例如，如图 1-14 所示，在进行直齿圆柱齿轮的受力分析时，常将齿面的法向正压力 F_n，分解为推动齿轮旋转的，即沿齿轮分度圆圆周切线方向的分力——圆周力 F_t 与指向轴心的压力——径向力 F_τ。

若已知 F_n 与分度圆圆周切向所形成的压力角为 α，则：

$$F_t = F_n \cos\alpha$$
$$F_\tau = F_n \sin\alpha$$

性质 4（作用和反作用定律）　若将两物体相互作用之一称为作用力，则另一个就称为反作用力。两物体间的作用力与反作用力必定等值、反向、共线，但分别同时作用于两个相互作用的物体上。

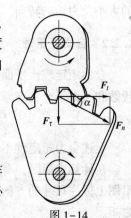

图 1-14

本定律阐明了力是物体间的相互作用，其中作用与反作用是相对的，力总是以作用与反作用的形式存在的，且以作用与反作用的方式进行传递。

这里应该注意两力平衡公理与作用与反作用定律之间的区别，前者叙述了作用在同一物体上两个力的平衡条件，后者却是描述两物体间相互作用的关系。

有时我们考察的对象是物系，物系外的物体与物系间的作用力称为**外力**，而物系内部物体间的相互作用力称为**内力**。内力总是具有成对出现且呈等值、反向、共线的特点，所以就物系而言，内力的合力总是为零。因此，内力不会改变物系的运动状态。但内力与外力的划分又与所取物系的范围有关，随着所取对象范围的不同，内力与外力又是可以相互转化的。

1.2　力对点的矩

1.2.1　力矩的概念

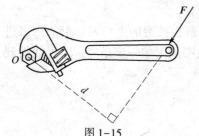

图 1-15

如图 1-15 所示，用扳手旋紧螺母时，若作用力为 F，转动中心 O（称为矩心）到力作用线的垂直距离为 d（称为力臂），由经验可知，扳动螺母的转动效应不仅与 F 的大小和方向有关，且与力臂 d 的大小有关，故力 F 对物体转动效应的大小可用两者的乘积 $F{\times}d$ 来度量。当然，若力 F 对物体的转动方向不同，其效果也不相同。表示力使物体绕某点转动效应的量称为力对点之矩（简称力矩）。

由大量实例可归纳出力对点之矩的定义：

力对点之矩为一代数量，它的大小为力 F 的大小与力臂 d 的乘积，它的正负号表示力矩在平面上的转向。

一般规定力使物体绕矩心逆时针旋转为正，顺时针为负。并记作：

$$M_O(\boldsymbol{F}) = \pm Fd \qquad (1-8)$$

由力矩的定义和式（1-8）可知：当力的作用线通过矩心时，力臂值为零，力矩值也必定为零。力沿其作用线滑移时，不会改变力对点之矩的值，因为此时并未改变力、力臂的大小及力矩的转向。力矩的单位为 N·m（牛·米）。

1.2.2　合力矩定理

合力矩定理：平面力系的合力对平面上任一点之矩，等于所有各分力对同一点力矩的代数和。由于合力与原力系对物体的作用等效，故有：

$$M_O(\boldsymbol{F}_R) = \sum M_O(\boldsymbol{F}) \qquad (1-9)$$

上述合力矩定理不仅适用于平面力系，对于空间力系也同样成立。

在计算力矩时，有时力臂值未在图上直接标出，计算亦较繁。应用这个定理，可将力沿图上标注尺寸的方向作正交分解，分别计算各分力的力矩，然后相加得出原力对该点之矩。

例1-1　如图1-16所示，圆柱直齿轮的齿面受一啮合角 $\alpha = 20°$ 的法向压力 $F_n = 1kN$ 的作用，齿面分度圆直径 $d = 60mm$，试计算力对轴心的力矩。

解1：按力对点之矩的定义有：

$$M_O(F_n) = F_n h = F_n r \cos\alpha = F_n(d/2)\cos\alpha = 28.2\text{N} \cdot \text{m}$$

解2：将 F_n 沿半径的方向分解成一组正交的圆周力 $F_t = F_n \cos\alpha$ 与径向力 $F_\tau = F_n \sin\alpha$，按合力矩定理有：

$$M_O(F_n) = M_O(F_t) + M_O(F_\tau) = F_t \cdot r + 0 = F_n \cos\alpha(d/2) = 28.2\text{N} \cdot \text{m}$$

例1-2　如图1-17所示，压路机轮在轮轴处受一切向力的作用。已知 F、R、r 和 α，试求此力对轮与地面接触点 A 的力矩。

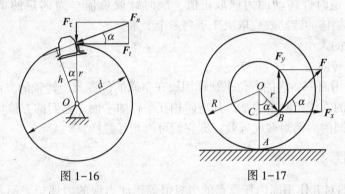

图1-16　　　　　　　　图1-17

解：由于力 F 对矩心 A 的力臂未标明且不易求出，故将 F 在 B 点分解为正交的 F_x、F_y，再应用合力矩定理，有：

$$M_A(F) = M_A(F_x) + M_A(F_y)$$

$$M_A(F_x) = -F_x CA = -F_x(OA - OC) = -F\cos\alpha(R - r\cos\alpha)$$

$$M_A(F_y) = F_y CB = Fr\sin^2\alpha$$

$$M_A(F) = -F\cos\alpha(R - r\cos\alpha) + Fr\sin^2\alpha = F(r - R\cos\alpha)$$

1.3　力偶及其运算

1.3.1　力偶的定义

在生活及生产中，常见到物体受一对大小相等、方向相反但不在同一作用线上的平行力作用。如图1-18所示的转动驾驶盘、拧水龙头及用丝锥加工螺纹孔等。通常把由大小

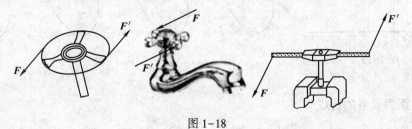

图1-18

相等、方向相反、作用线相互平行且不共线的两个力组成的力系定义为力偶，此二力之间的距离称为力偶臂。

1.3.2 力偶的三要素

由实例可知，在力偶的作用面内，力偶对物体的转动效应，取决于组成力偶两反向平行力的大小 F、力偶臂 d 的大小以及力偶的转向。

在力学上，以 F 与 d 的乘积冠以适当的正负号作为量度力偶在其作用面内对物体转动效应的物理量，称为力偶矩，并记作 $M(F, F')$ 或 M，即：

$$M(F, F') = M = \pm F \cdot d \tag{1-10}$$

一般规定，逆时针转动的力偶取正值，顺时针取负值。力偶矩的单位为 N·m 或 N·mm。力偶对物体的转动效应取决于下列三个要素：

（1）力偶矩的大小。

（2）力偶的转向。

（3）力偶作用面——它的方位表征作用面在空间的位置及旋转轴的方向；作用面方位由垂直于作用面的垂线指向来表征。凡空间相互平行的平面，它们的方位均相同。

凡三要素相同的力偶则彼此等效，即它们可以相互置换。

1.3.3 力偶的性质

性质 1 力偶对其作用面内任意点的力矩恒等于此力偶的力偶矩，而与矩心的位置无关。即不论点 O 选在何处，均有 $M_O(F) + M_O(F') = M(F, F')$ 成立。

性质 2 力偶在任意坐标轴上的投影之和为零，故力偶无合力，一个力偶不能与一个力等效，也不能用一个力来平衡，如图 1-19 所示。

由于**性质 1、2** 的存在，对力偶可作如下处理：

（1）力偶在它的作用面内，可任意转移位置，其作用效应和原力偶相同，即力偶对于刚体上任意点的力偶矩值不因易位而改变。

（2）力偶在不改变力偶矩大小和转向的条件下，可同时改变力偶中两反向平行力的大小、方向以及力偶臂的大小，而力偶的作用效应不变。

如图 1-20 所示，各图中力偶的作用效应都相同。力偶的力偶臂，力及其方向既然可改变，就可简明地以一个带箭头的弧线并标出值来表示力偶。

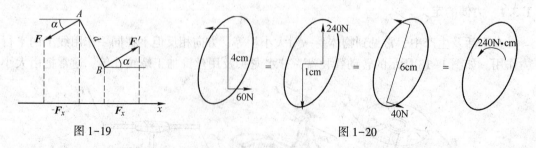

图 1-19   图 1-20

1.3.4 平面力偶系的合成

当平面内受若干个力偶作用时，如图 1-21 所示，其力偶系对刚体的转动效应等于各力偶转动效应的总和，即平面力偶系可合成为一合力偶，合力偶矩 M 为各分力偶矩的代数和：

$$M = M_1 + M_2 + \cdots + M_n = \sum M \qquad (1-11)$$

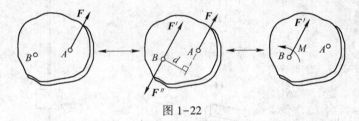

图 1-21

1.4 力的平移定理

如图 1-22 所示，若将作用于刚体上 A 点的力 F 平移到平面上任一点 B。在 B 点施加一对与 F 等值的平衡力 F'、F''，F' 与 F 平行、等值且同向。F' 称为平移力，余下 F 与 F'' 为一对等值反向不共线的平行力，组成一个力偶，称为附加力偶，其力偶矩 M 等于原力 F 对 B 点的力矩，即：

$$M = M_B(F) = \pm F \cdot d$$

于是作用在 A 点上的力 F，就与作用于 B 点的平移力 F' 和附加力偶 M 的联合作用等效。

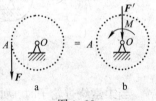

图 1-22

由此可见，作用在刚体上的力，均可平移到同一刚体内任一点，但同时附加一个力偶，其力偶矩等于原力对该点之矩，此即力的平移定理。

力的平移定理表明了力对绕力作用线外的中心转动的物体有两种作用：一是平移力的作用，作用在支承处；二是附加力偶对物体产生的旋转作用。

如图 1-23 所示，圆周力 F 作用于转轴的齿轮上，为观察力 F 的作用效应，将力 F 平移至轴心 O 点，则有平移力 F' 作用于轴上，同时有附加力偶 M 使齿轮绕轴旋转。再以削乒乓球为例，如图 1-24 所示，分析力 F 对球的作用效应，将力 F 平移至球心，得平移力 F' 与附加力偶 M，平移力 F' 决定球心的轨迹，而附加力偶则使球产生旋转。

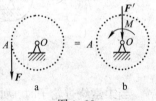

图 1-23

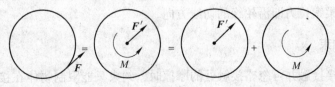

图 1-24

应该指出，力的平移定理的逆定理同样成立，即在刚体上同平面的力 F 和力偶 M 可合成为一合力 F_R。只是合力 F_R 与力 F 的作用位置不同而已。

1.5 约束与约束力

工程结构中，构件总是以一定的形式与周围其他构件相互联结的，例如房梁受力柱的限制，使其在空间得到稳定的平衡；转轴受到轴承的限制，使其只能绕轴心转动；小车受到地面的限制，使其只能沿路面运动等。

物体的运动受到周围的物体限制时，这种限制称为**约束**。约束限制了物体本来可能产生的某种运动，因此约束有力作用于物体，这种力称为**约束力**。

约束力总是作用在被约束物体与约束物体的接触处，其方向也总是与约束所能限制的运动或运动趋势的方向相反。据此，即可确定约束力的位置和方向。

1.5.1 柔体约束

绳索、皮带、链条等所形成的约束为柔性约束，这类约束只能限制物体沿着柔索伸长方向的运动，因此它对物体只有沿柔索方向的拉力，常用代号为 F_T，如图 1-25a、b 和 c 所示。

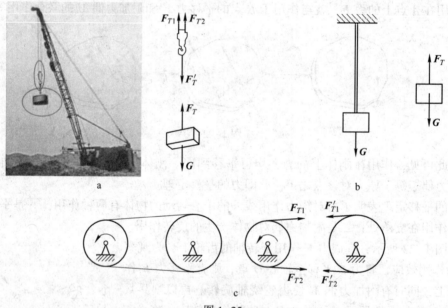

图 1-25

当柔索绕过轮子时，如图 1-25c 所示，常假想在柔索的直线部分处截开柔索，将与轮接触的柔索和轮子一起作为考察对象。这样处理，就可以不考虑柔索与轮子间的内力，此时作用于轮子的柔索拉力即沿轮缘的切线方向。

1.5.2 光滑面约束

当两物体直接接触并可忽略接触处的摩擦时，约束只能限制物体在接触点沿接触面的公法线方向的运动，不能限制物体沿接触面切线方向的运动，故约束力必过接触点沿接触面法向并指向被约束物体，简称法向反力，通常用符号 F_N 表示此类约束力，如图 1-26 所示。

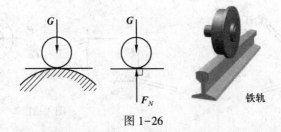

图 1-26

　　如图 1-27 所示，直杆与方槽在 A、B、D 三点接触。取杆为研究对象，并将其单独画出，再将作用在梁上的全部荷载画上。A、B、D 为光滑面约束，约束力 F_{NA}、F_{NB}、F_{ND} 与接触面垂直通过接触点指向研究对象。

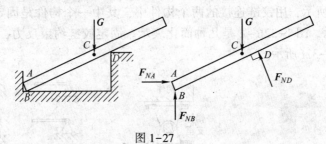

图 1-27

　　图 1-28 为凸轮和滚轮光滑面约束实例。

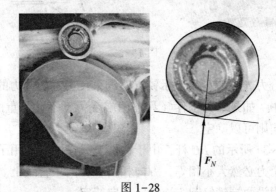

图 1-28

1.5.3　铰链约束

　　两构件采用圆柱销所形成的连接为铰链连接。圆柱销只限制两构件的相对移动，而不限制两构件的相对转动，若相连的构件有一个固定，则称为**固定铰链**；若均不固定，则称为**中间铰链**。铰链简称为铰。

　　（1）中间铰链

　　中间铰链约束力作用在垂直于销轴轴线的平面内，通过圆孔中心，方向待定，如图 1-29 和图 1-30 所示。通常用两个正交分力 F_{Cx} 和 F_{Cy} 来表示铰链约束反力，两分力的指

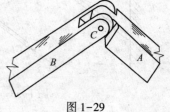

图 1-29

向是假定的，如图 1-31 所示。

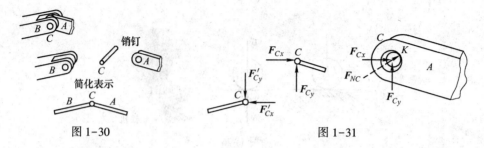

图 1-30　　　　　　　　　　　　　图 1-31

两物体在铰链处的约束力构成作用力与反作用力关系，即大小相等，方向相反，在同一直线上。

（2）固定铰链

如图 1-32 所示，用铰链连接的两个构件中，其中一个构件是固定在基础上的支座，如图 1-32a 所示。图 1-32b~e 是几种简化表示。固定铰链约束反力，通过圆孔中心，方向待定，如图 1-32f 所示。

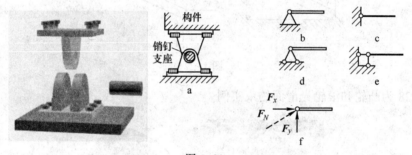

图 1-32

通常用两个正交分力 F_x 和 F_y 来表示铰支座约束反力，两分力的指向是任意假定的。

铰链连接的构件中，如是**二力构件**（只在两端受力，不计自重的构件），固定铰链及中间铰链的约束力方向则可以确定。

如图 1-33 和图 1-34 所示的 BC 杆，由于构件上只在两端作用了两个约束力，而构件是平衡的，因此这两个力必然大小相等，方向相反，在同一直线上。这种二力杆也称为**链杆**，链杆约束的约束力沿两端销钉圆心连线，指向待定。

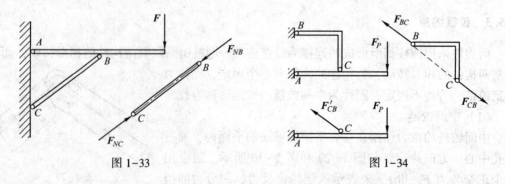

图 1-33　　　　　　　　　　　　　图 1-34

（3）活动铰链

铰链支座常用于桥梁、屋架等结构中，支座在滚子上可任意左右移动的铰链支座，称为活动铰链支座。如图1-35所示，如果在支座与支承面之间装上几个滚子，使支座可沿支承面移动，就成为活动铰链支座，简称活动铰。图1-35b~d是它的几种简化表示。

如果支承面是光滑的，这种支座不限制构件沿支承面移动和绕销钉轴线的转动，只限制构件沿支承面法线方向的移动。

活动铰链支座约束反力垂直于支承面，通过铰链中心，指向待定，如图1-35e所示。

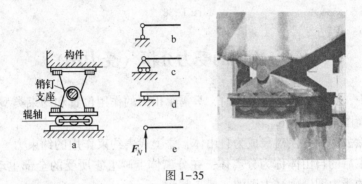

图 1-35

例1-3　一曲梁如图1-36所示，A为固定铰，B为活动铰。已知载荷有集中力F和力偶M，试分析曲梁的受力情况。

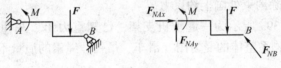

图 1-36

解：（1）A为固定铰，画一组正交约束力F_{NAx}与F_{NAy}。

（2）B为活动铰，画一个与约束面垂直之反力F_{NB}。

1.5.4　固定端约束

如图1-37所示，工程中还有一种常见的基本约束，如建筑物上的阳台以及以焊、铆接和用螺栓连接的结构；刀具、夹具的锥柄以及车床主轴的锥孔配合等，这些约束均称为**固定端约束**。

图 1-37

对固定端约束，可按约束作用画其约束力。固定端既限制被约束构件的垂直与水平位移，又限制了被约束构件的转动，故固定端在一般情况下，有一组正交的约束力与一个约束力偶，其计算简图如图 1-38 所示。

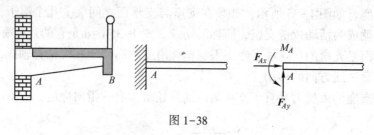

图 1-38

1.6　物体的受力分析（受力图）

在静力学中，画研究对象受力图时，只需示出力的作用位置和约束类型，构件可用简单线条组成的简图来表示。

在简图上除去约束，使对象成为自由体，添上代表约束作用的约束力，称为解除约束原理。解除约束后的自由体称为分离体，在分离体上画上它所受的全部主动力与约束力，就称为该物体的受力图。画受力图的一般步骤为：

（1）画出分析对象的分离体简图；

（2）在简图上标上已知的主动力；

（3）在简图上解除约束处画上约束力。

例 1-4　如图 1-39a 所示为一起重机支架，已知重力 W、吊重 G。试画出支架、滑车、吊钩与重物以及物系整体的受力图（滑车、吊钩、绳索的质量不计）。

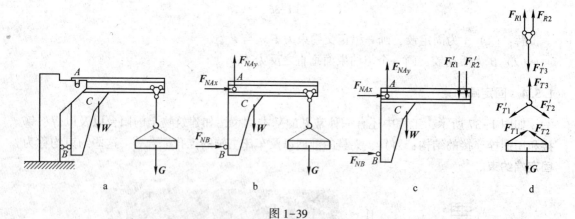

图 1-39

解：重物上作用有重力 G 和吊钩沿绳索的拉力 F_{T1}、F_{T2}，如图 1-39d 所示。

吊钩受绳索约束，沿各绳上画拉力 F'_{T1}、F'_{T2}、F_{T3}，如图 1-39d 所示。

滚轮上有钢梁的约束力 F_{R1}、F_{R2}，如图 1-39d 所示。

支架上有 A 点的约束力 F_{NAx}、F_{NAy}，B 点水平方向的约束力 F_{NB}，滑车滚轮的压力 F'_{R1}、F'_{R2} 和支架自重 W，如图 1-39c 所示。

整个物系作用有外力 G、W、F_{NAx}、F_{NAy}、F_{NB}，其余为内力，均不显示，如图 1-39b 所示。

例1-5　画出图1-40a、b两图中滑块及推杆的受力图，并进行比较。图1-40a是曲柄滑块机构，图1-40b是凸轮机构。

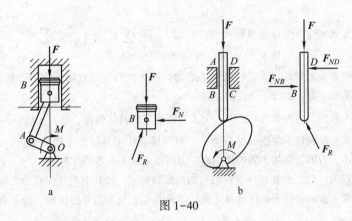

图1-40

解：分别取滑块、推杆为分离体，画出它们的主动力和约束力。

滑块上作用的 F 和 F_R 的交点在滑块与滑道接触长度以内，其合力使滑块单面靠紧滑道，故产生一个与约束面相垂直的反力 F_N，F、F_R、F_N 三力汇交。推杆上的 F 与 F_R 的交点在滑道之外，其合力使推杆倾斜而导致 B、D 两点接触，故有约束力 F_{NB}、F_{ND}。

例1-6　有一传动支架，如图1-41所示。试画出电动机支架与传动支架的受力图。

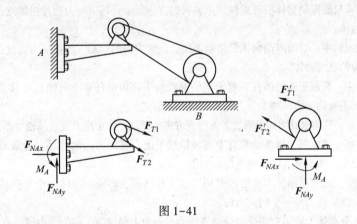

图1-41

解：分别在两固定端 A、B 画出正交约束力与约束力偶，如图1-41所示。

—— 小　结 ——

（1）力是物体间相互的机械作用，这种作用使物体的运动状态发生改变（外效应），或者使物体的形状发生改变（内效应）。力是矢量，力的三要素为：力的大小、力的方向和力的作用点位置。

（2）静力学公理阐明了力的基本性质。二力平衡公理是最基本的力系平衡条件。加减平衡力系公理是力学等效代换和简化的理论基础。力的平行四边形法则说明了力的运算符合矢量运算法则，是力系简化的基本规则之一。作用与反作用力定律说明了力是物体间相互的机械作用，揭示了力的存在形式与力在物系内部的传递方式。

（3）力、力矩与力偶的运算法则

平面汇交力系合成按矢量式 $F_R = \sum F$ 进行。

几何法是将力系中各力首尾相接，形成一条折线，连其封闭边即为所求合力之大小与方向，合力仍作用于汇交点。

解析法是将矢量式向直角坐标轴投影，得代数式 $F_{Rx} = \sum F_x$ 与 $F_{Ry} = \sum F_y$，此式也称合力投影定理。

力对点之矩的概念。力对具有固定转动中心的物体所产生的转动效应，称为力对点之矩（N·m），其值为力与力臂之乘积，即：$M_0(F) = \pm Fd$。

合力矩定理：力系的合力对某点之矩为各分力对同点之矩的代数和，即 $M_0(F_R) = \sum M_0(F)$。

力偶为一对等值、反向且不共线的平行力，它对物体的作用是仅产生转动效应。力偶有三个要素，即力偶的力偶矩大小、力偶转向和力偶的作用面。力偶矩可以表示为：$M(F, F') = \pm Fd$。

力偶的运算特点为：（1）它在任何坐标轴上的投影和为零；（2）它对任何点的力矩恒为力偶矩的大小，故力偶的三要素不变的条件下可任意搬迁、移位和改变力与力偶臂的长短，而不改变它对物体作用的外效应。

平面力偶系之合力偶矩为各个组成力偶矩之代数和，即 $M = \sum M$。

（4）力的平移定理表明，作用于刚体上的力可以平移到刚体内任一点，但必须附加一力偶。此附加力偶的力偶矩等于原力对平移点之矩。

（5）作用于物体上的力可分为主动力与被动约束力。约束力是限制被约束物体运动的力，它作用于物体的约束接触处，其方向与物体被限制的运动方向相反。

常见的约束类型有：

1）柔性约束：只能限制物体沿着柔性约束伸长的方向运动。约束反力通过接触点，其方向沿着柔性约束中心线背离物体。

2）光滑接触面约束：只能限制物体沿接触面的公法线方向的运动。约束反力通过接触点，沿着接触面的公法线指向被约束的物体。

3）中间铰约束：只能限制物体在垂直于销轴轴线的平面内沿任意方向的相对移动。通常将约束反力分解为两个相互垂直的分力，两个分力的指向可任意假定。

4）活动铰约束：只能限制物体沿垂直于支撑面方向的移动。约束反力通过销轴中心，垂直于支承面。

5）固定铰约束：只能限制构件沿垂直于销轴轴线平面内任意方向的移动。通常将约束反力分解为两个相互垂直的分力，两个分力的指向可任意假定。

6）固定端约束：能限制物体不发生任何相对移动和转动，即限制物体两个方向的移动与绕固定端的转动，故为正交约束反力与一个约束力偶。

在解除约束的分离体上画出它所受的全部主动力与约束力的简图，称为受力图。画受力图时应注意：只画受力，不画施力；只画外力，不画内力；解除约束后，才能画上约束力。画物体受力图的步骤为：（1）确定研究对象，取分离体；（2）在分离体上画出所受的主动力（荷载）；（3）根据约束类型画出相应的约束反力。

习　题

1-1　分别求出下图中各力在 x 轴和 y 轴上的投影。已知：$F_1 = 150N$，$F_2 = 120N$，$F_3 = 100N$，$F_4 = 50N$，各力的方向如图所示。

1-2　一拉环上套有三根共面的钢绳，各钢绳的拉力分别为 $F_{T1} = 30N$，$F_{T2} = 60N$，$F_{T3} = 150N$，各拉力的方向如图所示，试用几何作图法求三根钢绳在拉环上作用的合力。

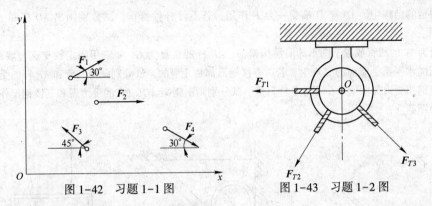

图 1-42 习题 1-1 图   图 1-43 习题 1-2 图

1-3 已知图示的挡土墙受自重 $F_G = 75\text{kN}$，铅垂土压力 $F_V = 120\text{kN}$，水平土压力 $F_N = 90\text{kN}$ 作用。试分别求这三个力对 A 点的矩并校核该挡土墙的抗倾斜稳定性。

1-4 试计算图中力 F 对 A 点的力矩。

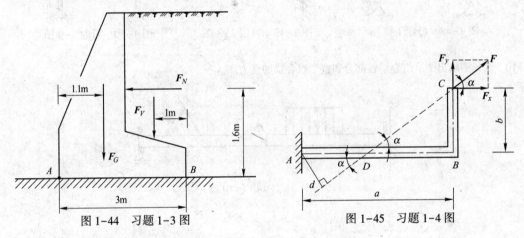

图 1-44 习题 1-3 图   图 1-45 习题 1-4 图

1-5 如图所示，在物体的某平面内受到三力偶作用。已知 $F_1 = 200\text{N}$，$F_2 = 600\text{N}$，$M = 100\text{N} \cdot \text{m}$，试求其合成结果。

1-6 简支梁两端分别为固定铰支座和可动铰支座，在梁上 C 点作用一集中力 F，如图所示。不计梁自重，试画出梁 AB 的受力图。

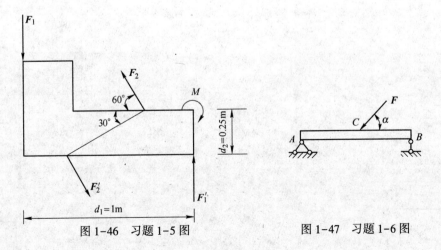

图 1-46 习题 1-5 图   图 1-47 习题 1-6 图

1-7　在图示的结构中，AD 杆 D 端受一力 F 作用，若不计杆件自重，试分别画出 AD 杆和 BC 杆的受力图。

1-8　重量为 W 的圆管放置于图示的简易构架中，AB 杆的自重为 G，A 端用固定铰支座与墙面连接，B 端用绳水平系于墙面的 C 点上，若所有接触面都是光滑的，试分别画出圆管和 AB 杆的受力图。

1-9　三铰钢架受力如图所示，不计各杆自重，试分别画出钢架 AC、BC 的受力图和三铰钢架作为整体的受力图。

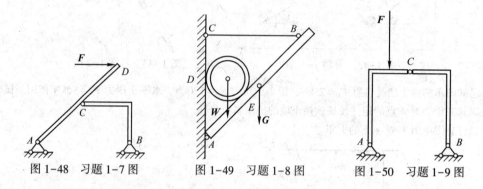

图 1-48　习题 1-7 图   图 1-49　习题 1-8 图   图 1-50　习题 1-9 图

1-10　试分别画出图示组合梁各部分和整个组合梁的受力图。

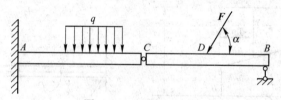

图 1-51　习题 1-10 图

2 平面问题的受力分析

本章讨论平面力系的简化结果及平衡问题、平面状态下物系平衡问题的解法，超静定问题的概念。

2.1 平面力系的简化

2.1.1 平面力系的概念

作用在刚体上的力系中，当各力的作用线都在同一平面内，这种力系称为**平面力系**，如图2-1所示。

当各力的作用线汇交于一点时，称为**平面汇交力系**，如图2-2b、c所示。

当各力的作用线相互平行时，称为**平面平行力系**，如图2-2d所示。

当各力的作用线既不全部相交，又不全部平行时，称为**平面任意力系**，如图2-2a所示。

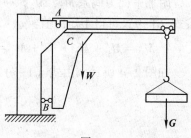

图2-1

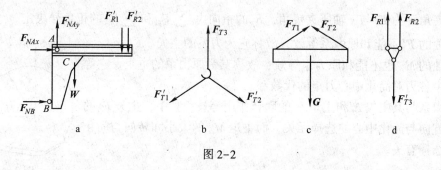

图2-2

在工程实际中，结构或机构中各构件的位置往往呈空间分布，力的作用线也并不都在同一平面内，但若物体的形状和它所受的力都对称或近似对称于某个对称平面，则可将作用在物体上的各力都移到该对称平面内，把原来的空间问题转化为作用在对称平面内的平面问题来处理。

2.1.2 平面任意力系的简化

如图2-3所示，在平面内任选一点O为简化中心。

根据力的平移定理，将各力都向O点平移，得到一个交于O点的平面汇交力系F'_1，F'_2，$\cdots$，F'_n，以及平面力偶系M_1，M_2，$\cdots$，M_n。

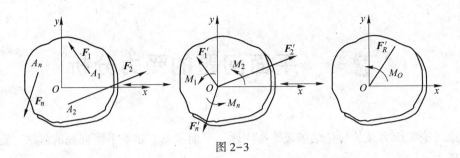

图 2-3

平面汇交力系 F'_1，F'_2，$\cdots$，F'_n，可以合成为一个作用于 O 点的合矢量 F'_R，它等于力系中各力的矢量和，称为主矢。

$$F'_R = F'_1 + F'_2 + \cdots + F'_n = F_1 + F_2 + \cdots + F_n = \sum F \tag{2-1}$$

附加平面力偶系 M_1，M_2，$\cdots$，M_n 可以合成为一个合力偶 M_O，其合力偶矩称为主矩，按式（1-9）可得主矩的值：

$$M_O = M_1 + M_2 + \cdots + M_n = M_O(F_1) + M_O(F_2) + \cdots + M_O(F_n) = \sum M_O(F) \tag{2-2}$$

如图 2-4 所示，由式（1-7）得：

$$F_{Rx} = \sum F_x$$

$$F_{Ry} = \sum F_y$$

得：
$$F'_R = \sqrt{F_{Rx}^2 + F_{Ry}^2} = \sqrt{\left(\sum F_x\right)^2 + \left(\sum F_y\right)^2}$$

$$\alpha = \arctan \frac{|F_y|}{|F_x|} \tag{2-3}$$

式中，夹角 α 为 F'_R 与 x 轴所夹锐角，F'_R 的指向由 $\sum F_x$ 和 $\sum F_y$ 的正负号决定。

单独的 F'_R 不能和原力系等效，故称它为力系的主矢。

单独的 M_O 也不能和原力系等效，故称其为原力系的主矩。它等于力系中各力对简化中心力矩的代数和。

原力系与其主矢 F'_R 和主矩 M 的联合作用等效。其中，主矢 F'_R 的大小和方向与简化中心的选择无关，而主矩 M_O 的大小和转向与简化中心的选择有关。

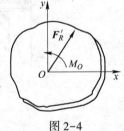

图 2-4

2.1.3　简化结果的讨论

平面任意力系的简化，一般可得到主矢 F'_R 和主矩 M_O，但它不是简化的最终结果，简化结果通常有以下四种情况：

（1）$F'_R \neq 0$、$M_O = 0$。因为 $M_O = 0$，主矢 F'_R 就与原力系等效，F'_R 即为原力系的合力，其作用线通过简化中心。

（2）$F'_R = 0$、$M_O \neq 0$。原力系简化结果为一合力偶 $M_O = \sum M_O(F)$，此时主矩 M_O 与简化中心的选择无关。

（3）$F'_R \neq 0$、$M_O \neq 0$。根据力的平移定理逆过程，可以把 F'_R 和 M_O 合成为一个合力

F_R。合力 F_R 的作用线到简化中心 O 的距离 d 为 $d = \dfrac{|M_O|}{F'_R}$，合力 F_R 是在主矢 F'_R 的哪一侧，则要根据主矩的正负号来确定，如图 2-5 所示。

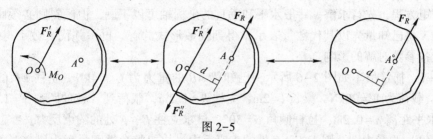

图 2-5

（4） $F'_R = 0$、$M_O = 0$。物体在此力系作用下处于平衡状态，关于平衡问题将在下节中进行详细讨论。

2.2　平面力系的平衡方程及其应用

2.2.1　平面任意力系的平衡方程

（1）基本形式

如平面任意力系向任一点 O 简化，所得主矢、主矩均为零，则物体处于平衡；反之，如力系是平衡力系，则主矢、主矩必同时为零。因此，平面任意力系平衡的充要条件为：

$$F'_R = \sqrt{\left(\sum F_x\right)^2 + \left(\sum F_y\right)^2} = 0$$
$$M_O = \sum M_O(F) = 0 \tag{2-4}$$

可得：
$$\begin{cases} \sum F_x = 0 \\ \sum F_y = 0 \\ \sum M_O(F) = 0 \end{cases} \tag{2-5}$$

平面任意力系共有三个独立的平衡方程，故最多只能求解三个未知量。

（2）其他形式

注意到在导出平衡方程的过程中，没有对投影轴的方向与矩心的位置做过任何的限制，因此方程可以有不同的组合形式，但独立方程数只有三个，应用时须注意它的充分性，例如常见的二矩式：

$$\begin{cases} \sum F_x = 0 \\ \sum M_A(F) = 0 \\ M_B(F) = 0 \end{cases} \tag{2-6}$$

必须加上附加条件才是充分的，它的附加条件为：x 轴不能垂直于 AB 连线；另外，还有三矩式。

2.2.2　平面任意力系平衡方程的解题步骤

（1）确定研究对象，画出受力图。应取有已知力和未知力作用的物体，画出其分离体的受力图。

（2）列平衡方程并求解。适当选取坐标轴和矩心，若受力图上有两个未知力相互平行，可选垂直于此二力的坐标轴，列出投影方程；如任意两未知力汇交，可选汇交点为矩心列出力矩方程，先行求解。一般水平和垂直的坐标轴可以不画，但倾斜则必须画出。解题过程中，将已知量先以其代数量表示，得到代数形式的解，再一并代入数字得数字解，以便分析各参数对解的影响。

例 2-1 摇臂吊车如图 2-6 所示，已知梁 AB 的重力为 $G_1 = 4kN$，立柱 EF 的重力为 $G_2 = 3kN$，载荷为 $W = 20kN$，梁长 $l = 2m$，立柱 $h = 1.2m$，载荷到 A 铰的距离 $x = 1.5m$，点 A、E 间水平距离 $a = 0.2m$，拉杆倾角 $\alpha = 30°$。试求立柱 E、F 处的约束反力。

解：（1）画受力图。因求 E、F 处的支座反力，故取整个摇臂吊车为研究对象，如图 2-7 所示。

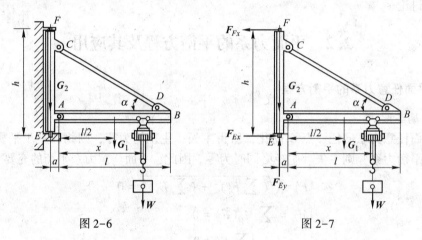

图 2-6   图 2-7

（2）列平衡方程求解。注意到受力图中有两未知力 F_{Fx} 与 F_{Ex} 互相平行，分别取 x 轴和 y 轴为投影轴，列出投影方程为：

$$\sum F_x = 0, \quad F_{Ex} - F_{Fx} = 0, \quad F_{Ex} = F_{Fx}$$

$$\sum F_y = 0, \quad F_{Ey} - G_1 - G_2 - W = 0, \quad F_{Ey} = 27kN(\uparrow)$$

求出 F_{Ey} 后，只存在点 F、E 上两处未知力，故可任择其一为矩心，列出力矩方程为：

$$\sum M_E(\boldsymbol{F}) = 0, \quad F_{Fx}h - G_1(a + l/2) - W(x + a) = 0$$

$$F_{Fx} = [G_1(2a + l) + 2W(x + a)]/2h = 32.3kN(\leftarrow)$$

$$F_{Ex} = F_{Fx} = 32.3kN(\rightarrow)$$

例 2-2 求上题中拉杆的拉力和铰链 A 的反力。

解：（1）画受力图，如图 2-8 所示。因已知力、未知力汇集于 AB 梁，故取它为研究对象，画出 AB 梁的分离体受力图。

（2）列平衡方程求解。图中 A、B、C 三点各为两未知力的汇交点。比较 A、B、C 三点，取 B 点为矩心列出

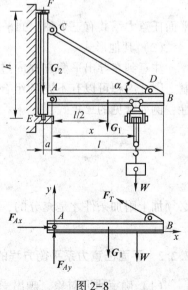

图 2-8

力矩方程计算较为简单，即：

$$\sum M_B(\boldsymbol{F}) = 0, \quad F_{Ay} = 7\text{kN}(\uparrow)$$

$$\sum F_y = 0, \quad F_T\sin\alpha + F_{Ay} - G_1 - W = 0, \quad F_T = 34\text{kN}(\uparrow)$$

$$\sum F_x = 0, \quad F_{Ax} - F_T\cos\alpha = 0, \quad F_{Ax} = F_T\cos\alpha = 29.44\text{kN}(\rightarrow)$$

例 2-3 如图 2-9 所示，悬臂梁上作用均布载荷 q，在 B 端作用集中力 $F = ql$ 和力偶 $M = ql^2$；梁长度为 $2l$，已知 q 和 l，求固定端的约束反力。

解：(1) 取 AB 梁为研究对象，画受力图，如图 2-10 所示。

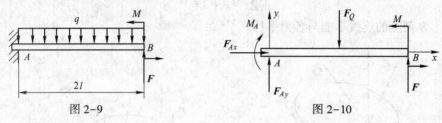

图 2-9　　　　　　　　　图 2-10

把均布载荷 q 简化为作用于梁中点的一个集中力，$F_Q = 2ql$。

(2) 列平衡方程求解，即：

$$\sum F_x = 0, \quad F_{Ax} = 0$$

$$\sum F_y = 0, \quad F_{Ay} + F - F_Q = 0$$

$$F_{Ay} = F_Q - F = 2ql - ql = ql(\uparrow)$$

$$\sum M_A(\boldsymbol{F}) = 0, \quad M - M_A + 2Fl - F_Ql = 0$$

$$M_A = M + 2Fl - F_Ql = ql^2 + 2ql^2 - 2ql^2 = ql^2$$

例 2-4 如图 2-11 所示，一飞机作直线水平匀速飞行。已知飞机的重力 G、阻力 $\boldsymbol{F}_D$，俯仰力偶矩 M 和飞机尺寸 a、b 和 d。试求飞机的升力 $\boldsymbol{F}_L$，尾翼载荷 $\boldsymbol{F}_Q$ 和喷气推力 $\boldsymbol{F}_T$。

解：(1) 以飞机为研究对象，其受力图如图 2-11 所示。

(2) 列平衡方程求解，即：

$$\sum F_x = 0, \quad F_D - F_T = 0, \quad F_T = F_D$$

$$\sum M_O(\boldsymbol{F}) = 0, \quad M + F_Tb + Ga - F_Qd = 0$$

$$F_Q = (M + F_Tb + Ga)/d$$

$$\sum F_y = 0, \quad F_L - G - F_Q = 0$$

$$F_L = G + F_Q = G + (M + F_Tb + Ga)/d$$

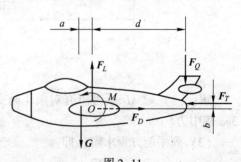

图 2-11

2.2.3 平面任意力系的特殊形式

(1) 平面汇交力系。如图 2-12 所示，若平面力系中各力作用线汇交于一点，则称为平面汇交力系。显见 $M = \sum M(\boldsymbol{F}) = 0$ 恒成立，则其独立平衡方程为两个投影方程，即：

$$\begin{cases} \sum F_x = 0 \\ \sum F_y = 0 \end{cases} \qquad (2\text{-}7)$$

（2）平面平行力系。如图 2-13 所示，若平面力系中各力作用线全部平行，则称为平面平行力系，取 y 轴平行于各力作用线。显见 $\sum F_x = 0$ 恒成立，则其独立平衡方程为：

$$\begin{cases} \sum F_y = 0 \\ \sum M_O(\boldsymbol{F}) = 0 \end{cases} \tag{2-8}$$

也可用二矩式，即：

$$\begin{cases} \sum M_A(\boldsymbol{F}) = 0 \\ \sum M_B(\boldsymbol{F}) = 0 \end{cases} \tag{2-9}$$

其中，A、B 两点的连线不能与各力平行。

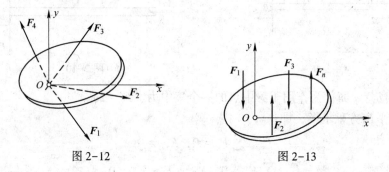

图 2-12　　　　　　　　　　图 2-13

例 2-5　如图 2-14 所示，外伸梁如图所示，已知 $F = qa/2$，$M = 2qa^2$，求 A、B 两点的约束反力。

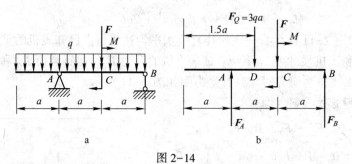

a　　　　　　　　　　b

图 2-14

解：（1）取 AB 梁为研究对象，画受力图。均布载荷化简为作用于 D 点的一个 $F_Q = 3qa$ 集中力。

（2）列平衡方程求解，即：

$$\sum M_A(\boldsymbol{F}) = 0, \quad F_B 2a - M - Fa - F_Q a/2 = 0$$

$$F_B = (M + Fa + 0.5 F_Q a)/2a = 2qa (\uparrow)$$

$$\sum F_y = 0, \quad F_A + F_B - F - F_Q = 0$$

$$F_A = F_Q + F - F_B = 3qa + qa/2 - 2qa = 1.5qa (\uparrow)$$

例 2-6　塔式起重机如图 2-15a 所示，已知机身重 $G = 250\text{kN}$，设其作用线通过塔架中心，最大起吊重量 $W = 100\text{kN}$，起重悬臂长 12m，两轨间距 $b = 4\text{m}$，平衡块重 Q 至机身中

心线的距离 $a = 6\text{m}$。为使起重机在空载和满载时都不致倾倒，试确定平衡块的范围。

解：取起重机为研究对象，画出受力图。起重机的受力图如图 2-15b 所示。为确保起重机不倾倒，则必须使作用在起重机上的主动力 $\boldsymbol{G}$、$\boldsymbol{W}$、$\boldsymbol{Q}$ 和约束反力 $\boldsymbol{F}_{NA}$、$\boldsymbol{F}_{NB}$ 所组成的平面平行力系在空载和满载时都满足平衡条件。

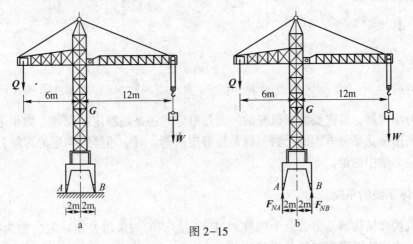

图 2-15

（1）求满载时的平衡块重量。当满载（$W = 100\text{kN}$）时，若平衡块重量太小，起重机可能绕 B 点向右倾倒。开始倾倒的瞬间，左轮与轨道脱离接触，这种情形称为临界状态。这时 $F_{NA} = 0$，满足临界状态时的平衡块重量为所必须的最小平衡块重量 $Q_{\min}$。

由 $\sum M_B = 0$，$Q_{\min}(6 + 2) + G \times 2 - W \times (12 - 2) = 0$，求得：

$$Q_{\min} = \frac{1}{8}(W \times 10 - G \times 2) = \frac{1}{8}(100 \times 10 - 250 \times 2) = 62.5\text{kN}$$

（2）求空载时的平衡块重量。当空载（$W = 0\text{kN}$）时，若平衡块太重，起重机会绕 A 点向左倾倒，在临界状态下，$F_{NB} = 0$。满足临界状态时的平衡块重量将是所允许的最大平衡块重量 $Q_{\max}$。

由 $\sum M_A = 0$，$Q_{\max}(6 - 2) - G \times 2 = 0$，求得：

$$Q_{\max} = \frac{G \times 2}{4} = \frac{250 \times 2}{4} = 125\text{kN}$$

故为保证起重机在空载和满载时都不致倾倒，则平衡块的重量 Q 应满足 $62.5\text{kN} \leqslant Q \leqslant 125\text{kN}$。

2.3 静定与超静定问题及物体系统的平衡

2.3.1 静定与超静定问题的概念

一个刚体平衡时，未知量个数等于独立方程的个数，全部未知量可通过静力平衡方程求得，这类问题称为静定问题。

对于工程中的很多构件和结构，为了提高其可靠性，采用了增加约束的方法，因而其未知量个数超过了独立方程个数，仅用静力学平衡方程不能求出所有的未知量。这类问题称为超静定问题，如图 2-16 所示。

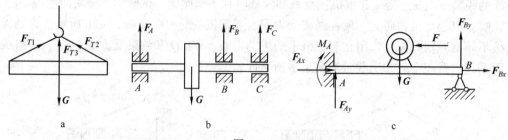

图 2-16

a—平面汇交力系，有三个未知量；b—平面平行力系，有三个未知量；c—平面任意力系，有五个未知量

求解力学问题，首先要判断研究的问题是静定的还是超静定的问题。如果未知量个数超过了能列出独立平衡方程的个数，就是超静定问题。对于超静定问题的求解，将在材料力学和结构力学中讨论。

2.3.2　物体系统的平衡

工程机构和结构都是由若干个构件通过一定形式的约束组合在一起，称为物体系统，简称物系。求解物系平衡问题的步骤是：

（1）适当选择研究对象（研究对象可以是物系整体、单个构件，也可以是物系中几个构件组成的系统），画出各研究对象的分离体的受力图。

（2）分析各受力图，确定求解顺序。研究对象的受力图可分为两类，一类是未知力数等于独立平衡方程数，称为是可解的；另一类是未知力数超过独立平衡方程数，称为是暂不可解的。若是可解的，应先选其为研究对象，求出某些未知量，再利用作用与反作用关系，增加已知量，扩大求解范围。有时也可利用其受力特点，列平衡方程，解出部分未知量。如某物体受平面任意力系作用，有四个未知量，但有三个未知量汇交于一点（或三个未知量平行），则可取该三力汇交点为矩心（或取垂直于三力的投影轴），解出部分未知量，利用这些未知量的求出逐步扩大求解范围。

（3）根据确定的求解顺序，逐个列出平衡方程求解。由于同一问题中有几个受力图，所以在列出平衡方程前应加上受力图号或加以文字说明，以示区别。

例 2-7　如图 2-17a 所示，人字梯由 AB、AC 两杆在 A 处铰接，并在 D、E 两点用水

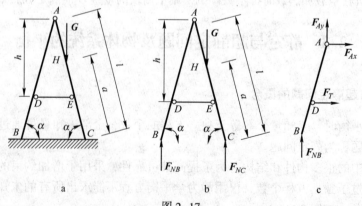

图 2-17

平线相连。梯子放在光滑的水平面上，有一人，其重力为 **G**，攀登至梯上 **H** 处，如不计梯重，已知 G、a、α、l、h，试求绳拉力与铰链支座反力。

解：（1）以整体为研究对象，画受力图，如图 2-17b 所示，列平衡方程并解之。

$$\sum M_C(\boldsymbol{F}) = 0, \quad Gacos\alpha - F_{NB}2lcos\alpha = 0$$

$$F_{NB} = Ga/2l(\uparrow)$$

（2）以 AB 为研究对象，画受力图，如图 2-17c 所示，列平衡方程并解之。

$$\sum F_y = 0, \quad F_{NB} + F_{Ay} = 0$$

$$F_{Ay} = -F_{NB} = -Ga/2l$$

$$\sum M_A(\boldsymbol{F}) = 0, \quad F_T h - F_{NB}lcos\alpha = 0$$

$$F_T = Gacos\alpha/2h$$

$$\sum F_x = 0, \quad F_{Ax} + F_T = 0$$

$$F_{Ax} = -Gacos\alpha/2h$$

例 2-8　构件如图 2-18a 所示。已知 F 和 a，且 $F_1 = 2F$。试求两固定铰支座 A、B 和铰链 C 的约束力。

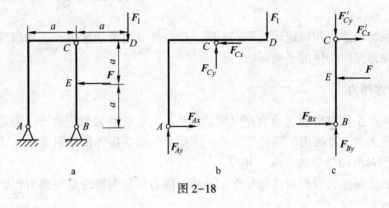

图 2-18

解：（1）分别取构件 ACD 及 BEC 为研究对象，画出各分离体的受力图。

1）画出各分离体的受力图。

2）如图 2-18b、c 所示，均有四个未知力，不可解；但根据三力平衡汇交定理，由三个未知力汇交于一点，可先求出 F_{Bx} 和 F_{Cx}，即：

$$\sum M_C = 0, \quad F_{Bx}2a - Fa = 0$$

$$F_{Bx} = F/2(\rightarrow)$$

$$\sum F_x = 0, \quad F'_{Cx} - F + F_{Bx} = 0$$

$$F'_{Cx} = F - F_{Bx} = F - F/2 = F/2(\rightarrow)$$

$$\sum F_y = 0, \quad F_{By} - F'_{Cy} = 0$$

$$F_{By} = F'_{Cy}$$

（2）解出 $\boldsymbol{F}'_{Cx}$ 后，图 2-18b 中的 F_{Cx} 为已知量，因而可解，即：

$$\sum M_A = 0, \quad F_{Cy}a + F_{Cx}2a - F_1 2a = 0$$

$$F_{Cy} = 2F_1 - 2F_{Cx} = 4F - 2F_{Cx} = 3F$$

$$\sum F_y = 0, \quad F_{Ay} + F_{Cy} - F_1 = 0$$

$$F_{Ay} = F_1 - F_{Cy} = 2F - 3F = -F(\downarrow)$$

$$\sum F_x = 0, \quad F_{Ax} - F_{Cx} = 0$$

$$F_{Ax} = F_{Cx} = F/2(\rightarrow) \qquad F_{By} = F'_{Cy} = F_{Cy} = 3F(\uparrow)$$

2.4　考虑摩擦时的平衡问题

在前面对物体进行受力分析时，曾假定物体间的接触面是绝对光滑的，作这样的假定是为了简化计算，忽略物体接触面间的摩擦。但摩擦是普遍存在的，实际上绝对光滑的接触面是不存在的。在有些工程问题中，物体接触面间的摩擦对物体的平衡或运动则起着决定性作用，这时不仅不能忽略，而且还应作为重要因素来考虑。

摩擦有利也有弊，如水利工程中的重力坝、重力式挡土墙就是依靠摩擦力来维持抗滑稳定的；基础工程中的摩擦桩就是利用桩身表面和土体间的摩擦力来支承基础上部的荷载；制动器依靠摩擦力来制动等。另一方面，摩擦会使构件磨损、效率降低、增加能耗等。

根据接触物体之间相对运动的形式不同，摩擦可分为**滑动摩擦**和**滚动摩擦**两种。本节只讨论有滑动摩擦时物体的平衡问题。

2.4.1　滑动摩擦力

当两物体产生相对滑动（或有相对滑动趋势）时，则在接触间将产生阻碍物体滑动的力，这种力称为滑动摩擦力，简称摩擦力。摩擦力作用在物体的接触面上，其方向与滑动的方向（或相对滑动趋势的方向）相反。

按接触面之间是否有相对运动存在，滑动摩擦力可分为**静滑动摩擦力**和**动滑动摩擦力**两类。

（1）静滑动摩擦力的计算

为了了解滑动摩擦力的一些性质，我们先观察一个摩擦实验，实验装置如图 2-19a所示。

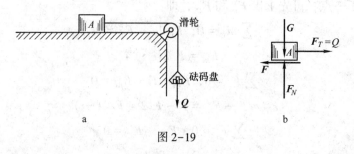

图 2-19

重量为 **G** 的物体 A 放在水平面上，绳子的一端与物体相连，另一端绕过滑轮与砝码盘相连。若略去绳重和绳与滑轮间的摩擦阻力，则绳子对物体的拉力 F_T 的大小就等于盘子和砝码的重量 **Q**，即 $F_T = Q$。

当拉力 F_T 不大时，物体 A 处于静而不滑，但有向右滑动的趋势。这一现象表明：物体接触面间有摩擦力 F 存在，F 称为静滑动摩擦力。否则，物体 A 在拉力 T 的作用下将会向右运动，其受力图如图 2-19b 所示。

当增加砝码即拉力 F_T 随之增大时，物体 A 仍处于静而不滑，这一现象表明：静摩擦力 F 随拉力 F_T 增大而增大。

当拉力 F_T 增大到某一定值时，物体 A 处于要滑未滑的临界平衡状态。这一现象表明，静滑动摩擦力 F 有一极限值，以 F_m 表示。F_m 称为最大静滑动摩擦力。

由上述实验现象可知，静滑动摩擦力的大小有一个范围，即：

$$0 \leqslant F \leqslant F_m$$

大量的实验证明，最大静滑动摩擦力 F_m 与两物体间的法向反力成正比，其方向与相对滑动趋势的方向相反，与两接触面的面积大小无关，而与两接触面的材料有关，即：

$$F_m = fF_n \tag{2-10}$$

上述结论称为**静滑动摩擦定律**。该定律由法国物理学家库仑（1736~1806）提出，故又称为库仑定律。式中，f 为比例常数，称为静滑动摩擦系数，简称摩擦系数。这个系数的大小与相互接触物体的材料、表面粗糙度、湿度、温度等有关，其值由实验测定。工程中常用材料的 f 值可从工程手册中查到。表 2-1 列出了部分材料的 f 值，供参考。

表 2-1　几种材料的静摩擦系数

接触材料	f 值	接触材料	f 值
钢与钢	0.1~0.2	木材与木材	0.4~0.6
钢与铸铁	0.3	土与混凝土	0.3~0.4
铸铁与皮革	0.3~0.5	混凝土与岩石	0.6~0.8

（2）动滑动摩擦力的计算

图 2-19a 中，当所加的力 F_T 超过最大静滑动摩擦力 F_m 时，物体便产生滑动，滑动时沿接触面所产生的摩擦力 F'，称为动滑动摩擦力，简称**动摩擦力**。

根据大量的实验可得出动滑动摩擦定律：动摩擦力的大小与两物体间的正压力（或法向反力）成正比。即：

$$F' = f'F_N \tag{2-11}$$

式中，f' 为动滑动摩擦系数，简称动摩擦系数。其值与接触物体的材料及接触面情况有关，在滑动速度不大时，可认为与速度无关。f' 略小于 f，在工程计算中，通常近似地认为二者相同。

2.4.2　摩擦角和自锁现象

（1）摩擦角

如图 2-20a 所示，当物体 A 具有相对滑动趋势时，在考虑摩擦力的情况下，支承面对物体 A 的约束反力有法向反力 F_N 和摩擦力 F，这两个力的合力 F_{Rm} 称为全约束反力。全约束反力 F_{Rm} 与支承面公法线的夹角为 φ。显然，φ 角随摩擦力 F 的变化而变化，当静滑动摩擦力 F 达到最大值 F_m 时，即夹角 φ 也达到最大值 φ_m，称为**最大静摩擦角**，如图 2-20b 所示。

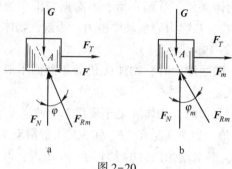

图 2-20

因为摩擦力只能在一定范围内变化，所以 φ 值的变化也有一定范围，即：

$$0 \leqslant \varphi \leqslant \varphi_m \tag{2-12}$$

（2）最大静摩擦角与静摩擦系数的关系

由图 2-20b 可知，最大静摩擦角 φ_m 值与 F_m 的值相对应，因而也与静摩擦系数 f 有关。它们之间的关系为：

$$\tan\varphi_m = \frac{F_m}{F_N} = \frac{fF_N}{F_N} = f \tag{2-13}$$

式（2-13）建立了最大静摩擦角与静摩擦系数的关系，即最大静摩擦角的正切等于静摩擦系数。利用此关系，可由实验的方法测出摩擦角 φ_m 之后，由式（2-13）计算出摩擦系数 f 值。

（3）自锁

1）摩擦锥的概念。作用在物体上主动力的合力 F_R 方向改变时，全约束反力 F_{Rm} 的方位也随之改变。在法线各侧都可作出摩擦角，将全约束反力 F_{Rm} 的作用线画出一个以与主动力合力 F_R 的作用线交点 A 为顶点的锥面，称为**摩擦锥**。若物体与支承面沿任何方向的摩擦系数都相同，则此摩擦锥将是一个顶角为 $2\varphi_m$ 的圆锥，如图 2-21a 所示。

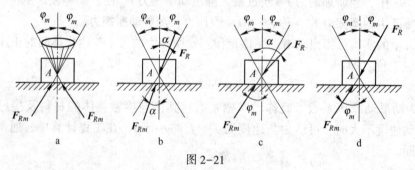

图 2-21

2）自锁现象及自锁条件。当物体平衡时，静摩擦力总是小于或等于最大摩擦力，因而全约束反力 F_{Rm} 的作用线与法线间的夹角 α 也总是小于或等于摩擦角 φ_m，即 $\alpha \leqslant \varphi_m$。全约束反力 F_{Rm} 的作用线只能在摩擦角（锥）之内，不可能超出摩擦角（锥）以外，如图 2-21b 所示。

由摩擦角的这个性质可知：若作用在物体上全部主动力的合力 F_R 的作用线位于摩擦角（锥）之内，无论 F_R 的数值多么大，因其在沿接触面公切线方位的分力不会大于最大静摩擦力，支承面就总可以产生一个全约束反力 F_{Rm} 与力 F_R 构成平衡而使物体保持静止。这种只需主动力的合力 F_R 的作用线在摩擦角（锥）的范围内，物体依靠摩擦总能静止而与主动力大小无关的现象称为**自锁现象**。

反之，若主动力合力 F_R 的作用线位于摩擦角（锥）之外，$\alpha > \varphi_m$，如图 2-21c 所示，则无论 F_R 的数值多么小，全约束反力 F_{Rm} 都不可能与力 F_R 共线，从而物体不可能平衡，必将发生滑动。显然，当 $\alpha = \varphi_m$ 时，如图 2-21d 所示，则物体处于临界平衡状态。

通过以上分析，得到物体自锁条件为：

$$\alpha \leqslant \varphi_m \tag{2-14}$$

自锁现象在工程中有重要的应用。例如，应用自锁原理设计某些机构和夹具，如夹具在切削力作用下不松动；用传送带输送物料时借自锁以阻止物料作相对于传送带的滑动；砖块相对于砖夹不滑动；脚套钩在电线杆上不滑动等；反之，在工程中有时又需要避免自锁现象的发生，如变速箱中的滑动齿轮的拨动就不允许发生自锁，否则变速箱就无法工作。

2.4.3　考虑摩擦时物体的平衡问题

考虑摩擦时物体的平衡问题与不计摩擦时物体的平衡问题的相同之处在于：它们都是平衡问题，因而作用于物体上的力系都满足平衡条件。但不同之处有以下两点：

（1）在考虑摩擦时的平衡问题里，约束反力中含有摩擦力，其指向不能随意假设，因此在画摩擦力之前要正确确定物体相对滑动趋势的方向。

（2）只有当物体处于平衡的临界状态时，摩擦力才达到最大值。因此，这类摩擦力的大小不是一个确定值，而是用不等式所表示的一个范围。

例 2-9　将重为 G 的物体放在倾角 $\alpha > \varphi_m$ 的斜面上，如图 2-22a 所示。已知物体与斜面间的静摩擦系数为 f，求维持物体在斜面上静止时的水平推力 F 的大小。

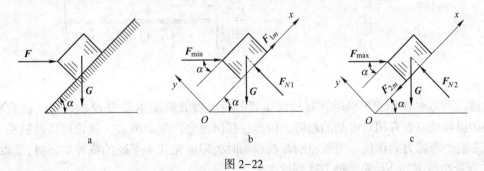

图 2-22

解：因 $\alpha > \varphi_m$，若力 F 过小，则物体下滑；若力 F 过大，又会使物体上滑；故力 F 的数值必在某一范围内。

（1）求刚好维持物体不至于下滑所需的最小力 F_{min}。此时物体处于下滑的临界状态，画其受力图及坐标系，如图 2-22b 所示。

由

$$\begin{cases} \sum F_x = 0, & F_{min}\cos\alpha - G\sin\alpha + F_{1m} = 0 \\ \sum F_y = 0, & F_{N1} - F_{min}\sin\alpha - G\cos\alpha = 0 \end{cases}$$

将 $F_{N1} = F_{min}\sin\alpha + G\cos\alpha$，$F_{1m} = fF_{N1} = \tan\varphi_m$，$F_{N1}$ 代入上述平衡方程，求得：

$$F_{min} = \frac{G(\sin\alpha - f\cos\alpha)}{\cos\alpha + f\sin\alpha} = G\tan(\alpha - \varphi_m)$$

（2）求维持物体不至于上滑所需的最大力 F_{max}。此时物体处于上滑的临界状态，画其受力图及坐标系，如图 2-22c 所示。

由
$$\begin{cases} \sum F_x = 0,\ F_{max}\cos\alpha - G\sin\alpha - F_{2m} = 0 \\ \sum F_y = 0,\ F_{N2} - F_{max}\sin\alpha - G\cos\alpha = 0 \end{cases}$$

将 $F_{N2} = F_{max}\sin\alpha + G\cos\alpha$，$F_{2m} = fF_{N2} = \tan\varphi_m F_{N2}$ 代入上述平衡方程，求得：

$$F_{max} = \frac{G(\sin\alpha + f\cos\alpha)}{\cos\alpha - f\sin\alpha} = G\tan(\alpha + \varphi_m)$$

可见，要使物体在斜面上保持静止，则力 F 必须满足下列不等式：

$$G\tan(\alpha - \varphi_m) \leqslant F \leqslant G\tan(\alpha + \varphi_m)$$

例 2-10　图 2-23a 所示为起重机的制动装置。已知鼓轮半径为 r，制动轮半径为 R，制动杆长为 l，制动块与制动轮间的静摩擦系数为 f，起重量为 G，其他尺寸如图 2-23a 所示。如要制动鼓轮，求在手柄上要施加的最小力 F_{min} 的大小。

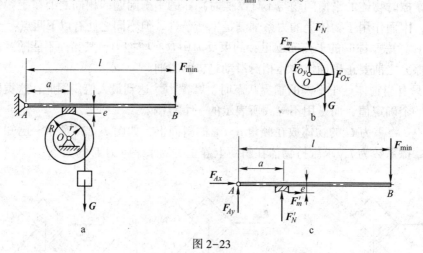

图 2-23

解：当力 F 作用于手柄时，制动块压紧鼓轮，而鼓轮受主动力 G 的作用，在它与制动块的接触处二者有相对滑动的趋势，因此在接触处会产生摩擦力，鼓轮所以被制动，就是依靠这个摩擦力的作用。当鼓轮刚好被制动时，即鼓轮处于平衡的临界状态时，所加的力 F 为最小值 F_{min}，且静摩擦力达到最大值 F_m。

（1）先取鼓轮为研究对象，画其受力图，如图 2-23b 所示。

由
$$\sum M_O = 0,\ F_m R - Gr = 0$$

且有
$$F_m = fF_N$$

解得：
$$F_N = \frac{Gr}{fR}$$

（2）再取手柄为研究对象，画其受力图，如图 2-23c 所示。

由
$$\sum M_A = 0,\ -F_{min}l + F'_m e + F'_N a = 0$$

将 $F'_m = F_m = fF_N$，$F'_N = F_N = \dfrac{Gr}{fR}$ 代入上式，求得：

$$F_{\min} = \frac{Gr}{Rl}\left(\frac{a}{f} + e\right)$$

—— 小　结 ——

（1）平面任意力系的简化

主矢 $F'_R = \sum F' = \sum F$，与简化中心的位置无关。主矩 $M_O = \sum M_O(F)$，与简化中心的位置有关。力系平衡为 $F'_R = 0$，$M_O = 0$。

（2）平面力系的平衡方程式

平面任意力系	平面汇交力系	平面平行力系
$\sum F_x = 0$ $\sum F_y = 0$ $\sum M_O(F) = 0$	$\sum F_x = 0$ $\sum F_y = 0$	$\sum F_x = 0$ $\sum M_O(F) = 0$

（3）求解物体系统平衡问题的步骤

1）适当选取研究对象，画出各研究对象的受力图。

2）分析各受力图，确定求解顺序，并根据选定的顺序逐个选取研究对象求解。

（4）考虑摩擦时的平衡问题

1）滑动摩擦力。当两个物体相互接触面之间存在相对滑动趋势或发生相对滑动时，彼此之间产生阻碍滑动的力称为滑动摩擦力。前者为静摩擦力，后者为动摩擦力。静摩擦力的方向与接触面间相对滑动趋势的方向相反，其大小介于零与最大静摩擦力 F_m 之间，具体可由平衡条件来确定。最大静摩擦力由静滑动摩擦定律确定，即 $F_m = fN$，其中 f 为静摩擦系数。

2）最大静摩擦角。当静摩擦力达到最大值时，全反力与接触面的法线间的夹角 φ_m 称为最大静摩擦角。当作用于物体上的主动力的合力作用线在摩擦角范围内时，不论主动力合力的大小如何，物体总能保持平衡。

3）考虑摩擦时物体的平衡问题的解题特点。由于静摩擦力的大小有一定的范围，所以物体的平衡也有一定的范围。通常可按物体平衡的临界状态考虑，除列出平衡方程外，还可以列出补充方程：$F_m = fF_N$，待求出结果后，再讨论平衡范围。最大静摩擦力方向总是与物体相对滑动的趋向相反，不能任意假设，物体的滑动趋向可根据主动力来直观确定。

习　题

2-1　已知挡土墙受自重 $G = 400\text{kN}$，水压力 $Q = 200\text{kN}$，土压力 $P = 300\text{kN}$ 作用，各力的方向及作用点位置如图所示，试将这三个力向底面中心 O 简化。

2-2　图示的梁 AB 在 C 点受力 F 作用，已知 $F = 10\text{kN}$，梁重不计，试求支座 A、B 的支座反力。

2-3　如图所示，吊车起吊一重为 10kN 的构件。设钢丝绳与水平线夹角为 α，当构件匀速上升时，试求钢丝绳的拉力。

2-4　重 $G = 20\text{kN}$ 的物体被绞车匀速起吊，绞车的钢丝绳绕过光滑的定滑轮 A，滑轮由不计重量的 AB 杆和 AC 杆支撑，如图所示。求杆 AB 和杆 AC 所受的力。

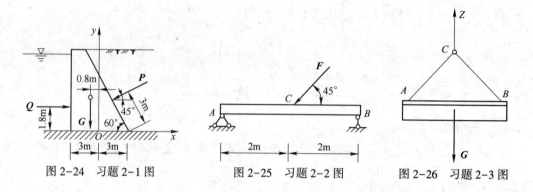

图 2-24　习题 2-1 图　　　图 2-25　习题 2-2 图　　　图 2-26　习题 2-3 图

2-5　平面刚架在 C 点受水平力 F 作用，如图所示。已知 $F=40\text{kN}$，刚架自重不计，求支座 A、B 的支座反力。

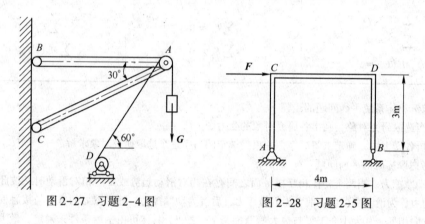

图 2-27　习题 2-4 图　　　　　图 2-28　习题 2-5 图

2-6　图示的链杆机构由三根链杆铰接组成，在铰 B 处施加一竖向已知力 F_B，欲使机构处于平衡状态，需在铰 C 处沿 $45°$ 方向施加多大的力 F_C？

2-7　图示的梁 AB 受一力偶作用，其力偶矩 $M=10\text{kN}\cdot\text{m}$，$B$ 端支承面与水平面之间的夹角 $\alpha=30°$，若不计梁自重，试求 A、B 的支座反力。

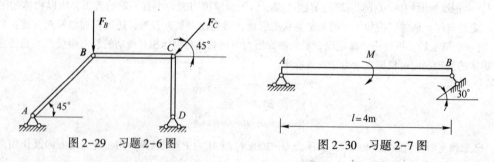

图 2-29　习题 2-6 图　　　　　图 2-30　习题 2-7 图

2-8　如图所示为一悬臂式起重机，图中 A、B、C 处都是铰链连接。梁 AB 的自重 $G=1\text{kN}$，作用在梁的中点，电动葫芦连同起吊重物共重 $W=8\text{kN}$，杆 BC 自重不计，求支座 A 的支座反力和杆 BC 所受的力。

2-9　外伸梁受荷载如图所示，已知均布荷载集度 $q=2\text{kN/m}$，力偶矩 $M=40\text{kN}\cdot\text{m}$，集中力 $F=20\text{kN}$，试求支座 A、B 的反力。

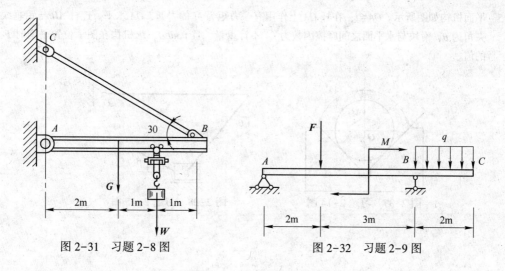

图 2-31 习题 2-8 图   图 2-32 习题 2-9 图

2-10 组合梁由梁 *AB* 和梁 *BC* 用铰 *B* 连接而成，支座与荷载情况如图所示。已知 $F=20\mathrm{kN}$，$q=5\mathrm{kN/m}$，$\alpha=45°$。求支座 *A*、*C* 的约束反力。

2-11 图示为钢筋混凝土三铰刚架受荷载的情况，已知 $q=12\mathrm{kN/m}$，$F=24\mathrm{kN}$，求支座 *A*、*B* 的约束反力。

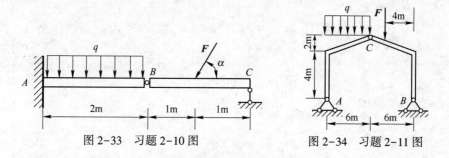

图 2-33 习题 2-10 图   图 2-34 习题 2-11 图

2-12 塔式起重机 $P=700\mathrm{kN}$，$W=200\mathrm{kN}$（最大起重量），尺寸如图所示。求：（1）保证满载和空载时都不致翻倒的平衡块 *Q* 的范围；（2）当 $Q=180\mathrm{kN}$ 时，求满载时轨道 *A*、*B* 给起重机轮子的反力。

2-13 图示连续梁上，起吊重量 $P=10\mathrm{kN}$，吊车重 $Q=50\mathrm{kN}$，*CE* 铅垂，不计梁重，求支座 *A*、*B* 和 *D* 的反力。

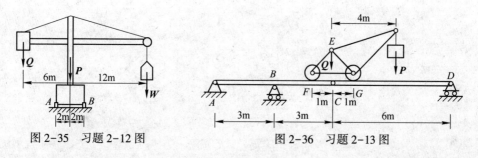

图 2-35 习题 2-12 图   图 2-36 习题 2-13 图

2-14 如图所示，置于 V 型槽中的棒料上作用一个力偶，力偶的矩为 $M=15\mathrm{N\cdot m}$ 时，刚好能转动此棒料。已知棒料重 $P=400\mathrm{N}$，直径 $d=0.25\mathrm{m}$，不计滚动摩阻，求棒料与 V 型槽间的摩擦系数 f_s。

2-15　平面机构如图所示。$OA=l$，在杆 OA 上作用有一力矩为 M 的力偶，OA 水平。连杆 AB 与铅垂线的夹角为 θ，滑块与水平面之间摩擦因数为 f，不计重量，且 $\tan\theta > f$，求机构在图示位置平衡时 F 力的值。

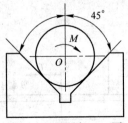

图 2-37　习题 2-14 图

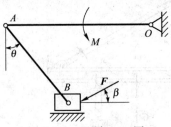

图 2-38　习题 2-15 图

3 空间问题的受力分析

工程实际中常见到物体所受各力的作用线不在同一平面内，而是空间分布的，这样的力系称为**空间力系**。空间力系按各力分布作用线的情况，可分为**空间汇交力系**、**空间平行力系**与**空间任意力系**。

本章讨论力在空间直角坐标轴上的投影、力对轴之矩的概念与运算以及空间力系平衡问题的求解方法。

3.1 力在空间直角坐标轴上的投影

3.1.1 直接投影法

如图 3-1 所示，若已知力 F 与 x、y、z 轴正向的夹角分别为 α、β、γ，其中如果任两个为已知，则力 F 在空间的方位就可完全确定。如图 3-2 所示，$\triangle OBA$、$\triangle OCA$、$\triangle ODA$ 均为直角三角形，所以力 F 可直接在三个坐标轴上投影，故有：

$$F_x = F\cos\alpha$$
$$F_y = F\cos\beta \qquad\qquad (3-1)$$
$$F_z = F\cos\gamma$$

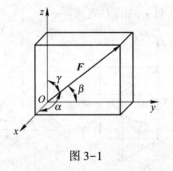

图 3-1

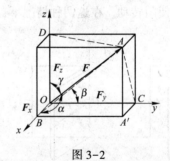

图 3-2

3.1.2 二次投影法

如图 3-3 所示，若已知力 F 与 z 轴所组成的平面 $OA'AD$ 和 Oxy 坐标平面的夹角为 φ，则力 F 在 x、y、z 三轴的投影计算可分两步进行：先将力 F 投影到 z 轴和 Oxy 坐标平面上，以 F_z 和 F_{xy} 表示。力 F 在 z 轴和 Oxy 平面的分力大小为：

$$F_z = F\cos\gamma$$
$$F_{xy} = F\sin\gamma$$

从而有：

$$F_x = F\sin\gamma\cos\varphi$$
$$F_y = F\sin\gamma\sin\varphi \qquad\qquad (3-2)$$
$$F_z = F\cos\gamma$$

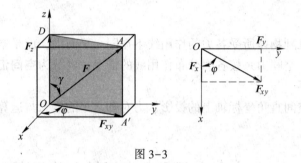

图 3-3

反之，如果力 F 在 x、y、z 三轴的投影分别为 F_x、F_y、F_z，也可以求出力 F 的大小和方向。其形式为：

$$F = \sqrt{F_{xy}^2 + F_z^2} = \sqrt{F_x^2 + F_y^2 + F_z^2} \qquad\qquad (3-3)$$

$$\cos\alpha = \frac{F_x}{F}, \quad \cos\beta = \frac{F_y}{F}, \quad \cos\gamma = \frac{F_z}{F} \qquad\qquad (3-4)$$

3.2　力对轴之矩

为了度量力对刚体转动的作用效应，需计算力对轴的矩。如图 3-4 所示，若在门把手 A 点作用一个与 z 轴平行的力 F，如图 3-4a 所示，或者作用线通过 z 轴的力 F，如图 3-4b 所示，均不能使门转动。在这两种情况下，力 F 对 z 轴的力矩为零。

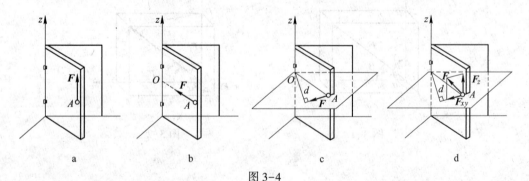

图 3-4

如果力 F 作用在垂直于 z 轴的平面内，如图 3-4c 所示，则力 F 使门绕 z 轴的转动效应可以由力 F 对 O 点（z 轴与平面的交点）的矩来度量。在这种情况下，力对轴的矩即简化为平面上力对 O 点的矩。若力 F 对 z 轴的矩用 $M_z(F)$ 来表示，则：

$$M_z(F) = M_O(F) = \pm Fd$$

如果力 F 不在垂直于 z 轴的平面内，也不与 z 轴平行或相交，如图 3-4d 所示，则可将力 F 分解为两个分力，即 F_z 和 F_{xy}，其中 F_z 与 z 轴平行，F_{xy} 在垂直于 z 轴的平面内。

力 F 使门绕 z 轴转动的效应完全由力 F_{xy} 来决定，而分力 F_{xy} 对 z 轴的转动效应可由力 F_{xy} 对 O 点的矩来度量。从而得到：

$$M_z(\pmb{F}) = M_z(\pmb{F}_{xy}) = M_O(\pmb{F}_{xy}) = \pm F_{xy}d \tag{3-5}$$

式（3-5）表明：力 F 对轴的矩等于该力在垂直于该轴的平面上的分力 F_{xy} 对 z 轴与平面交点 O 的矩。

式（3-5）中正负号表示力 F_{xy} 使物体绕 z 轴的转向，可用右手法则来确定。即由右手四指表示物体绕 z 轴转动的方向，若大拇指指向与 z 轴正向相同，则为正号，反之为负号，如图 3-5 所示。

例 3-1 计算图 3-6 所示手摇曲柄 $ABCD$ 上力 F 对 x、y、z 轴之矩。已知 $F = 100\text{N}$，且力 F 平行于 Axz 平面，$\alpha = 60°$，$AB = 0.2\text{m}$，$BC = 0.4\text{m}$，$CD = 0.15\text{m}$，A、B、C、D 处于同一水平面上。

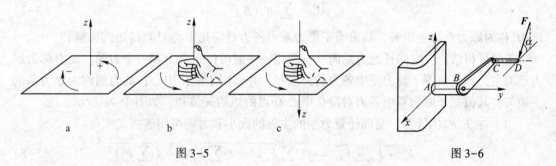

图 3-5   图 3-6

解：$F_y = 0$；$F_x = F\cos\alpha$；$F_z = -F\sin\alpha$

力 F 对 x、y、z 轴之矩分别为：

$$M_x(\pmb{F}) = -F_z(AB + CD) = -100\sin60° \times 0.35 = -30.31\text{N} \cdot \text{m}$$

$$M_y(\pmb{F}) = -F_z \cdot BC = -100\sin60° \times 0.4 = -34.64\text{N} \cdot \text{m}$$

$$M_z(\pmb{F}) = -F_x(AB + CD) = -100\cos60° \times 0.35 = -17.50\text{N} \cdot \text{m}$$

3.3 空间力系的合成与平衡

3.3.1 空间任意力系的合成

空间任意力系的合成方法与平面任意力系的合成方法相同。

设在物体上作用有 F_1，F_2，$\cdots$，F_n 等 n 个力组成的一空间任意力系，如图 3-7a 所示。

现取 O 点为简化中心，将空间任意力系向 O 点进行平移简化，简化后可得到一个空间汇交力系和一个附加的空间力偶系，并将各附加的力偶矩以矩矢量（加双箭头）表示，如图 3-7b 所示。

将简化后的空间汇交力系合成一个合力 F'_R，即：

$$F'_R = \sum F' = \sum F \tag{3-6}$$

合力 F'_R 称为原力系的主矢，其值等于原力系中各力的矢量和，并作用于简化中心。

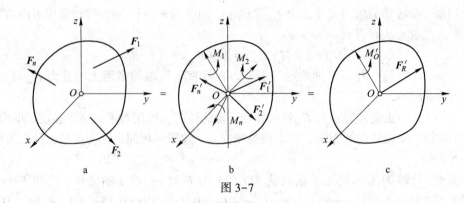

图 3-7

再将附加的空间力偶系合成为一个力偶 M'_O，即：

$$M'_O = \sum M_O(\boldsymbol{F}) \tag{3-7}$$

该 M'_O 称为原力系的主矩矢，其值等于原力系中各力对简化中心 O 点的矩的矢量和。

于是可得结论：空间任意力系向一点简化，一般可得一个力和一个力偶。此力称为原力系的主矢，其值等于原力系中各力的矢量和，并作用于简化中心；此力偶称为原力系的主矩矢，其值等于原力系中各力对简化中心 O 点的矩的矢量和，如图 3-7c 所示。

（1）主矢 $\boldsymbol{F}'_R$ 的计算。空间任意力系的主矢的大小和方向可用解析式求得：

$$F'_R = \sqrt{F'^2_{Rx} + F'^2_{Ry} + F'^2_{Rz}} = \sqrt{\left(\sum F_x\right)^2 + \left(\sum F_y\right)^2 + \left(\sum F_z\right)^2} \tag{3-8}$$

$$\cos\alpha = \frac{\left|\sum F_x\right|}{F'_R}; \qquad \cos\beta = \frac{\left|\sum F_y\right|}{F'_R}; \qquad \cos\gamma = \frac{\left|\sum F_z\right|}{F'_R} \tag{3-9}$$

式中，α、β、γ 分别为主矩矢 M'_O 与 x、y、z 轴的正向夹角。

（2）主矩矢 M'_O 的计算。附加空间力偶系的主矩矢 M'_O 的大小和方向也可用解析式求得：

$$M'_O = \sqrt{M^2_{Ox} + M^2_{Oy} + M^2_{Oz}} = \sqrt{\left[\sum M_x(\boldsymbol{F})\right]^2 + \left[\sum M_y(\boldsymbol{F})\right]^2 + \left[\sum M_z(\boldsymbol{F})\right]^2} \tag{3-10}$$

$$\cos\alpha' = \frac{\left|\sum M_x(\boldsymbol{F})\right|}{M'_O}; \qquad \cos\beta' = \frac{\left|\sum M_y(\boldsymbol{F})\right|}{M'_O}; \qquad \cos\gamma' = \frac{\left|\sum M_z(\boldsymbol{F})\right|}{M'_O} \tag{3-11}$$

式中，α'、β'、γ' 分别为主矩矢 M'_O 与 x、y、z 轴的正向夹角。

3.3.2　空间一般力系的平衡

与建立平面一般力系的平衡条件的方法相同，空间一般力系平衡的充要条件是：力系的主矢和主矩矢分别为零，即：

$$F'_R = \sqrt{\left(\sum F_x\right)^2 + \left(\sum F_y\right)^2 + \left(\sum F_z\right)^2} = 0$$

$$M'_O = \sqrt{\left[\sum M_x(\boldsymbol{F})\right]^2 + \left[\sum M_y(\boldsymbol{F})\right]^2 + \left[\sum M_z(\boldsymbol{F})\right]^2} = 0$$

要使上面的两式同时成立，则必须且只有：

$$\begin{cases} \sum F_x = 0 \\ \sum F_y = 0 \\ \sum F_z = 0 \\ \sum M_x(\boldsymbol{F}) = 0 \\ \sum M_y(\boldsymbol{F}) = 0 \\ \sum M_z(\boldsymbol{F}) = 0 \end{cases} \quad (3-12)$$

于是，空间一般力系平衡的充要条件又可叙述为：力系中各力在三个坐标轴上的投影的代数和为零，以及力系中各力对三个坐标轴的力矩的代数和为零。

式（3-12）称为空间一般力系的平衡方程。由此可见，空间一般力系共有六个彼此独立的平衡方程，其中前三式为投影平衡方程，后三式为力矩平衡方程。利用该组平衡方程可求解空间一般力系有六个未知量的平衡问题。

3.3.3 其他空间力系的平衡方程

（1）空间汇交力系的平衡方程

设图 3-8 所示的物体受一空间汇交力系作用。若选取空间汇交力系的汇交点为坐标原点，则不论力系是否平衡，因力系各力作用线都通过坐标轴，所以各力三轴之矩恒为零，即：

$$\begin{cases} \sum M_x(\boldsymbol{F}) \equiv 0 \\ \sum M_y(\boldsymbol{F}) \equiv 0 \\ \sum M_z(\boldsymbol{F}) \equiv 0 \end{cases}$$

于是，可得空间汇交力系的平衡方程：

$$\begin{cases} \sum F_x = 0 \\ \sum F_y = 0 \\ \sum F_z = 0 \end{cases} \quad (3-13)$$

（2）空间平行力系的平衡方程

设图 3-9 所示的物体受一空间平行力系作用。令 z 轴与力系各力作用线平行，则力系各力对 z 轴之矩恒为零；又因力系各力作用线平行于 z 轴，必垂直于 x 轴和 y 轴，则各力

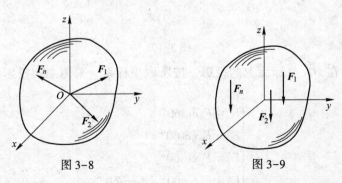

图 3-8   图 3-9

对两坐标轴上的投影又恒为零，即：

$$\sum M_z(\boldsymbol{F}) \equiv 0, \qquad \sum F_x \equiv 0, \qquad \sum F_y \equiv 0$$

于是，可得空间平行力系的平衡方程：

$$\begin{cases} \sum F_z = 0 \\ \sum M_x(\boldsymbol{F}) = 0 \\ \sum M_y(\boldsymbol{F}) = 0 \end{cases} \tag{3-14}$$

（3）空间力偶系的平衡方程

若作用在物体上的力组成的是一空间力偶系，不论力偶系是否平衡，根据力偶的性质：力偶对任一坐标轴的投影恒为零。即：

$$\sum F_x \equiv 0, \qquad \sum F_y \equiv 0, \qquad \sum F_z \equiv 0$$

于是，可得空间力偶系的平衡方程：

$$\begin{cases} \sum M_x(\boldsymbol{F}) = 0 \\ \sum M_y(\boldsymbol{F}) = 0 \\ \sum M_z(\boldsymbol{F}) = 0 \end{cases} \tag{3-15}$$

例 3-2   用图 3-10a 所示的三角架 ABCD 和铰车 E 起吊重 G=30kN 的重物。三角架的无重杆在 D 点用铰链连接，另一端铰接在地面上。各杆和绳索 DE 与地面成 60°角，ABC 为一等边三角形，求平衡时各杆所受的力。

解：（1）选取研究对象，画出受力图。取铰 D 连同重物为研究对象（也可取整个吊架为研究对象）。其上受重力 **G**、绳索拉力 $\boldsymbol{F}_T$ 以及三根二力杆的约束反力 $\boldsymbol{F}_A$、$\boldsymbol{F}_B$、$\boldsymbol{F}_C$ 的作用，其受力图如图 3-10a 所示。

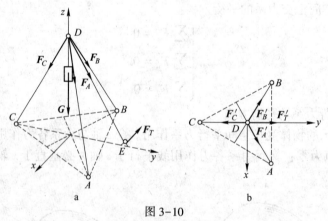

图 3-10

（2）求各力在 xOy 坐标面上的投影。按所取坐标系，采用二次投影法，如图 3-10b 所示。求得：

$$\begin{cases} F'_A = F_A\cos60° \\ F'_B = F_B\cos60° \\ F'_C = F_C\cos60° \\ F'_T = F_T\cos60° = G\cos60° \end{cases} \tag{a}$$

（3）列平衡方程，求未知力。

$$\sum F_x = 0, \quad (F'_A - F'_B)\cos 30° = 0 \tag{b}$$

$$\sum F_y = 0, \quad -F'_C + F'_T + (F'_A + F'_B)\cos 60° = 0 \tag{c}$$

$$\sum F_z = 0, \quad -(F_A + F_B + F_C + F_T)\cos 30° - G = 0 \tag{d}$$

将式（a）代入式（b）~式（d），解得：

$$F_A = F_B = -31.5\text{kN}$$

$$F_C = -1.55\text{kN}$$

计算结果为负，假设力的方向与实际力的方向相反，三杆均受压力作用。

例 3-3 图 3-11 所示的一三轮平板货车，其自重 $G = 5\text{kN}$，载重货物重量 $W = 10\text{kN}$，各力作用点位置如图 3-11 所示。求三轮平板货车处于静止时地面对轮子的反力。

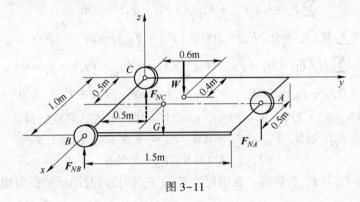

图 3-11

解：（1）取三轮平板车为研究对象，画受力图并选取坐标系。板车受自重 G、载重量 W 以及地面车轮的反力作用而组成空间平行力系。

（2）列写平衡方程，求未知力。

由

$$\sum F_z = 0, \quad F_{NA} + F_{NB} + F_{NC} - G - W = 0$$

$$\sum M_x(F_i) = 0, \quad F_{NA} \times 1.5 - G \times 0.5 - W \times 0.6 = 0$$

$$\sum M_y(F_i) = 0, \quad -F_{NA} \times 0.5 - F_{NB} \times 1 + G \times 0.5 + W \times 0.4 = 0$$

联立求解以上方程组，得：

$$F_{NA} = 5.67\text{kN}, \quad F_{NB} = 5.66\text{kN}, \quad F_{NC} = 3.67\text{kN}$$

例 3-4 图 3-12 所示的转轴 AB 上装有轮子 C 和 D，轮 C 的半径 $r_1 = 20\text{cm}$，轮 D 的半径 $r_2 = 25\text{cm}$，已知轮 C 上的皮带拉力沿水平方向，其大小为 $F_{T1} = 2F_{T2} = 5\text{kN}$；轮 D 上两边的皮带互相平行，且与铅垂线的夹角为 $\alpha = 30°$，其拉力为 $F_{T3} = 2F_{T4}$。若不计轮、轴的自重，试求在平衡状态下，皮带拉力 F_{T3} 和 F_{T4} 的大小及轴承 A、B 的反力。

解：（1）取轴 AB 连同两轮的整个系统为研究对象，画出受力图并选取坐标系，如图 3-12 所示。物系在空间任意力系作用下处于平衡状态，其中有五个独立的未知力（F_{Ax}、F_{Az}、F_{Bx}、F_{Bz} 以及 F_{T3}）待求。

（2）列平衡方程，求未知力。

$$\sum F_x = 0, \quad F_{Ax} + F_{Bx} + F_{T1} + F_{T2} + (F_{T3} + F_{T4})\sin 30° = 0$$

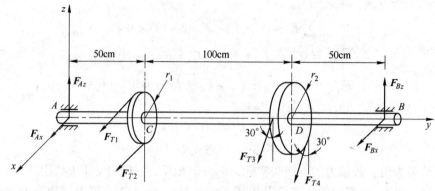

图 3-12

$$\sum F_z = 0, \quad F_{Az} + F_{Bz} - (F_{T3} + F_{T4})\cos30° = 0$$

$$\sum M_x(F) = 0, \quad F_{Bz} \times 200 - (F_{T3} + F_{T4})\cos30° \times 150 = 0$$

$$\sum M_y(F) = 0, \quad (F_{T3} - F_{T4}) \times r_2 - (F_{T2} - F_{T1}) \times r_1 = 0$$

$$\sum M_z(F) = 0, \quad -F_{Bx} \times 200 - (F_{T1} + F_{T2}) \times 50 - (F_{T3} + F_{T4})\sin30° \times 150 = 0$$

将 $F_{T1} = 2F_{T2} = 5\text{kN}$, $F_{T3} = 2F_{T4}$, $r_1 = 20\text{cm}$, $r_2 = 25\text{cm}$ 代入上式，联立解得：

$$F_{T4} = 2\text{kN}, \quad F_{T3} = 2F_{T4} = 4\text{kN}, \quad F_{Ax} = -6.37\text{kN}, \quad F_{Az} = 1.3\text{kN}$$

$$F_{Bx} = -4.13\text{kN}, \quad F_{Bz} = 3.9\text{kN}$$

其中，解得 F_{Ax} 与 F_{Bx} 为负值，表明反力 F_{Ax}、F_{Bx} 的指向与图示的指向相反。

—— 小　结 ——

(1) 空间力系的两项基本运算

1) 计算力在直角坐标上的投影。①直接投影法。如已知力 F 及其与 x、y、z 轴之间的夹角分别为 α、β、γ，则有 $F_x = F\cos\alpha$，$F_y = F\cos\beta$，$F_z = F\cos\gamma$。②二次投影法通过 F 向坐标面上的投影，再向坐标轴投影。

2) 计算力对轴之矩。应用式 $M_z(F) = M_O(F_{xy})$，将空间问题中力对轴之矩转化为与轴垂直平面内的分力对轴与该面交点之矩来计算。力作用线与轴线共面，则力对该轴无矩。

(2) 空间力系平衡问题的两种解法

1) 应用空间力系的六个平衡方程式，直接求解。

2) 空间问题的平面解法。将研究对象与力一起投影到三个坐标平面，化为三个平面力系去求解。根据具体情况，也可作出三个投影平面中的一个或两个，并结合空间受力图来进行计算。

习　题

3-1　试求如图所示的力 F 在 x、y、z 轴上的投影，已知 $F = 60\text{N}$，$\gamma = \varphi = 60°$。

3-2　图示手柄 $ABCD$ 在平面 xAy 上，在 D 处作用一铅垂力 $F = 100\text{N}$，$AB = 20\text{cm}$，$BC = 40\text{cm}$，$CD = 15\text{cm}$，试求此力对 x、y、z 轴之矩。

3-3　如图所示，已知 $F = 100\text{N}$，$\alpha = 30°$，$\beta = 60°$，求力 F 在 x、y、z 轴上的投影以及力 F 对 x、y、z 轴之矩。

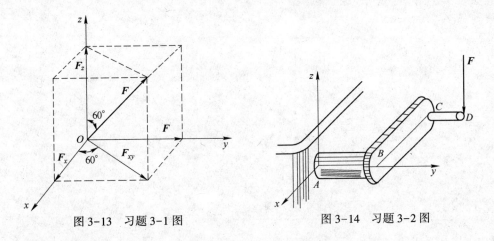

图 3-13　习题 3-1 图　　　　　图 3-14　习题 3-2 图

3-4　水平圆盘的半径为 r，外缘 C 处作用有已知力 F。力 F 位于圆盘 C 处的切平面内，且与 C 处圆盘切线夹角为 60°，尺寸如图所示。求力 F 对 x、y、z 轴之矩。

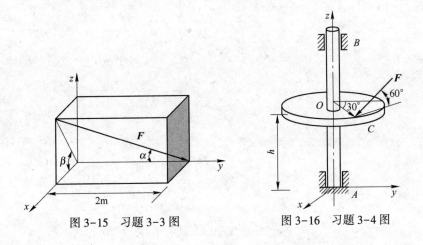

图 3-15　习题 3-3 图　　　　　图 3-16　习题 3-4 图

3-5　有一空间支架固定在相互垂直的墙上。支架由垂直于两墙的铰接二力杆 OA、OB 和钢绳 OC 组成。已知 $\theta=30°$，$\varphi=60°$，点 O 处吊一重 $G=1.2\,\mathrm{kN}$ 的重物。试求两杆和钢绳所受的力。图中 O、A、B、D 四点都在同一水平面上，杆和绳的重力均略去不计。

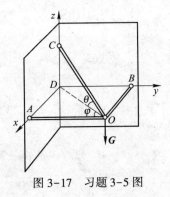

图 3-17　习题 3-5 图

第 2 篇

材 料 力 学

（1）材料力学的任务

各种机械设备和工程结构都是由若干构件组成的。当构件工作时，都要承受各种各样力的作用，这些直接施加在构件上的力称为**荷载**。为确保构件正常工作，必须满足以下三方面的要求：

1）**强度**：强度是指构件在荷载作用下抵抗破坏的能力，构件在荷载作用下如果产生塑性变形或断裂将导致构件失效。

2）**刚度**：刚度是指构件在荷载作用下抵抗变形的能力。构件不仅要有足够的强度，而且也不能产生过大的变形，变形必须在满足使用要求的范围内，否则会影响构件的正常工作。

3）**稳定性**：某些细长杆件与薄壁构件在轴向压力达到一定数值时，会失去原有形态的平衡而丧失工作能力，此现象称构件丧失了稳定。因此，对这一类构件还要考虑其稳定性问题。

在构件设计中，除了上述要求外，还必须满足经济要求。构件的安全与经济是材料力学要解决的一对主要矛盾。

由于构件的强度、刚度和稳定性与构件材料的力学性能有关，而材料的力学性能必须通过实验来测定；此外，还有很多复杂的工程实际问题，目前尚无法通过理论分析来解决，也必须依赖于实验。因此，实验研究在材料力学研究中是一个重要的方面。

由此可见，材料力学的任务是：**在保证构件既安全又经济的前提下，用必要的计算方法和实验技术为构件选择合适的材料，确定构件合理的尺寸和合适的截面形状。**

（2）变形固体及其基本假设

材料力学研究物体受力后的内部应变与变形，理论力学中的刚体模型不再适用。因此，材料力学的研究对象为**变形固体**，如，钢、铸铁、有色金属、木材和混凝土等。变形固体的变形可分为两类：其一是卸载后能消失的变形，称为**弹性变形**；其二是卸载后变形不能完全消失，这种残留的变形称为**塑性变形**。材料力学研究的变形主要是弹性变形，这种只有弹性变形的变形固体称为**理想弹性体**。

工程中大多数构件在外力作用下产生变形后，其几何尺寸的改变量与构件原始尺寸相比，一般是极其微小的，这种变形称为**小变形**。材料力学研究的内容只限于小变形范围。由于变形微小，在研究构件的受力分析和平衡问题时，一般可略去变形的影响，可按构件变形前的原始几何尺寸进行计算。

为了使计算简化，对变形固体作以下的基本假设：

1）**均匀连续假设**：假设变形固体在整个体积内无间隙、均匀地充满物质，各部分的性质相同。

2）**各向同性假设**：假设材料沿各个方向具有相同的力学性能。

3）**弹性小变形假设**：假设材料在外力作用下的变形是弹性的，变形量与其本身尺寸相比极小。

实验结果表明，据这些假设所得到的理论，基本上是符合工程实际的。

（3）材料力学研究的对象

工程中构件的形状是多种多样的，按其三维尺寸的比例，大致可简化归纳为**杆**、**板**、**壳**和**块**四类，如图Ⅱ-1所示。

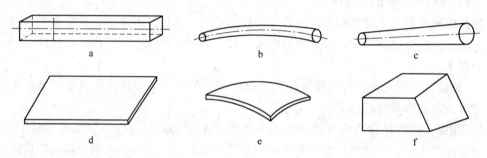

图Ⅱ-1

a—直杆；b—曲杆；c—变截面直杆；d—平板；e—壳；f—块体

凡长度远大于其他两方面尺寸的构件称为杆（如图Ⅱ-1a～c所示），杆的几何形状可用其轴线（截面形心的连线）和垂直于轴线的几何图形（横截面）表示。轴线是直线的杆，称为**直杆**；轴线是曲线的杆，称为曲杆；各横截面相同的直杆，称为**等直杆**。材料力学研究的主要对象为等直杆。

图Ⅱ-2

（4）杆件变形的基本形式

杆件在不同形式的外力作用下，将发生不同形式的变形，其基本形式有以下四种：

1）**轴向拉伸和压缩**（见图Ⅱ-2）：杆件所受外力与杆轴线重合，杆件沿轴线方向伸长或缩短。

2）**剪切与挤压**（见图Ⅱ-3）：杆件受一对相距很近、大小相等、方向相反、作用线垂直于杆轴线的外力的作用，杆件横截面将沿外力方向产生相对剪切变形，同时两个构件相互传递压力时接触面相互压紧而产生局部挤压变形。

3）**扭转**（见图Ⅱ-4）：杆件受一对转向相反、作用在垂直于杆轴线的两个平面内的外力偶作用，相邻两横截面绕杆轴线产生相对扭转变形。

4）**弯曲**（见图Ⅱ-5）：杆件受到通过梁轴线的纵向平面内的外力作用，弯曲后的轴线仍然在通过杆件轴线的纵向平面内。

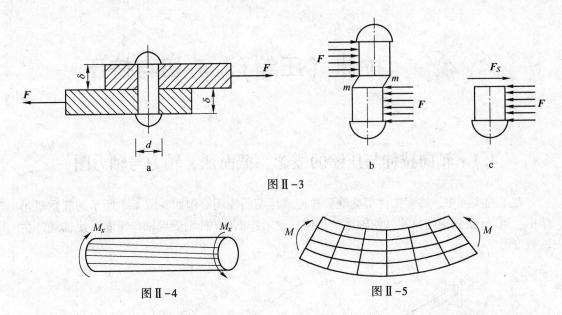

图Ⅱ-3

图Ⅱ-4　　　　　　　　图Ⅱ-5

　　工程实际中的构件，可能同时承受不同形式的外力而发生复杂变形，但都可以看作上述基本变形的组合。由两种或两种以上基本变形组成的复杂变形，称为**组合变形**。组合变形的分析和计算是在基本变形基础上按叠加方法进行的。

拉伸（压缩）、剪切与挤压

4.1　轴向拉伸与压缩的概念、截面法、轴力与轴力图

在工程实际中，许多构件都会受到拉伸或压缩的作用。例如，图 4-1 所示的起重机吊架中，BC 杆受到轴向拉伸，使轴线产生伸长变形；而 AB 杆则受到轴向压缩，使轴线产生缩短变形。

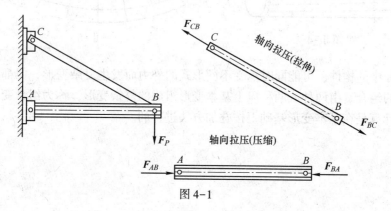

图 4-1

受到轴向拉伸和压缩的构件，可简化成如图 4-2 所示的计算简图。其共同特点为：作用于直杆两端的两个外力等值、反向，且作用线与杆的轴线重合，杆件产生沿轴线方向的伸长（或缩短）。这种变形形式称为轴向拉伸（或轴向压缩），这类杆件称为拉杆（或压杆）。

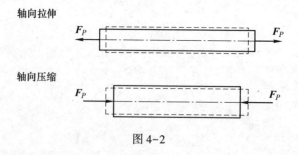

图 4-2

4.1.1　内力与用截面法求内力

构件在受外力前，其内部各部分之间存在着相互作用的内力，它维持着构件的形状和尺寸。当构件受到外力作用时，将发生变形，构件内各部分之间相互作用的力也将随之改变，这个因变形而引起构件内部的附加内力，就是材料力学中所称的**内力**。内力的大小及

其在构件内部的分布方式，与构件的强度、刚度和稳定性密切相关。因此，内力分析是材料力学的重要基础之一。

通常采用截面法求构件的内力。其方法如下：

（1）在需求内力处，假想地用一个垂直于轴线的截面将构件切开，分成两部分。

（2）任取一部分（一般取受力情况较简单的部分）作为研究对象，在截面上用内力代替弃去部分对保留部分的作用。

（3）对保留部分建立平衡方程，由已知外力求出该截面上内力的大小和符号。

必须注意，在使用截面法求内力时，构件在被截开前，第1章中所述刚体中力系的等效代换（包括力的可传性原理）不适用于变形体。

4.1.2　轴力与轴力图

现以图4-3只在两端受轴向力 F_P 的拉杆为例，欲求杆中任一横截面上的内力。

第一步：在需求内力处，假想地用一个垂直于轴线的截面将构件切开，分成两部分，如图4-4所示。

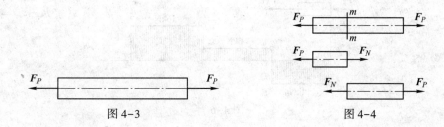

图 4-3　　　　　　　　　　　　　　　图 4-4

第二步：取任意一段作为研究对象，标上内力 F_N。

第三步：由平衡方程 $\sum F_x = 0$，得 $F_N - F_P = 0$，$F_N = F_P$。

由于外力 F_P 的作用线是沿着杆的轴线，内力 F_N 的作用线必通过杆的轴线，故内力 F_N 又称为**轴力**。

轴力的正负由杆的变形确定。当轴力的方向与横截面的外法线方向一致时，杆件受拉伸长，其轴力为正；反之，杆件受压缩短，其轴力为负。通常，未知轴力均按正向假设（如图4-4所示）。

实际问题中，杆件所受外力可能很复杂，这时直杆各段的内力将不相同。为了表示轴力随横截面位置的变化情况，用平行于杆件轴线的坐标表示各横截面的位置，以垂直于杆轴线的坐标表示轴力的数值，这样的图称为**轴力图**。

例4-1　试画出图4-5所示直杆的轴力图。已知 $F_1 = 16\text{kN}$，$F_2 = 10\text{kN}$，$F_3 = 20\text{kN}$。

图 4-5

解：（1）计算 D 端支反力，如图4-6所示。

由整体平衡方程 $\sum F_x = 0$，

得
$$F_D + F_1 - F_2 - F_3 = 0$$
得
$$F_D = F_2 + F_3 - F_1 = 10 + 20 - 16 = 14\text{kN}$$

（2）分段计算轴力（如图 4-6 所示）。由于在横截面 B 和 C 上有外力作用，故将杆分为 AB、BC、CD 三段。用截面法截取如图所示的研究对象后，得：
$$F_{N1} = F_1 = 16\text{kN}; \quad F_{N2} = F_1 - F_2 = 16 - 10 = 6\text{kN}; \quad F_{N3} = -F_D = -14\text{kN}$$
式中，F_{N3} 为负值，说明实际情况与图中所设 F_{N3} 的方向相反，应为压力。

（3）画轴力图。根据所求得的轴力值，画出轴力图，如图 4-6 所示。由图可见，$F_{N\max} = 16\text{kN}$，轴力最大值发生在 AB 段内。

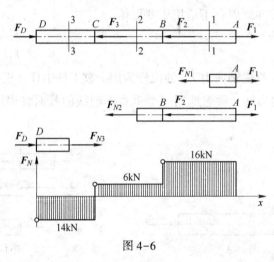

图 4-6

4.2　拉（压）杆横截面上的应力、应变及胡克定理

4.2.1　杆件在一般情况下应力的概念

用同一材料制成而横截面积不同的两杆，在相同拉力的作用下，随着拉力的增大，横截面小的杆件必然先被拉断。这说明，杆的强度不仅与轴力的大小有关，而且还与横截面的大小有关，即杆的强度取决于内力在横截面上分布的密集程度。分布内力在某点处的集度，即为该点处的**应力**。

研究图 4-7 所示杆件，在截面 m—m 上任一点 O 的周围取一微小面积 ΔA，设在 ΔA 上分布内力的合力为 ΔF，ΔF 与 ΔA 的比值称为 ΔA 上的平均应力，用 p_m 表示，即：

$$p_m = \frac{\Delta F}{\Delta A}$$

一般情况下，内力在截面上的分布并非均匀，为了更真实的描述内力的实际分布情况，应使 ΔA 面积缩小并趋近于零，则平均应力 p_m 的极限值称为 m—m 截面上 O 点处的全应力，并用 p 表示（如图 4-8 所示），即：

$$p = \lim_{\Delta A \to 0} \frac{\Delta F}{\Delta A} = \frac{\mathrm{d}F}{\mathrm{d}A}$$

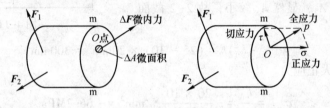

图 4-8

全应力 p 的方向即 ΔF 的方向。通常将应力分解成垂直于截面的法向分量 σ 和相切于截面的切向分量 τ。σ 称为**正应力**，τ 称为**切应力**（剪应力），如图 4-9 所示。

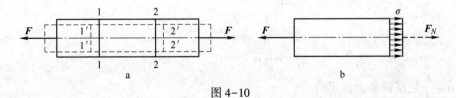

图 4-9

在我国的法定计量单位中，应力的单位为帕斯卡，记作 Pa（帕），$1\mathrm{Pa} = 1\mathrm{N/m}^2$。在土建和机械工程中，这一单位太小，常用千帕（kPa）、兆帕（MPa）（$1\mathrm{MPa} = 1\mathrm{N/mm}^2$）和吉帕（GPa）为单位，其关系为 $1\mathrm{kPa} = 10^3\mathrm{Pa}$；$1\mathrm{MPa} = 10^6\mathrm{Pa}$；$1\mathrm{GPa} = 10^9\mathrm{Pa}$。

4.2.2 拉压杆横截面上的正应力

以轴向拉伸为例来说明。取一等截面直杆，试验前先在杆的表面划出两条垂直于轴线的横向线 1—1、2—2（如图 4-10a 所示）。在轴向拉力 F 作用下观测到杆件的变形现象：横向线 1—1、2—2 移动后仍保持为直线（如图 4-10a 中虚线），并且仍然与杆轴线垂直。根据以上变形现象，可作如下假设：变形前为平面的横截面，变形后仍保持为平面且与轴线垂直，这就是**平面假设**。

图 4-10

根据平面假设可断定拉杆所有纵向纤维的伸长相等。又因材料是均匀的，各纵向纤维性质相同，因而其受力也就一样。所以，杆件横截面上的内力均匀分布，即在横截面上各点的正应力相等，亦即 σ 等于常量（如图 4-10b 所示）。由 $F_N = \sigma A$ 得：

$$\sigma = \frac{F_N}{A} \tag{4-1}$$

式 (4-1) 就是拉（压）杆横截面上正应力 σ 的计算公式。正应力符号与轴力 F_N 的符号规定相同，即拉应力为正，压应力为负。由于拉（压）杆横截面上各点的正应力相同，故求应力时只需确定截面位置即可。

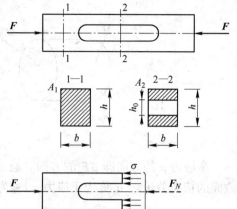

例 4-2　一中段开槽的直杆，承受轴向载荷 $F = 20\text{kN}$ 作用。已知 $h = 25\text{mm}$，$h_0 = 10\text{mm}$，$b = 20\text{mm}$（如图 4-11 所示），试求杆内的最大正应力。

解：（1）计算轴力。用截面法求得杆中各处的轴力为 $F_N = -F = -20\text{kN}$。

（2）求横截面面积。该杆有两种大小不等的横截面面积 A_1 和 A_2，显然 A_2 较小，故 2-2 截面正应力大。

图 4-11

$$A_2 = (h - h_0)b = (25 - 10) \times 20\text{mm}^2 = 300\text{mm}^2$$

（3）计算最大正应力。

$$\sigma_{\max} = \frac{F_N}{A_2} = -\frac{20 \times 10^3}{300}\text{N/mm}^2 = -66.7\text{MPa}$$

负号表示其应力为压应力。

4.2.3　斜截面上的应力

轴向拉（压）杆的破坏有时不沿着横截面，例如铸铁压缩时沿着大约与轴线成 45° 的斜截面发生破坏，因此有必要研究轴向拉（压）杆斜截面上的应力。设图 4-12 所示拉杆的横截面面积为 A，任意斜截面 k—k′ 的方位角为 α。用截面法可求得斜截面上的内力为 $F_\alpha = F$。

斜截面上的应力显然也是均布的，故斜截面上任一点的全应力为：

$$p_\alpha = \frac{F_\alpha}{A_\alpha} = \frac{F}{A_\alpha}$$

式中，A_α 为斜截面的面积，$A_\alpha = \dfrac{A}{\cos\alpha}$，代入上式后有：

$$p_\alpha = \frac{F}{\dfrac{A}{\cos\alpha}} = \frac{F}{A}\cos\alpha = \sigma\cos\alpha \tag{4-2}$$

式中，$\sigma = \dfrac{F}{A}$ 是横截面上的正应力。

将斜截面上的全应力 p_α 分解为垂直于斜截面的正应力 σ_α 和位于斜截面内的切应力 τ_α，如图 4-13 所示。

由几何关系得到：

$$\sigma_\alpha = p_\alpha\cos\alpha = \sigma\cos^2\alpha \tag{4-3}$$

$$\tau_\alpha = p_\alpha\sin\alpha = \sigma\cos\alpha\sin\alpha = \frac{\sigma}{2}\sin2\alpha \tag{4-4}$$

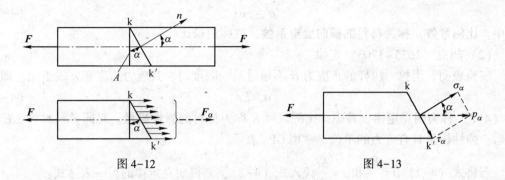

图 4-12　　　　　　　　　　　　　　图 4-13

从式（4-3）和式（4-4）可以看出，斜截面上的正应力 σ_α 和切应力 τ_α 都是 α 的函数。这表明，过杆内同一点的不同斜截面上的应力是不同的。当 $\alpha = 0°$ 时，横截面上的正应力达到最大值 $\sigma_{max} = \sigma$；当 $\alpha = 45°$ 时，切应力 τ_α 达到最大值，即：

$$\tau_{max} = \frac{\sigma}{2}$$

当 $\alpha = 90°$ 时，σ_α 和 τ_α 均为零，表明轴向拉（压）杆在平行于杆轴的纵向截面上无任何应力。

在应用式（4-3）、式（4-4）时，须注意角度 α 和 σ_α、τ_α 的正负号。规定如下：σ_α 仍以拉应力为正，压应力为负；τ_α 的方向与截面外法线按顺时针方向转 90° 所示方向一致时为正，反之为负。

由式（4-4）中的切应力计算公式可以看到，必有 $\tau_\alpha = -\tau_{\alpha+90°}$，说明杆件内部相互垂直的截面上，切应力必然成对出现，两者等值且都垂直于两平面的交线，其方向则同时指向或背离交线，此即**切应力互等定理**。

4.2.4 拉（压）杆的变形及胡克定理

（1）纵向线应变和横向线应变

以轴向拉伸为例。设正方形截面拉杆原长为 l，边长为 a，受轴向拉力 F 后，纵向长度由 l 变为 l_1，横向尺寸由 a 变为 a_1，如图 4-14 所示。则：

纵向变形为　　　　$\Delta l = l_1 - l$

横向变形为　　　　$\Delta a = a_1 - a$

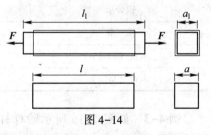

图 4-14

为了度量杆的变形程度，用单位长度内杆的变形即线应变来衡量。与上述两种绝对变形相对应的线应变为：

纵向线应变
$$\varepsilon = \frac{\Delta l}{l} = \frac{l_1 - l}{l} \tag{4-5}$$

横向线应变
$$\varepsilon' = \frac{\Delta a}{a} = \frac{a_1 - a}{a} \tag{4-6}$$

线应变所表示的是杆件的相对变形，是无量纲的量。

实验表明，当应力不超过某一限度时，横向线应变 ε' 和纵向线应变 ε 之间存在比例关系且符号相反，即：

$$\varepsilon' = -\mu\varepsilon \tag{4-7}$$

式中，比例常数 μ 称为材料的**横向变形系数**，或称**泊松比**。

（2）胡克（1635~1703）定律

实验表明，当拉、压杆的正应力 σ 不超过某一限度时，其应力与应变 ε 成正比。即：

$$\sigma = E\varepsilon \tag{4-8}$$

式（4-8）称为胡克定律。其中，比例常数 E 称为材料的**弹性模量**。对同一种材料，E 为常数。弹性模量具有应力的单位，常用 GPa 表示。

若将式（4-1） $\sigma = \dfrac{F_N}{A}$ 和 $\varepsilon = \dfrac{\Delta l}{l}$ 代入式（4-8），则得胡克定律的另一表达式：

$$\Delta l = \frac{F_N l}{EA} \tag{4-9}$$

式（4-9）表明：若杆的应力未超过某一极限值，则其绝对变形 Δl 与力 F_N 成正比，而与横截面积 A 成反比。其中分母 EA 称为杆的**抗拉（压）刚度**。

弹性模量 E 和泊松比都是表征材料的弹性常数，可由实验测定。几种常用材料的 E 和 μ 值见表 4-1。

表 4-1　几种常用材料的 E 和 μ 值

材料名称	E/GPa	μ
碳　钢	196~216	0.24~0.28
合金钢	186~206	0.25~0.30
混凝土	15~35	0.16~0.18
灰铸钢	78.5~162	0.23~0.27
铜及铜合金	72.6~128	0.31~0.42
铝合金	70	0.33
橡　胶	0.00785	0.461
木材（顺纹）	9.8~11.8	0.539
木材（横纹）	0.5~1	—

例 4-3　如图 4-15 所示阶梯杆，已知横截面面积 $A_{AB} = A_{BC} = 500\text{mm}^2$，$A_{CD} = 300\text{mm}^2$，弹性模量 $E = 200\text{GPa}$。试求杆的总伸长。

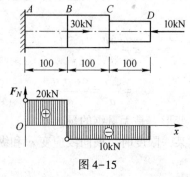

图 4-15

解：（1）作轴力图。用截面法求得 CD 段和 BC 段的轴力 $F_{NCD}=F_{NBC}=-10\text{kN}$，$AB$ 段的轴力为 $F_{NAB}=20\text{kN}$，画出杆的轴力图。

（2）计算各段杆的变形量。

$$\Delta l_{AB}=\frac{F_{NAB}l_{AB}}{EA_{AB}}=\frac{20\times10^{3}\times100}{200\times10^{3}\times500}=0.02\text{mm}$$

$$\Delta l_{BC}=\frac{F_{NBC}l_{BC}}{EA_{BC}}=\frac{-10\times10^{3}\times100}{200\times10^{3}\times500}=-0.01\text{mm}$$

$$\Delta l_{CD}=\frac{F_{NCD}l_{CD}}{EA_{CD}}=\frac{-10\times10^{3}\times100}{200\times10^{3}\times300}=-0.0167\text{mm}$$

（3）计算杆的总伸长。

$$\Delta l=\Delta l_{AB}+\Delta l_{BC}+\Delta l_{CD}=0.02-0.01-0.0167=-0.0067\text{mm}$$

结果为负表明杆 AD 的总变形为缩短。

4.3　材料在拉（压）时的力学性能

材料的力学性能是指材料在外力作用下其强度和变形方面所表现出来的性能。它是强度计算和选用材料的重要依据，一般由试验来确定。本节只讨论在室温和静载条件下材料的力学性能。**静载**是指从零开始缓慢地增加到一定数值后不再改变的载荷。

4.3.1　拉伸实验和应力–应变曲线

拉伸实验是研究材料的力学性能最常用的实验。为便于比较实验结果，试件必须按照国家标准（GB/T 228.1—2010）加工成标准试件。圆截面的拉伸标准试件如图 4-16 所示。试件的中间等直杆部分为实验段，其长度 l 称为标距，试件较粗的两端是装夹部分。标距 l 与直径 d 之比有 $l=10d$ 和 $l=5d$ 两种，而对矩形截面试件，标距 l 与横截面面积 A 之间的关系规定为 $l=11.3\sqrt{A}$ 或 $l=5.65\sqrt{A}$。

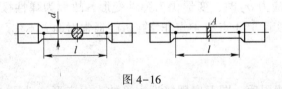

图 4-16

拉伸实验在万能实验机上进行。装夹好试件后缓慢加载，试件受到由零逐渐增加的拉力 F 的作用，发生伸长变形，直到断裂。一般实验机上附有自动绘图装置，在实验过程中能自动绘出载荷 F 和相应的伸长变形的关系曲线，称为拉伸图或 F–Δl 曲线（如图 4-17所示）。

拉伸图的形状与试件的尺寸有关。为了消除试件横截面尺寸和长度的影响，将载荷 F 除以试件原来的横截面面积 A，得到应力 σ；将变形除以试件原长 l，得到应变 ε，这样的曲线称为应力–应变曲线（如图 4-18 所示 σ–ε 曲线）。σ–ε 曲线的形状与 F–Δl 曲线相似。

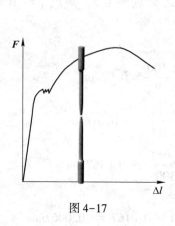

图 4-17

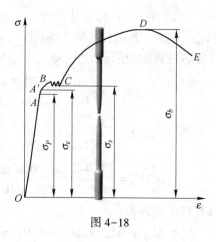

图 4-18

4.3.2　低碳钢拉伸时的力学性能

低碳钢（如 Q235）是工程上广泛使用的金属材料，它在拉伸时表现出来的力学性能具有典型性。图 4-18 是低碳钢拉伸时的应力-应变曲线。由图可见，整个拉伸过程大致可分为以下四个阶段：

（1）弹性阶段

在拉伸的初始阶段，为一斜直线 OA，表明此阶段内 σ 与 ε 成正比，材料服从胡克定律，即 $\sigma = E\varepsilon$，直线 OA 的斜率在数值上等于材料的弹性模量，此阶段内的变形为弹性变形。线性阶段的最高点 A 对应的应力是应力与应变保持正比关系的最大应力，称为**比例极限**，用 σ_P 表示。低碳钢的比例极限 $\sigma_P \approx 190 \sim 200\text{MPa}$。$OA$ 直线的倾角为 α，其斜率为：

$$E = \frac{\sigma}{\varepsilon} = \tan\alpha$$

即为材料的弹性模量。

当应力超过比例极限后，图中的 AA' 段已不是直线，胡克定律不再适用。但当应力值不超过 A' 点所对应的应力 σ_e 时，变形仍为弹性变形，故称为**弹性极限**。比例极限和弹性极限的概念不同，但实际上 A 点和 A' 点非常接近，通常对两者不作严格区分，统称为弹性极限。

（2）屈服阶段

当应力超过弹性极限后，图上出现接近水平的小锯齿形波动段 BC，说明此时应力虽有小的波动，但基本保持不变，但应变却迅速增加。这种应力变化不大而变形显著增加的现象称为材料的**屈服**或**流动**。BC 段对应的过程称为屈服阶段，屈服阶段的最低应力值 σ_s 较稳定，称为材料的**屈服极限（屈服点）**。低碳钢的屈服点 $\sigma_s = 220 \sim 240\text{MPa}$。在屈服阶段，如果试件表面光滑，可以看到试件表面有与轴线大约成 45° 的条纹，称为滑移线（如图 4-19 所示）。

（3）强化阶段

屈服阶段后，图上出现上升的曲线 CD 段。这表明，若要使材料继续变形，必须增加应力，即材料又恢复了抵抗变形的能力，这种现象称为**材料的强化**，CD 段对应的过程称为材料的强化阶段。曲线最高点 D 所对应的应力值用 σ_b 表示，称为材料的**抗拉强度（强度极限）**，是材料所能承受的最大应力。低碳钢的抗拉强度 $\sigma_b = 370 \sim 460 \text{MPa}$。

（4）颈缩断裂阶段

应力达到抗拉强度后，在试件的横截面处发生急剧的局部收缩，出现缩颈现象（如图 4-20 所示）。由于缩颈处的横截面面积迅速减小，所需拉力也相应降低，最终导致试件断裂，应力-应变曲线呈下降的 DE 段形状。

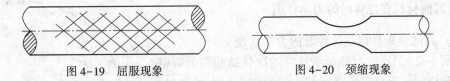

图 4-19　屈服现象　　　　　　图 4-20　颈缩现象

综上所述，当应力增大到屈服点时，材料出现了明显的塑性变形。抗拉强度是表示材料抵抗破坏的最大能力，故 σ_s 和 σ_b 是衡量材料强度的两个重要指标。

工程中用试件拉断后残留的塑性变形来表示材料的塑性性能。常用的塑性指标有两个：

伸长率 δ　　　　　　　　　$\delta = \dfrac{l_1 - l}{l} \times 100\%$　　　　　　　　　　（4-10）

断面收缩率 ψ　　　　　　　$\psi = \dfrac{A - A_1}{A} \times 100\%$　　　　　　　　　（4-11）

式中，l 是原标距；l_1 是拉断后的标距；A 为试件原横截面面积；A_1 为试件断裂后缩颈处的最小横截面面积（如图 4-21 所示）。

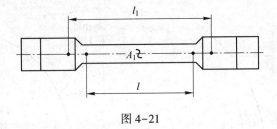

图 4-21

低碳钢的伸长率在 20%～30% 之间，断面收缩率约为 60%，故低碳钢是很好的塑性材料。工程上经常用标距与直径之比为 10 的试件的伸长率来区分**塑性材料**和**脆性材料**。把 $\delta_{10} \geqslant 5\%$ 的材料称为塑性材料，如钢材、铜和铝等；把 $\delta_{10} < 5\%$ 的材料称为脆性材料，如铸铁、混凝土、砖石等。

实验表明，如果将试件拉伸到超过屈服点 σ_s 后的一点（如图 4-22 所示），如图中 F 点，然后缓慢地卸载。这时会发现，卸载过程中试件的应力-应变保持直线关系，沿着与 OA 近似平行的直线 FG 回到 G 点，而

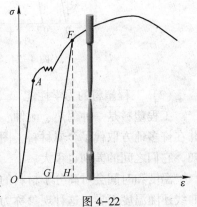

图 4-22

不是沿原来的加载曲线回到 O 点。

OG 是残留的塑性应变。GH 是消失的弹性应变。如将此试件重新加载，则其 σ-ε 曲线将沿直线 GF 上升，后面的曲线和原来的 σ-ε 曲线相同，可见材料的比例极限和屈服极限有所提高。这种将材料预拉到强化阶段后卸载，重新加载使材料的比例极限提高，而塑性降低的现象称为**冷作硬化**。工程上可用冷作硬化工艺来提高某些构件的承载能力，如冷拉钢筋和预应力钢筋等。

4.3.3　其他材料在拉伸时的力学性能

（1）其他金属材料在拉伸时的力学性能

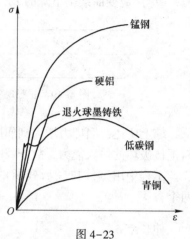

如图 4-23 所示，其他金属材料的拉伸试验和低碳钢拉伸试验相同，但材料所显示的力学性能有很大的差异。图中给出了锰钢、硬铝、退火球墨铸铁和低碳钢的应力-应变曲线。这些都是塑性材料，但前三种材料没有明显的屈服阶段。

对于没有明显屈服点的塑性材料，工程上规定，取对应于试件产生 0.2% 的塑性应变时所对应的应力值为材料的**名义屈服强度**，以 $\sigma_{0.2}$ 表示（如图 4-24 所示）。

图 4-23

灰铸铁拉伸时的应力-应变曲线：由图 4-25 可见，其 σ-ε 曲线没有明显的直线部分，既无屈服阶段，亦无缩颈现象；断裂时应变通常只有 0.4%～0.5%，断口垂直于试件轴线。因铸铁构件在实际使用的应力范围内，其应力-应变曲线的曲率很小，实际计算时常近似地以直线（图中的虚线）代替。铸铁的伸长率通常只有 0.4%～0.6%，是典型的脆性材料。拉伸强度 σ_b 是衡量其强度的唯一指标。

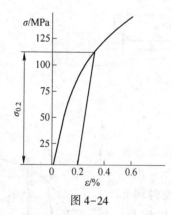

图 4-24

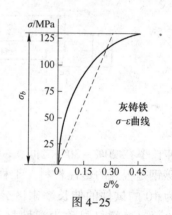

图 4-25

（2）工程塑料的力学性能

工程塑料是一种耐热、耐蚀、耐磨和高强度的高分子材料，目前在各领域已广泛采用并在许多地方取代了金属材料，图 4-26 所示是几种高分子材料拉伸的 σ-ε 曲线。由图可知，它们之间的差别也很大。

温度和时间会对高分子材料的性态产生很大的影响，图 4-27 所示高分子材料的 σ-ε 曲线还随温度而异，这种现象称为黏弹性。在温度改变的条件下，温度由 $t_1 \rightarrow t_2$，高分子材料还会产生明显的蠕变（即应力不变，应变增加）及松弛（即应变不变，应力下降）等现象。

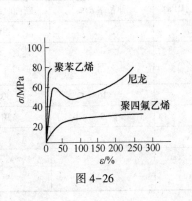

图 4-26

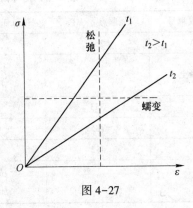

图 4-27

（3）复合材料的力学性能

复合材料是指两种以上不同材质的材料通过一定复合方式组合而成的一种多相体，具有许多优异的性能，如玻璃钢是由玻璃纤维与聚酯类树脂组成的复合材料，它具有强度高、重量轻、耐冲击、耐腐蚀、绝缘性好等优点，已得到广泛应用。

4.3.4 材料在压缩时的力学性能

金属的压缩试样常制成短的圆柱，圆柱的高度约为直径的 1.5~3 倍；非金属材料（如水泥）的试样常采用立方体形状。

低碳钢压缩的 $\sigma-\varepsilon$ 曲线，如图 4-28 所示。试验表明，低碳钢等塑性材料压缩时的弹性模量 E 和屈服应力 σ_s 都与拉伸时基本相同。屈服阶段以后，试样越压越扁。

进入强化阶段后，两曲线逐渐分离，压缩曲线上升，此时测不出材料的抗压强度极限。这是因为超过屈服点后试样被越压越扁，横截面面积不断增大的缘故。

铸铁压缩时的应力-应变曲线如图 4-29 所示。虚线为拉伸时的 $\sigma-\varepsilon$ 曲线。可以看出，铸铁压缩时的 $\sigma-\varepsilon$ 曲线也没有直线部分。因此，压缩时也只是近似地服从胡克定律。铸铁压缩时的抗压强度比抗拉强度高出 4~5 倍。

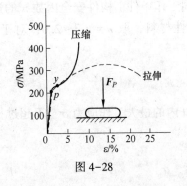

图 4-28

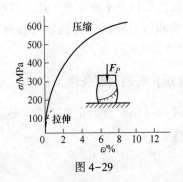

图 4-29

对于其他脆性材料，如硅石、混凝土等，其抗压能力也显著地高于抗拉能力。一般脆性材料的价格较便宜，因此，工程上常用脆性材料做承压构件。

几种常用材料的力学性能见表 4-2。

表 4-2　几种常用材料的力学性能

材料名称或牌号	屈服点 σ/MPa	抗拉强度 σ_b/MPa	伸长率 $\delta/\%$	断面收缩率 $\psi/\%$
Q235A	235	390	$25\sim27$	60
C30 混凝土	—	拉 2.1 压 21	—	—
45	353	598	16	$30\sim45$
40Cr	785	960	9	$30\sim45$
QT500-2	412	538	2	—
HT150	—	拉 150 压 637	—	—

4.4　拉（压）杆的强度计算与拉（压）超静定问题

4.4.1　极限应力、许用应力和安全因数

由上述可知，当构件的应力达到了材料的屈服点或抗拉强度时，将产生较大的塑性变形或断裂，为使构件能正常工作，设定一种极限应力，用 σ^0 表示。对于塑性材料常取 $\sigma^0=\sigma_s$；对于脆性材料，常取 $\sigma^0=\sigma_b$。

由于工程构件的荷载难以精确确定，以及应力计算方法的近似性、材料的不均匀性和构件的重要性等因素，为了保证构件安全可靠地工作，应使它的工作应力小于材料的极限应力，使构件有适当的强度储备。一般把极限应力除以大于 1 的因数 n，作为设计时应力的最大允许值，称为许用应力，用 $[\sigma]$ 表示，即：

$$[\sigma]=\frac{\sigma^0}{n} \tag{4-12}$$

正确地选取安全因数是一个比较复杂的问题。过大的安全因数会浪费材料，太小的安全因数则又可能使构件不能安全工作。各种不同工作条件下构件安全因数 n 的选取，可从有关工程手册和行业规范中查到。一般对于塑性材料，取 $n=1.3\sim2.0$；对于脆性材料，取 $n=2.0\sim3.5$。

4.4.2　拉（压）杆的强度条件

为了保证拉（压）杆的正常工作，必须使杆内的最大工作应力 σ_{max} 不超过材料的拉伸或压缩许用应力 $[\sigma]$，即：

$$\sigma_{max}=\frac{F_N}{A}\leqslant[\sigma] \tag{4-13}$$

式中，F_N 和 A 分别为危险截面上的轴力与其横截面面积。此式称为拉（压）杆的强度条件。根据强度条件，可解决下列三种强度计算问题：

（1）校核强度。若已知杆件的尺寸、所受载荷和材料的许用应力，即可用式（4-13）验算杆件是否满足强度条件。

（2）设计截面。若已知杆件所承受的载荷及材料的许用应力，由强度条件可确定杆件的安全横截面面积 A，即：

$$A \geqslant \frac{F_N}{[\sigma]}$$

（3）确定承载能力。若已知杆件的横截面尺寸及材料的许用应力，可由强度条件确定杆件所能承受的最大轴力，即：

$$F_{N\max} \leqslant A[\sigma]$$

然后由轴力 $F_{N\max}$ 再确定结构的许用载荷。

例 4-4 如图 4-30 所示为一简易吊车的简图，斜杆 AC 为直径 $d = 20\text{mm}$ 的圆形钢杆，材料的许用应力 $[\sigma] = 170\text{MPa}$，荷载 $F = 20\text{kN}$。试校核杆 AC 的强度。

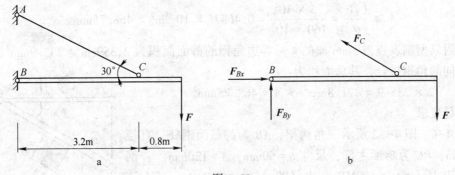

图 4-30

解：（1）求斜杆 AC 的轴力。

取梁 BC 进行分析，如图 4-30b 所示。

由　　　　　　$\sum M_B = 0$，$F_C \times \sin30° \times 3.2 - F \times 4 = 0$

得　　　　　　　　　　$F_C = 50\text{kN}$

（2）校核强度。杆 AC 截面上的应力为：

$$\sigma = \frac{F_N}{A} = \frac{F_C}{\frac{\pi d^2}{4}} = \frac{50 \times 10^3 \times 4}{\pi \times 20^2} \approx 159.2\text{MPa} \leqslant [\sigma] = 170\text{MPa}$$

故杆 AC 满足强度要求。

例 4-5 如图 4-31a 所示为三角形托架，其 AB 杆由两个 4 号等边角钢组成。已知 $F = 75\text{kN}$，$[\sigma] = 160\text{MPa}$，试选择等边角钢型号。

解：（1）求 AC 杆的轴力。取 B 结点为分离体，如图 4-31b 所示。

由
$$\begin{cases} \sum F_x = 0, & F_{NAB} - F_{NCB}\cos45° = 0 \\ \sum F_y = 0, & F_{NCB}\sin45° - F = 0 \end{cases}$$

求得
$$\begin{cases} F_{NCB} = \sqrt{2}F = \sqrt{2} \times 75 \approx 106.1\text{kN} \\ F_{NAB} = \sqrt{2}F_{NCB} = \sqrt{2} \times 106.1 \approx 75\text{kN} \end{cases}$$

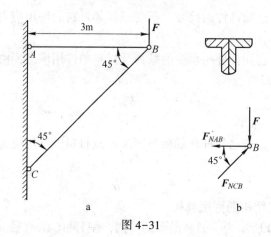

图 4-31

（2）设计 AB 杆截面尺寸。由强度条件求得 AB 杆的横截面面积为：

$$A \geqslant \frac{F_{NAB}}{[\sigma]} = \frac{75 \times 10^3}{160 \times 10^6} = 0.46875 \times 10^{-3} \text{m}^2 = 468.75 \text{mm}^2$$

从附录型钢表查得 3mm 厚的 4 号等边角钢的截面面积为 2.359cm² = 235.9mm²。现用两根相同的角钢拼合，其总面积为：

$$2 \times 235.9 = 471.8 \text{mm}^2 > A = 468.75 \text{mm}^2$$

故能满足要求。

例 4-6　图 4-32 所示三角构架，AB 为圆截面钢杆，直径 $d = 30$mm；BC 为矩形木杆，尺寸 $b = 60$mm，$A = 120$mm。若钢的许用应力 $[\sigma]_G = 170$MPa，木材的 $[\sigma]_M = 10$MPa，试求该结构的许用载荷 $[F]$。

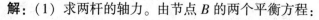

解：（1）求两杆的轴力。由节点 B 的两个平衡方程：

$$\begin{cases} \sum F_x = 0, & -F_{NAB} - F_{NBC}\cos30° = 0 \\ \sum F_y = 0, & -F_{NBC}\sin30° - F = 0 \end{cases}$$

图 4-32

可解得：　　　　　$F_{NAB} = \sqrt{3} F(\text{拉力})$，　$F_{NBC} = -2F(\text{压力})$

（2）各杆允许的最大轴力。

$$F_{NAB} \leqslant [\sigma]_G A_{AB} = 170 \times \frac{\pi \times 30^2}{4} = 120105\text{N} = 120.1\text{kN}$$

$$F_{NBC} \leqslant [\sigma]_M A_{BC} = 10 \times 60 \times 120 = 72000\text{N} = 72\text{kN}$$

（3）求结构的许用载荷。必须根据两杆允许的最大轴力分别计算结构的许用载荷，然后取其数值小的为结构的实际许用载荷：

$$F_{AB} = \frac{F_{NAB}}{\sqrt{3}} = \frac{120.1}{\sqrt{3}} = 69.3\text{kN}$$

$$F_{BC} = \frac{F_{NBC}}{2} = \frac{72}{2} = 36\text{kN}$$

比较之下，可知整个结构的许用载荷为 36kN。此时，BC 杆的应力恰好等于许用应力，而 AB 杆的强度还有盈余。

4.4.3　拉压超静定问题简介

（1）超静定概念及其解法

前面所讨论的问题，其支反力和内力均可由静力平衡条件求得，这类问题称为**静定问题**（如图4-33a 所示）。有时为了提高杆系的强度和刚度，可在中间增加一根杆 3（如图4-33b 所示），这时未知内力有三个，而节点 A 的平衡方程只有两个，因而不能解出，即仅仅根据平衡方程尚不能确定全部未知力，这类问题称为**超静定问题**或**静不定问题**。未知力个数与独立平衡方程数目之差称为静不定的次数。图4-33b 所示为一次超静定问题。

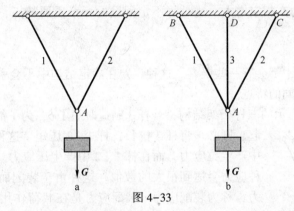

图 4-33

求解超静定问题时，除列出静力平衡方程外，关键在于建立足够数目的补充方程，从而联立求得全部未知力。这些补充方程，可由结构变形的几何条件以及变形和内力间的物理规律来建立。下面举例说明。

例 4-7　试求图 4-34 所示中各杆的轴力。已知杆 1 和杆 2 的材料与横截面均相同，其抗拉刚度为 E_1A_1，杆 3 的抗拉刚度为 E_3A_3，夹角为 α，悬挂重物的重力为 G。

解：（1）列平衡方程。在重力 G 作用下，三杆皆两端铰接且皆伸长，故可设三杆均受拉伸，作 A 点的受力图，列平衡方程则有：

$$\begin{cases} \sum F_x = 0, & -F_{N1}\sin\alpha + F_{N2}\sin\alpha = 0 \\ \sum F_y = 0, & F_{N3} + F_{N1}\cos\alpha + F_{N2}\cos\alpha - G = 0 \end{cases}$$

（2）变形的几何关系。由变形图看到，由于结构左右对称，杆 1、2 的抗拉刚度相同，所以节点 A 只能垂直下移。

设变形后各杆汇交于 A' 点，则 $AA' = \Delta l_3$；由 A 点作 $A'B$ 的垂线 AE，则有 $EA' = \Delta l_1$。在小变形条件下，$\angle BA'A \approx \alpha$，于是变形的几何关系为：

$$\Delta l_1 = \Delta l_2 = \Delta l_3 \cos\alpha$$

（3）物理关系。由胡克定律，应有：

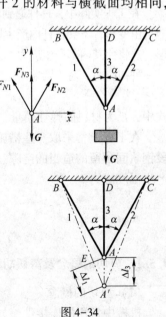

图 4-34

$$\Delta l_1 = \frac{F_{N1}l_1}{E_1 A_1}; \qquad \Delta l_3 = \frac{F_{N3}l_3}{E_3 A_3}$$

（4）补充方程。将物理关系式代入几何方程，得到该超静定问题的补充方程，即为：

$$F_{N1} = F_{N2} = \frac{F_{N3}E_1 A_1}{E_3 A_3}\cos^2\alpha$$

（5）求解各杆轴力。联立求解补充方程和两个平衡方程，可得：

$$F_{N1} = F_{N2} = \frac{G\cos^2\alpha}{\dfrac{E_3 A_3}{E_1 A_1} + 2\cos^2\alpha}$$

由上述答案可见，杆的轴力与各杆间的刚度比有关。一般说来，增大某杆的抗拉（压）刚度 EA，则该杆的轴力亦相应增大。这是静不定问题的一个重要特点，而静定结构的内力与其刚度无关。

（2）装配应力

所有构件在制造中都会有一些误差。这种误差在静定结构中不会引起任何内力，而在超静定结构中则有不同的特点。

例如，图 4-35 所示的三杆桁架结构，若杆 3 制造时短了 δ，为了能将三根杆装配在一起，则必须将杆 3 拉长，杆 1、2 压短。这种强行装配会在杆 3 中产生拉应力，而在杆 1、2 中产生压应力。如误差 δ 较大，这种应力会达到很大的数值。这种由于装配而引起杆内产生的应力，称为装配应力。装配应力是在载荷作用前结构中已经具有的应力，因而是一种初应力。在工程中，对于装配应力的存在，有时是不利的，应予以避免；但也可利用这种初应力，比如机械制造中的过盈配合和土木结构中的预应力钢筋混凝土等。

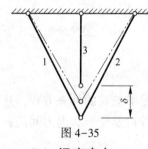

图 4-35

（3）温度应力

在工程实际中，杆件遇到温度的变化，其尺寸将有微小的变化。在静定结构中，由于杆件能自由变形，不会在杆内产生应力。但在静不定结构中，由于杆件受到相互制约而不能自由变形，这将使其内部产生应力。这种因温度变化而引起的杆内应力，称为温度应力。温度应力也是一种初应力。对于两端固定的杆件，当温度升高 ΔT 时，在杆内引起的温度应力为：

$$\sigma = E\alpha_1 \Delta T \tag{4-14}$$

式中，E 为材料的弹性模量，而 α_1 则为材料的线膨胀系数。

在工程上常采取一些措施来降低或消除温度应力，例如蒸汽管道中的伸缩节、铁道两段钢轨间预留的适当的空隙、钢桥桁架一端采用的活动铰链支座等，都是为了减少或预防产生温度应力。

4.5　剪切与挤压

4.5.1　剪切的概念及剪切胡克定律

（1）剪切的概念

机械中常用的连接件，如销钉、键和铆钉等，都是承受剪切的零件。这类杆件的受力特点是：受一对大小相等，方向相反，作用线平行且相距很近的外力作用。

常见的连接件形式如图 4-36 所示。

连接件沿两个力作用线之间的截面发生相对错动。这种变形称为**剪切变形**，发生相对错动的面称为剪切面。

图 4-37 所示的铆钉只有一个剪切面，称为单剪。

图 4-38 所示的销钉具有两个剪切面，称为双剪。

（2）剪切胡克定律

现在从销钉的剪切面处取出一个微小的正六面体单元体，如图 4-39 所示。

在与剪力相应的切应力τ的作用下，单元体的右面相对左面发生错动，使原来的直角改变了一个微量γ，这就是**切应变**。

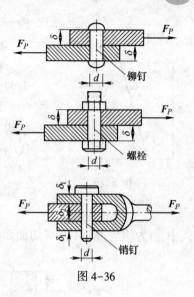

图 4-36

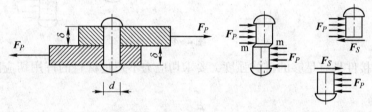

图 4-37

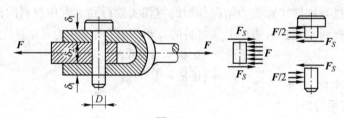

图 4-38

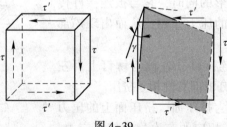

图 4-39

实验指出：当切应力不超过材料的剪切比例极限τ_p 时，切应力τ与切应变γ成正比。这就是材料的**剪切胡克定律**，即：

$$\tau = G\gamma \tag{4-15}$$

式中，比例常数 G 与材料有关，称为材料的切变模量。G 的量纲与τ相同。一般钢材的 G

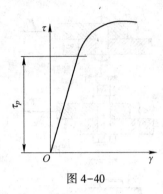

图 4-40

约为 80GPa，铸铁约为 45GPa（如图 4-40 所示）。

（3）剪切的实用计算

由截面法可知：截面上必有相切的内力 F_S，且 $F_S = F$，称为剪力。

切应力在剪切面上的分布情况比较复杂，为计算简便，工程上通常采用以实验、经验为基础的实用计算，即近似地认为切应力在剪切面上是分布均匀的（如图 4-41 所示），则有：

$$\tau = \frac{F_S}{A} \tag{4-16}$$

式中，τ 为切应力，A 为剪切面面积，F_S 为该剪切面上的剪力。

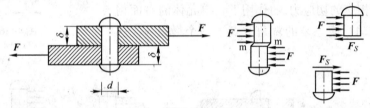

图 4-41

为保证连接件具有足够的抗剪强度，要求切应力不超过材料的许用切应力。由此得抗剪强度条件为：

$$\tau = \frac{F_S}{A} \leqslant [\tau] \tag{4-17}$$

$[\tau]$ 可以通过与构件实际受力情况相似的剪切实验得到。常用材料的许用切应力 $[\tau]$ 可从相关手册中查到。实验表明，金属材料的 $[\tau]$ 与许用拉应力 $[\sigma]$ 之间有如下关系：

塑性材料：　　　　$[\tau] = (0.6 \sim 0.8)[\sigma]$

脆性材料：　　　　$[\tau] = (0.8 \sim 1.0)[\sigma]$

4.5.2　挤压的实用计算

（1）挤压的概念

连接件在发生剪切变形的同时，它与被连接件传力的接触面上将受到较大的压力作用，从而出现局部变形，这种现象称为**挤压**。

如图 4-42 所示，上连接件孔左侧与铆钉上部左侧，下连接件孔右侧与铆钉下部右侧相互挤压。

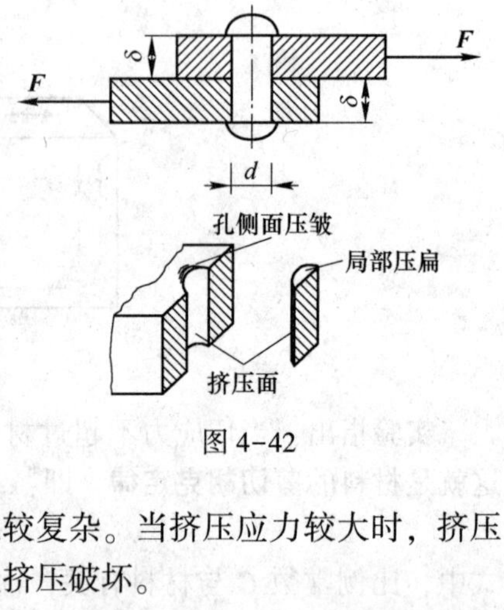

发生挤压的接触面称为挤压面。挤压面上的压力称为挤压力，用 F_{jy} 表示。相应的应力称为挤压应力，用 σ_{jy} 表示。

图 4-42

挤压与压缩不同，挤压力作用在构件的表面，挤压应力也只分布在挤压面附近区域，且挤压变形情况比较复杂。当挤压应力较大时，挤压面附近区域将发生显著的塑性变形而被压溃，此时发生挤压破坏。

（2）挤压的实用计算

由于挤压面上的挤压应力分布比较复杂，所以与剪切一样，工程中也采用实用计算，即认为挤压应力在挤压面上均匀分布，于是有：

$$\sigma_{jy} = \frac{F_{jy}}{A_{jy}} \tag{4-18}$$

式中，F_{jy} 为挤压面上的挤压力；A_{jy} 为挤压面的计算面积。

计算面积 A_{jy} 需根据挤压面的形状来确定。如图 4-43 所示，键连接的挤压面为平面，则该平面的面积就是挤压面积的计算面积。

$$A_{jy} = hl/2$$

对于销钉、铆钉等圆柱连接件，其挤压面为圆柱面，挤压面的应力分布如图 4-44 所示。

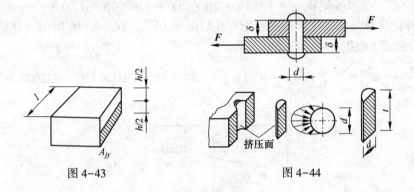

图 4-43　　　　　　　　　　　图 4-44

则挤压面的计算面积为半圆柱面的正投影面积，即：

$$A_{jy} = dt$$

按式（4-19）计算所得的挤压应力，近似于最大挤压应力 $\sigma_{jy\max}$。

为保证连接件具有足够的挤压强度而不破坏，挤压强度条件为：

$$\sigma_{jy} = \frac{F_{jy}}{A_{jy}} \leqslant [\sigma_{jy}] \tag{4-19}$$

式中，$[\sigma_{jy}]$ 为材料的许用挤压应力，其数值可由实验获得。

常用材料的许用挤压应力可从有关的手册上查得。对于金属材料，许用挤压应力和许用拉应力之间有如下关系：

塑性材料：　　　　　$[\sigma_{jy}] = (1.7 \sim 2.0)[\sigma]$

脆性材料：　　　　　$[\sigma_{jy}] = (0.9 \sim 1.5)[\sigma]$

需要注意，如果两个相互挤压构件的材料不同，则应对材料强度较小的构件进行计算。

例 4-8　如图 4-45 所示，用四个直径相同的铆钉连接拉杆和格板。已知拉杆和铆钉的材料相同，$b = 80\text{mm}$，$t = 10\text{mm}$，$d = 16\text{mm}$，$[\tau] = 100\text{MPa}$，$[\sigma_{jy}] = 200\text{MPa}$，$[\sigma] = 130\text{MPa}$。试计算许用载荷。

解：该连接件的许可载荷应根据铆钉的抗剪

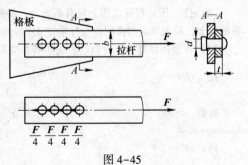

图 4-45

强度、铆钉和杆的挤压强度以及杆的抗拉强度三方面确定。

（1）铆钉的抗剪强度。分析表明，各铆钉的受力大致相等，所以各铆钉剪切面上的剪力均为 $F_S = \dfrac{F}{4}$，根据抗剪强度条件 $\tau = \dfrac{F_S}{A} \leqslant [\tau]$，有：

$$F = 4F_S \leqslant \pi d^2 [\tau] = 3.14 \times 16^2 \times 100 = 80384\text{N} = 80.4\text{kN}$$

（2）铆钉和杆的挤压强度。由于杆和铆钉的材料相同，所以可根据铆钉挤压强度计算。这里，铆钉所受的挤压力等于剪力，即 $F_{jy} = F_S = \dfrac{F}{4}$。

根据挤压强度条件 $\sigma_{jy} = \dfrac{F_{jy}}{A_{jy}} = \dfrac{F}{4dt} \leqslant [\sigma_{jy}]$，有：

$$F \leqslant 4dt[\sigma_{jy}] = 4 \times 16 \times 10 \times 200 = 128000\text{N} = 128\text{kN}$$

（3）杆的抗拉强度。计算拉杆的受力并画出轴力图，如图4-46所示。显然，横截面 l—l 为危险截面。根据抗拉强度条件，有

$$\sigma = \dfrac{F}{(b-d)t} \leqslant [\sigma], \ F \leqslant (b-d)t[\sigma] = (80-16) \times 10 \times 130 = 83200\text{N} = 83.2\text{kN}$$

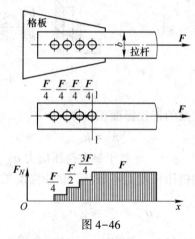

图 4-46

综合考虑以上三方面，可见该连接的许可载荷为 $[F] = 80.4\text{kN}$。

—— 小 结 ——

（1）用截面法求内力，内力与横截面间有如下特征：拉、压内力 F_N 与横截面垂直，剪切内力 F_S 与横截面平行，挤压力则垂直于局部接触表面。

（2）拉（压）杆横截面上只有正应力，斜截面上的应力既有正应力又有剪应力。最大正应力作用在横截面上；最大剪应力作用在与杆轴成45°的斜截面上。

（3）在实用计算中，近似认为这些基本变形的应力是均布的，故其应力计算及强度条件为：

拉（压） $\sigma_{max} = \dfrac{F_N}{A} \leqslant [\sigma]$

剪切 $\tau = \dfrac{F_S}{A} \leqslant [\tau]$

挤压 $\sigma_{jy} = \dfrac{F_{jy}}{A_{jy}} \leqslant [\sigma_{jy}]$

应用上述条件可解决如下三类强度计算问题：强度校核、设计截面、确定许可荷载。进行强度计算的一般步骤是：用截面法计算轴力，分析危险截面位置并建立强度条件，最后进行三类问题的计算。

连接件在发生剪切变形的同时往往伴有挤压，或者拉（压），故强度计算时需要全面考虑。

（4）胡克定律是材料力学中最基本的定律，它揭示了材料内应力与应变之间的关系，其表达式有两种：$\Delta l = \dfrac{F_N l}{EA}$或$\sigma = E\varepsilon$，剪切胡克定律的表达式为$\tau = G\gamma$，要注意公式成立的条件是应力不超过比例极限。

（5）材料的力学性能是通过试验测定的，常用材料中塑性材料以低碳钢为代表，低碳钢的拉伸应力应变曲线分为几个阶段：线弹性阶段、屈服阶段、强化阶段和断裂阶段。重要的强度指标有屈服极限σ_s和强度极限（抗拉强度）σ_b；重要的塑性指标有伸长率δ和断面收缩率ψ；刚度指标主要有弹性模量E和泊松比μ。

脆性材料以铸铁为代表，其抗压性能远大于抗拉性能，反映了脆性材料共有的属性，故脆性材料常用作承压构件，不用作受拉构件，其强度指标为σ_b。

塑性材料的屈服极限σ_s和脆性材料的强度极限定义为材料失效时相应的极限应力σ^0，极限应力考虑安全系数后即得到材料的许用应力$[\sigma]$，即$[\sigma] = \dfrac{\sigma^0}{n}$。

（6）求解拉（压）超静定问题，除列静力学平衡方程外，还需建立含有未知力的补充方程。

习　题

4-1　试用截面法求图示阶梯轴拉压杆中1—1截面、2—2截面和3—3截面轴力。

图4-47　习题4-1图

4-2　试求作图示悬臂等截面直杆的轴力图（忽略杆件的自重）。

图4-48　习题4-2图

4-3　图示阶梯形钢杆，已知$F = 30$kN，1—1截面的面积$A_1 = 250$mm^2，2—2截面的面积$A_2 = 600$mm^2，杆的受力情况如图所示，试求各段横截面上的应力。

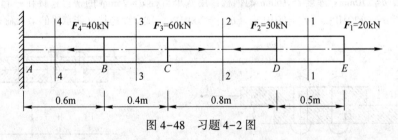

图4-49　习题4-3图

4-4　支架在 B 结点承受荷载 $F = 20kN$，如图所示。若 BC 杆和 BD 杆的横截面面积分别为 $A_{BC} = 500mm^2$、$A_{BD} = 200mm^2$。试求此两杆横截面上的应力。

4-5　某轴向受力柱，柱底固支，柱顶受压力 F_P，柱子所用材料的重度为 γ。柱横截面为正方形，边长为 a，柱高为 H。求该柱内的最大应力。

4-6　一截面为正方形的阶梯形柱，由上、下两段组成。其各段长度、截面尺寸和受力情况如图所示。已知材料的弹性模量 $E = 0.03 \times 10^5 MPa$，外力 $F = 50kN$，试求该柱 A、B 截面的位移。

4-7　如图所示的支架，两根材料的弹性模量均为 $E = 200GPa$，AB 杆的截面直径 $d_1 = 10mm$，长度 $l_1 = 400mm$；BC 杆的截面直径 $d_2 = 20mm$，长度 $l_2 = 200mm$。结点 B 受铅垂方向的荷载 $F = 10kN$。试求各杆件轴向长度的变形量。

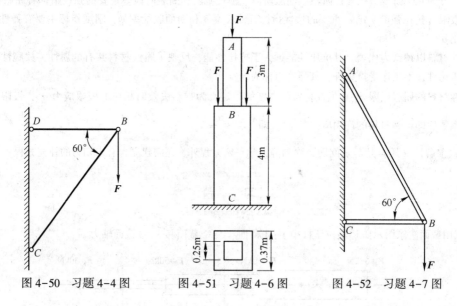

图 4-50　习题 4-4 图　　　图 4-51　习题 4-6 图　　　图 4-52　习题 4-7 图

4-8　如图所示钢板和铆钉的材料相同，已知荷载 $F = 52kN$，板宽 $b = 60mm$，板厚 $\delta = 10mm$，铆钉直径 $d = 16mm$，许用剪应力 $[\tau] = 140MPa$，许用挤压应力 $[\sigma_{jy}] = 320MPa$，许用拉应力 $[\sigma] = 160MPa$，试校核接头的强度。

4-9　两块宽度 $b = 270mm$，厚度 $t = 16mm$ 的钢板，用八个直径 $d = 25mm$ 的铆钉连接在一起，如图所示。材料的 $[\sigma] = 120MPa$，$[\tau] = 80MPa$，$[\sigma_{jy}] = 200MPa$。试求此连接件能承受的最大荷载 F。

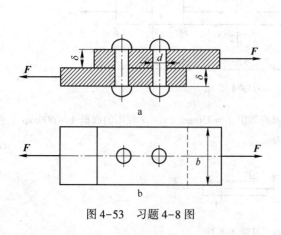

图 4-53　习题 4-8 图

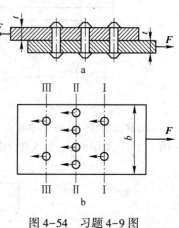

图 4-54　习题 4-9 图

4-10　现有两块钢板，拟用材料和直径都相同的四个铆钉搭接，如图所示。已知作用在钢板上的拉力
　　　$F = 160\text{kN}$，两块钢板的厚度均为 $t = 10\text{mm}$，铆钉所用材料的许用应力为 $[\sigma_{jy}] = 320\text{MPa}$，$[\tau] =$
　　　140MPa。试按铆钉的强度条件选择铆钉的直径 d。

4-11　如图所示剪床需用裁剪刀切断 $d = 12\text{mm}$ 棒料，已知棒料的抗剪强度 $\tau_b = 320\text{MPa}$，试求裁剪刀的切
　　　断力 F。

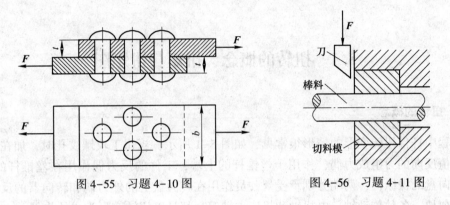

图 4-55　习题 4-10 图　　　　　图 4-56　习题 4-11 图

5 轴的扭转

5.1 扭转的概念、扭矩与扭矩图

5.1.1 扭转的概念

工程中杆件扭转变形的情形很常见，如图 5-1 所示，当钳工攻螺纹孔时，加在手柄上两个等值反向的力组成力偶，作用于丝锥杆的上端，工件的反力偶作用在丝锥杆的下端；汽车转向盘的操纵杆，两端分别承受驾驶员作用在转向盘上的外力偶和转向器的反力偶作用。类似地，各种传动轴、电机轴和机床主轴等，都是以扭转变形为主的构件。

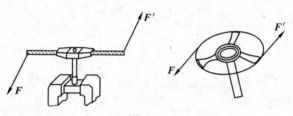

图 5-1

这些构件的受力特点是：两端受到一对数值相等、转向相反、作用面垂直于杆轴线的力偶作用。它们的变形特点是：各截面绕轴线产生相对转动，这种变形称为扭转变形，其上任意两截面间的相对转角称为扭转角。以扭转变形为主的构件称为**轴**。工程上轴的横截面多采用圆形截面或圆环形截面（如图 5-2 所示）。

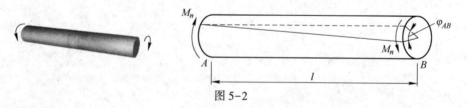

图 5-2

5.1.2 扭矩与扭矩图

（1）外力偶矩的计算

工程中作用于轴上的外力偶矩通常并不直接给出，而是给出轴所传递的功率 P 和轴的转速 n，需根据功率 P 和转速 n 计算出外力偶矩。

如果传递的功率为 P，单位为千瓦（kW），因为 $1\text{kW} = 1000\text{N} \cdot \text{m/s}$，$1\text{min} = 60\text{s}$，每分钟做的功为 $W = P \times 1000 \times 60 = 60000P$。

从外力偶所做的功 A 来看，A 等于力偶矩 M 与角位移 φ 的乘积，即 $A = M\varphi$，当角位移

$\varphi=2\pi$ 时，则力偶矩 M 在转动一周的角位移上所做的功为 $A=M\varphi=M\cdot 2\pi$，若电动机的转速为 $n(\mathrm{r/min})$，则力偶矩 M 每分钟在其相应角位移上所做的功为 $A=M\varphi=M\cdot 2\pi\cdot n$。

由于 $W=A$，即 $60000P=M\cdot 2\pi\cdot n$。于是可得：

$$M=9550\frac{P}{n}\quad(\mathrm{N\cdot m})\tag{5-1}$$

式中，M 为外力偶矩，单位为 $\mathrm{N\cdot m}$；P 为功率，单位为 kW；n 为轴的转速，单位为 $\mathrm{r/min}$。

在确定外力偶矩的转向时，主动轮输入功率的力偶矩为主动力偶矩，转向与轴的转向一致，而从动轮的输出功率所产生的力偶矩为阻力偶矩，转向与轴的转向相反。

（2）扭矩与扭矩图

若已知轴上作用的外力偶矩，可用截面法研究圆轴扭转时横截面上的内力。现分析如图 5-3 所示的圆轴，在任意 m-m 截面处将轴分为两段。

为保持平衡，在截面上必然存在一个作用面和截面重合的内力偶矩 M_n，与外力偶矩 M 平衡，这个横截面上的内力偶 M_n 称为扭矩。

由平衡条件 $\sum M_x=0$，可求得这个内力偶的大小 $M_n=M$。

为使取截面左段或右段求得的同一横截面扭矩的正负号相一致，通常用右手螺旋法则规定扭矩的正负：拇指指向外法线方向（如图 5-4 所示）。扭矩的转向与四指的转向一致时为正，反之为负。

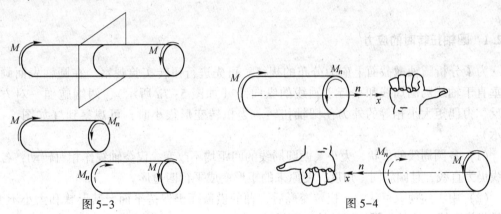

图 5-3   图 5-4

在求扭矩时，一般按正向假设，所得为负则说明扭矩转向与所设相反。当轴上作用有多个外力偶时，须以外力偶所在的截面将轴分成数段，逐段求出其扭矩。为形象地表示扭矩沿轴线的变化情况，可仿照轴力图的方法绘制扭矩图。作图时，沿轴线方向取坐标表示横截面的位置，以垂直于轴线的方向取坐标表示扭矩。下面举例说明。

例 5-1 一传动系统的主轴 ABC（如图 5-5 所示），其转速 $n=960\mathrm{r/min}$，输入功率 $P_A=27.5\mathrm{kW}$，输出功率 $P_B=20\mathrm{kW}$，$P_C=7.5\mathrm{kW}$，不计轴承摩擦等功率消耗。试作 ABC 轴的扭矩图。

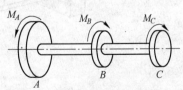

图 5-5

解：（1）计算外力偶矩。由式（5-1）得：

$$M_A=9550\frac{P_A}{n}=9550\times\frac{27.5}{960}=274\mathrm{N\cdot m}$$

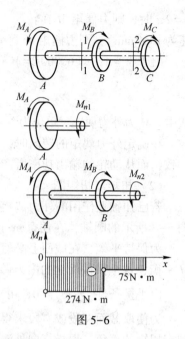

$$M_B = 9550 \frac{P_B}{n} = 9550 \times \frac{20}{960} = 199 \text{N} \cdot \text{m}$$

$$M_C = 9550 \frac{P_C}{n} = 9550 \times \frac{7.5}{960} = 75 N \cdot m$$

式中，M_A 为主动力偶矩，与 ABC 轴转向相同；M_B、M_C 为阻力偶矩，其转向与 M_A 相反。

（2）计算扭矩。将轴分为两段，逐段计算扭矩。由截面法可知：

$$M_{n1} = -M_A = -274 \text{N} \cdot \text{m}$$

$$M_{n2} = -M_A + M_B = -75 \text{N} \cdot \text{m}$$

（3）画扭矩图。根据以上计算结果，按比例画扭矩图（如图 5-6 所示）。

由图看出，在集中外力偶作用面处，扭矩值发生突变，其突变值等于该集中外力偶矩的大小。最大扭矩在 AB 段内，其值为 $M_{n\max} = 274 \text{N} \cdot \text{m}$。

图 5-6

5.2 圆轴扭转时的应力与强度计算

5.2.1 圆轴扭转时的应力

为了分析圆轴横截面上应力分布的规律，可先进行扭转实验观察。在圆轴表面画若干垂直于轴线的圆周线和平行于轴线的纵向线（如图 5-7a 所示），两端施加一对方向相反、力偶矩大小相等的外力使圆轴扭转。当扭转变形很小时，可观察到（如图 5-7b 所示）：

（1）各圆周线的形状、大小及两圆周线的间距均不改变，仅绕轴线作相对转动；各纵向线仍为直线，且倾斜同一角度，使原来的矩形变成平行四边形。

（2）由上述现象可认为：扭转变形后，轴的横截面仍保持平面，其形状和大小不变，半径仍为直线。这就是**圆轴扭转的平面假设**。

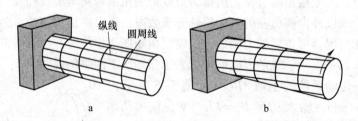

纵线　圆周线

a　　　　b

图 5-7

由上述可知，圆轴扭转时，截面上无正应力。横截面上各点的切应变与该点至截面形心的距离成正比（如图 5-8 所示）。由剪切胡克定律可知，横截面上各点必有切应力存在，且垂直于半径呈线性分布（如图 5-9 所示），即有 $\tau = K\rho$。

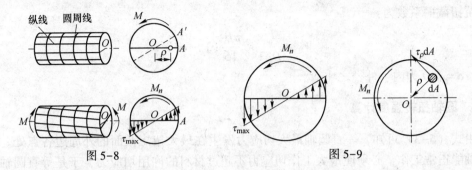

图 5-8 图 5-9

取圆轴横截面上微面积 $\mathrm{d}A$，其上的微内力为 $\tau_\rho \mathrm{d}A$，其对截面中心 O 的力矩为 $\tau_\rho \mathrm{d}A\rho$，整个横截面上所有微力矩之和应等于该截面上的扭矩 M_n，则有：

$$M_n = \int_A \tau_\rho \rho \mathrm{d}A = K \int_A \rho^2 \mathrm{d}A \tag{5-2}$$

令 $I_\rho = \int_A \rho^2 \mathrm{d}A$，称为截面极惯性矩，则 $M_n = K I_\rho = \tau_\rho I_\rho / \rho$，得：

$$\tau_\rho = \frac{M_n \rho}{I_\rho} \tag{5-3}$$

可以看出，当 $\rho = 0$ 时，$\tau = 0$；当 $\rho = R$ 时，切应力最大，为 $\tau_{max} = M_n R / I_\rho$。

令 $W_n = \dfrac{I_\rho}{R}$，则式（5-3）可写成：

$$\tau_{max} = \frac{M_n}{W_n} \tag{5-4}$$

式中，W_n 称为抗扭截面系数。式（5-3）及式（5-4）均以平面假设为基础推导而得，故只有当圆轴的 τ_{max} 不超过材料的比例极限时才适用。

5.2.2 极惯性矩 I_ρ 及抗扭截面系数 W_n

圆截面对圆心 O 的极惯性矩如图 5-10 所示。

$I_\rho = \int_A \rho^2 \mathrm{d}A = A R^2 / 2$。用 $A = \dfrac{\pi D^2}{4}$ 代入，即得 $I_\rho = \dfrac{\pi D^4}{32}$。故圆截面的抗扭截面系数 $W_n = \dfrac{I_\rho}{D/2} = \dfrac{\pi D^3}{16}$。

类似地，对于内径为 d（如图 5-11 所示）、外径为 D 的空心圆截面轴极惯性矩为：

$$I_\rho = \frac{\pi D^4}{32} - \frac{\pi d^4}{32} = \frac{\pi}{32}(D^4 - d^4) = \frac{\pi D^4}{32}(1 - \alpha^4)$$

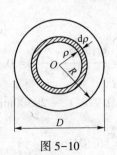

图 5-10

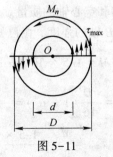

图 5-11

抗扭截面系数为:

$$W_n = \frac{I_\rho}{D/2} = \frac{\pi D^3}{16}(1 - \alpha^4)$$

式中, $\alpha = d/D$ 为内、外径之比。

5.2.3　圆轴扭转强度计算

由式 (5-3) 可知, 等直圆轴最大切应力发生在最大扭矩截面的外周边各点处。为了使圆轴能正常工作, 必须使最大工作切应力不超过材料的许用切应力, 于是等直圆轴扭转时的强度条件为:

$$\tau_{\max} = \frac{M_{n\max}}{W_n} \leqslant [\tau] \tag{5-5}$$

至于阶梯轴, 由于 W_n 各段不同, $\tau_{\max}$ 不一定发生在 $|M_n|_{\max}$ 所在的截面上。因此, 需综合考虑 M_n 和 W_n 两个因素来确定。

例 5-2　阶梯轴如图 5-12 所示, $M_1 = 5\text{kN} \cdot \text{m}$, $M_2 = 3.2\text{kN} \cdot \text{m}$, $M_3 = 1.8\text{kN} \cdot \text{m}$, 材料的许用切应力 $[\tau] = 60\text{MPa}$。试校核该轴的强度。

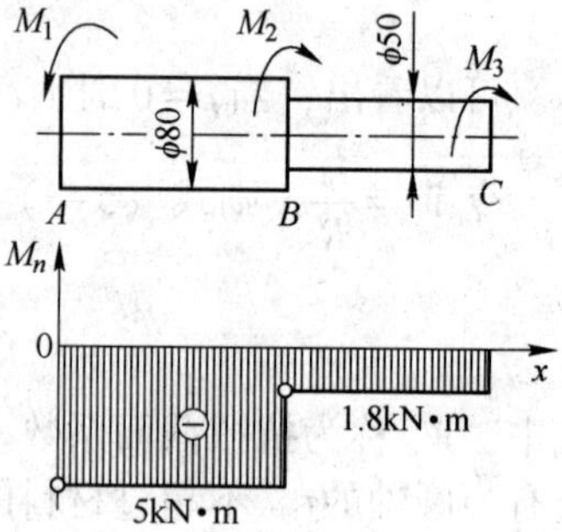

解: 画出阶梯轴的扭矩图。因两段的扭矩、直径各不相同, 需分别校核。

AB 段:　　　　$M_{n1} = -5 \times 10^3 \text{N} \cdot \text{m}$

$W_{n1} = \dfrac{\pi \times 80^3}{16}\text{mm}^3$, $\tau_{\max} = \dfrac{M_{n1}}{W_{n1}} = \dfrac{16 \times 5 \times 10^3 \times 10^3}{\pi \times 80^3} = 49.7\text{MPa}$

在求 $\tau_{\max}$ 时, M_n 取绝对值, 其正负号 (转向) 对强度计算无影响。

BC 段:　　　　$M_{n2} = -1.8 \times 10^3 \text{N} \cdot \text{m}$

$$W_{n2} = \frac{\pi \times 50^3}{16}\text{mm}^3, \quad \tau_{\max} = \frac{M_{n2}}{W_{n2}} = \frac{16 \times 1.8 \times 10^3 \times 10^3}{\pi \times 50^3} = 73.4\text{MPa}$$

图 5-12

从以上计算结果看出: 最大切应力发生在扭矩较小的 *BC* 段。由于 $\tau_{\max} = 73.4\text{MPa} > [\tau]$, 所以轴 *AC* 的强度不够。

例 5-3　由无缝钢管制成的汽车传动轴 *AB*, 外径 $D = 90\text{mm}$, 壁厚 $t = 2.5\text{mm}$, 材料为 45 钢, 许用切应力 $[\tau] = 60\text{MPa}$, 工作时最大外扭矩 $M_n = 1.5\text{kN} \cdot \text{m}$。

(1) 试校核 *AB* 轴的强度。

(2) 如将 *AB* 轴改为实心轴, 试在相同条件下确定轴的直径。

(3) 比较实心轴和空心轴的质量。

解: (1) 校核 *AB* 轴的强度。由已知条件可得:

$$M_n = M = 1.5 \times 10^3 \text{N} \cdot \text{m}, \quad \alpha = \frac{d}{D} = \frac{90 - 2 \times 2.5}{90} = 0.944$$

$$W_n = \frac{\pi D^3}{16}(1 - \alpha^4) = \frac{\pi \times 90^3}{16}(1 - 0.944^4) \approx 29500\text{mm}^3$$

$$\tau_{\max} = \frac{M_n}{W_n} = \frac{1.5 \times 10^3 \times 10^3}{29500} = 50.8\text{MPa} < [\tau]$$

故 AB 轴满足强度要求。

（2）确定实心轴的直径。若实心轴与空心轴的强度相同，则两轴的抗扭截面系数必相等。设实心轴的直径为 D_1，则有：

$$\frac{\pi D_1^3}{16} = \frac{\pi D^3}{16}(1 - \alpha^4) = 29500\,\text{mm}^3$$

得 $D_1 = 53.2\,\text{mm}$。

（3）比较实心轴和空心轴的质量。两轴的材料和长度相同，它们的质量比就等于面积比。设 A_1 为实心轴的截面面积，A_2 为空心轴的截面面积，则有：

$$A_1 = \frac{\pi D_1^2}{4}, \quad A_2 = \frac{\pi(D^2 - d^2)}{4}$$

$$\frac{A_2}{A_1} = \frac{D^2 - d^2}{D_1^2} = \frac{90^2 - 85^2}{53.2^2} = 0.31$$

计算结果说明，在强度相同的情况下，空心轴的质量仅为实心轴质量的31%，节省材料的效果明显。这是因为切应力沿半径呈线性分布，圆心附近处应力较小，材料未能充分发挥作用。改为空心轴后，相当于把少量轴心处的材料移向边缘，从而保证了轴的强度，故空心圆截面是扭转时的合理截面。

5.3 圆轴扭转时的变形与刚度计算

5.3.1 圆轴扭转时的变形计算

扭转变形是用两个横截面绕轴线的扭转角 φ 来表示的。对于 M_n 为常值的等截面圆轴（如图5-13所示），由于其 γ 和 φ 很小，由几何关系可得：

$$AB = \gamma l, \quad AB = R\varphi$$

所以，$\varphi = \gamma l/R$。

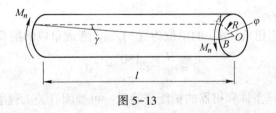

图 5-13

将胡克定律 $\gamma = \dfrac{\tau}{G} = \dfrac{M_n \rho}{G I_\rho}$ 代入上式，得

$$\varphi = \frac{M_n l}{G I_\rho} \tag{5-6}$$

式中，GI_ρ 反映了截面抵抗扭转变形的能力，称为截面的**抗扭刚度**。

当两个截面间的 M_n、G 或 I_ρ 为变量时，需分段计算扭转角，然后求其代数和，扭转角的正负号与扭矩相同。

例 5-4 一传动轴（如图 5-14 所示），直径 $d = 40\text{mm}$，材料的切变模量 $G = 80\text{GPa}$，载荷如图所示。试计算该轴的总扭角。

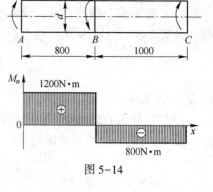

图 5-14

解： 画出阶梯轴的扭矩图，如图 5-14 所示。

AB 和 BC 段的扭矩分别为 $M_{n1} = 1200\text{N} \cdot \text{m}$，$M_{n2} = -800\text{N} \cdot \text{m}$。

圆轴截面的极惯性矩为：

$$I_\rho = \frac{\pi d^4}{32} = \frac{\pi \times 40^4 \times 10^{-12}}{32} = 0.25 \times 10^{-6}\text{m}^4$$

AB 段的扭转角为：

$$\varphi_{AB} = \frac{M_{n1} l_{AB}}{GI_\rho} = \frac{1200 \times 0.8}{80 \times 10^9 \times 0.25 \times 10^{-6}} = 0.048\text{rad}$$

BC 段的扭转角为：

$$\varphi_{BC} = \frac{M_{n2} l_{BC}}{GI_\rho} = \frac{-800 \times 1}{80 \times 10^9 \times 0.25 \times 10^{-6}} = -0.04\text{rad}$$

由此得轴的总扭转角为：

$$\varphi_{AC} = \varphi_{AB} + \varphi_{BC} = 0.048 - 0.04 = 0.008\text{rad}$$

5.3.2 圆轴扭转时的刚度计算

设计轴类构件时，不仅要满足强度要求，有些轴还要考虑刚度问题。工程上通常是限制单位长度的扭角 θ，使它不超过规定的许用值 $[\theta]$。由式（5-6）可知，单位长度的扭角为 $\theta = \dfrac{M_n}{GI_\rho}$。

于是，建立圆轴扭转的刚度条件为：

$$\theta = \frac{M_n}{GI_\rho} \leqslant [\theta]$$

式中，θ 的单位为 rad/m。

工程实际中，许用扭角 $[\theta]$ 的单位为（°）/m，考虑单位的换算，则得：

$$\theta = \frac{M_n}{GI_\rho} \times \frac{180}{\pi} \leqslant [\theta] \tag{5-7}$$

$[\theta]$ 值按轴的工作条件和机器的精度来确定，可查阅有关工程手册，一般规定：

精密机器的轴：　　　　$[\theta] = 0.25°/\text{m} \sim 0.5°/\text{m}$

一般传动轴：　　　　　$[\theta] = 0.5°/\text{m} \sim 1.0°/\text{m}$

精度较低的轴：　　　　$[\theta] = 1.0°/\text{m} \sim 2.5°/\text{m}$

例 5-5 一空心轴外径 $D = 100\text{mm}$，内径 $d = 50\text{mm}$，$G = 80\text{GPa}$，$[\theta] = 0.75°/\text{m}$。试求该轴所能承受的最大扭矩 $M_{n\max}$。

解： 由刚度条件式（5-7）得：

$$\theta = \frac{M_n}{GI_\rho} \times \frac{180}{\pi} \leqslant [\theta]$$

$$M_{n\max} \le [\theta] GI_\rho \pi / 180$$

式中

$$I_\rho = \frac{\pi}{32}(D^4 - d^4) = \frac{\pi}{32}(100^4 - 50^4) = 9.2 \times 10^6 \text{mm}^4$$

$$M_n = \frac{0.75 \times 80 \times 10^3 \times 9.2 \times 10^6 \pi}{180 \times 10^3} = 9.63 \times 10^6 \text{N} \cdot \text{mm} = 9.63 \text{kN} \cdot \text{m}$$

所以，$M_{n\max} = 9.63 \text{kN} \cdot \text{m}$。

例 5-6 传动轴如图 5-15 所示。已知该轴转速 $n = 300 \text{r/min}$，主动轮输入功率 $P_C = 30 \text{kW}$，从动轮输出功率 $P_D = 15 \text{kW}$，$P_B = 10 \text{kW}$，$P_A = 5 \text{kW}$，材料的切变模量 $G = 80 \text{GPa}$，许用切应力 $[\tau] = 40 \text{MPa}$，$[\theta] = 1°/\text{m}$。试按强度条件及刚度条件设计此轴直径。

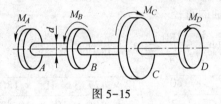

图 5-15

解:（1）求外力偶矩。由 $M = 9550 \dfrac{P}{n}$，可得:

$$M_A = 9550 \times \frac{5}{300} = 159.2 \text{N} \cdot \text{m}$$

$$M_B = 9550 \times \frac{10}{300} = 318.3 \text{N} \cdot \text{m}$$

$$M_C = 9550 \times \frac{30}{300} = 955 \text{N} \cdot \text{m}$$

$$M_D = 9550 \times \frac{15}{300} = 477.5 \text{N} \cdot \text{m}$$

（2）画扭矩图，如图 5-16 所示。首先，计算各段扭矩。

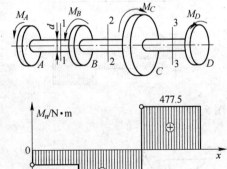

图 5-16

AB 段（取 1—1 截面）: $\qquad\qquad M_{n1} = -159.2 \text{N} \cdot \text{m}$

BC 段（取 2—2 截面）：$\qquad M_{n2} = -477.5\text{N} \cdot \text{m}$

CD 段（取 3—3 截面）：$\qquad M_{n3} = 477.5\text{N} \cdot \text{m}$

按求得的扭矩值画出扭矩图。

由图可知，最大扭矩发生在 BC 段和 CD 段，即 $M_{n\max} = 477.5\text{N} \cdot \text{m}$。

（3）按强度条件设计轴的直径。

由 $W_n = \dfrac{\pi d^3}{16}$ 和强度条件 $\dfrac{M_{n\max}}{W_n} \leqslant [\tau]$，得：

$$d \geqslant \sqrt[3]{\frac{16M_{n\max}}{\pi[\tau]}} = \sqrt[3]{\frac{16 \times 477.5 \times 10^3}{\pi \times 40}} = 39.3\text{mm}$$

（4）按刚度条件设计轴的直径。

由式 $I_\rho = \dfrac{\pi d^4}{32}$ 和刚度条件 $\dfrac{M_n}{GI_\rho} \times \dfrac{180}{\pi} \leqslant [\theta]$，得到：

$$d \geqslant \sqrt[4]{\frac{32M_{n\max} \times 180}{\pi^2 G[\theta]}} = \sqrt[4]{\frac{32 \times 477.5 \times 10^3 \times 180}{\pi^2 \times 80 \times 10^3 \times 10^{-3}}} = 43.2\text{mm}$$

为使轴同时满足强度条件和刚度条件，可选取较大的值并圆整，取 $d = 45\text{mm}$。

综上所述，要提高圆轴扭转时的强度和刚度，可以从降低 $M_{n\max}$ 和增大 I_ρ 或 W_n 等方面来考虑。为了降低 $M_{n\max}$，当轴传递的外力偶矩一定时，可以合理地布置主动轮与从动轮的位置。图 5-17a、b 所示是齿轮轴，A 为主动轮，B、C 和 D 是从动轮。按图 5-17a 所示方案布置，$M_{n\max} = 702\text{N} \cdot \text{m}$；按图 5-17b 所示方案布置，$M_{n\max} = 1170\text{N} \cdot \text{m}$。由于前者降低了 $M_{n\max}$，减小了 $\tau_{\max}$ 和 θ，故提高了轴强度和刚度。

工程上还可能遇到非圆截面杆的扭转，如正多边形截面和方形截面的传动轴，如图 5-18 所示。非圆截面杆扭转时，横截面不再保持平面，即横截面要发生翘曲。因此，要注意上述平面假设导出的扭转圆轴的应力、变形公式，对非圆截面杆均不再适用。

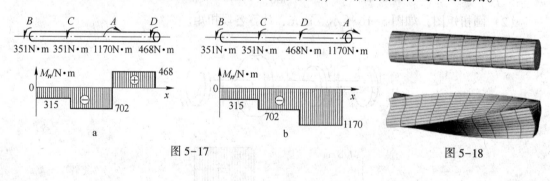

图 5-17　　　　　　　　　　　　　　　　　　　　图 5-18

—— 小　结 ——

（1）圆轴扭转横截面上任一点的切应力与该点到圆心的距离成正比，在圆心处为零。最大切应力发生在截面外周边各点处，其计算公式如下：

$$\tau_\rho = \frac{M_n\rho}{I_\rho}, \quad \tau_{\max} = \frac{M_n}{W_n}$$

（2）圆轴扭转的强度条件为：

$$\tau_{\max} = \frac{M_{n\max}}{W_n} \le [\tau]$$

利用它可以完成强度校核、确定截面尺寸和许用载荷等三类计算问题。

（3）圆轴扭转变形的计算公式为：

$$\varphi = \frac{M_n l}{GI_\rho}$$

（4）圆轴扭转时的刚度条件是：

$$\theta = \frac{M_n}{GI_\rho} \times \frac{180}{\pi} \le [\theta]$$

习　题

5-1　试分析图示圆截面扭转时的切应力 τ 分布图是否正确，M_n 为圆截面的扭矩。

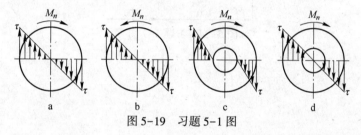

图 5-19　习题 5-1 图

5-2　传动轴如图所示，主动轮 A，输入功率 $P_A = 50\mathrm{kW}$，从动轮 B、C、D，输出功率分别为 $P_B = P_C = 15\mathrm{kW}$，$P_D = 20\mathrm{kW}$，轴转速为 $n = 300\mathrm{r/min}$，试绘制轴的扭矩图。

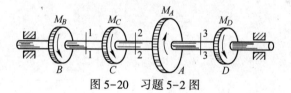

图 5-20　习题 5-2 图

5-3　传动轴如图所示，A 轮输入功率 $P_A = 50\mathrm{kW}$，B、C 轮输出功率 $P_B = 30\mathrm{kW}$，$P_C = 20\mathrm{kW}$，轴的转速 $n = 300\mathrm{r/min}$。（1）画轴的扭矩图，并求 $M_{n\max}$。（2）若将轮 A 置于 B、C 轮之间，哪种布置较合理？

5-4　传动轴如图所示，许用剪应力 $[\tau] = 50\mathrm{MPa}$，试确定实心圆轴的直径 d。

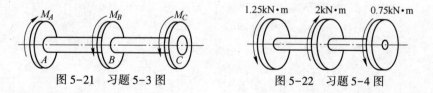

图 5-21　习题 5-3 图　　　　　图 5-22　习题 5-4 图

5-5　阶梯轴如图所示。外力偶矩 $M_1 = 0.8\mathrm{kN \cdot m}$，$M_2 = 2.3\mathrm{kN \cdot m}$，$M_3 = 1.5\mathrm{kN \cdot m}$，$AB$ 段的直径 $d_1 = 40\mathrm{mm}$，BC 段的直径 $d_2 = 70\mathrm{mm}$，已知材料的剪切模量 $G = 80\mathrm{GPa}$。试计算 AC 轴的扭转角 φ。

5-6　钢制的电机传动轴，直径 $d = 40\mathrm{mm}$，轴传递的功率为 $30\mathrm{kW}$，转速 $n = 1400\mathrm{r/min}$。轴的许用剪应力 $[\tau] = 40\mathrm{MPa}$，剪切弹性模量 $G = 8 \times 10^4 \mathrm{MPa}$，轴的许用扭转角 $[\theta] = 2°/\mathrm{m}$，试校核此轴的强度和刚度。

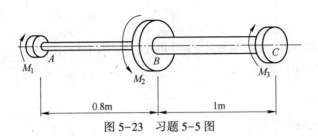

图 5-23　习题 5-5 图

5-7　传动轴如图所示，已知 $M_1 = 640$N·m，$M_2 = 840$N·m，$M_3 = 200$N·m，剪切模量 $G = 80$GPa，求截面 C 相对于 A 的扭转角。

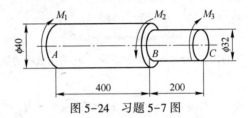

图 5-24　习题 5-7 图

6 平面图形的几何性质

  构件在外力作用下产生的应力和变形，都与构件截面的形状和尺寸有关，如轴向拉压的横截面面积、扭转时的抗扭截面系数和极惯性矩等。后面在弯曲等问题的计算中，还会遇到平面图形的另外一些如形心、静矩、惯性矩、抗弯截面系数等几何量。这些与截面形状和尺寸有关的几何量统称为截面的几何性质。截面的几何性质是决定构件承载能力的重要因素之一。

6.1 重心和形心

6.1.1 重心的概念

  重力是地球对物体的引力，物体是由许多微小部分组成，每个微小部分都受到地球的引力，这些引力汇交于地球的中心，形成一个空间汇交力系。但由于一般物体尺寸远比地球小得多，因此，这些引力可近似地看作是空间同向平行力系，平行力系的合力就是物体的重力。重力的大小称为物体的**重量**。由实验可知，无论物体在空间的方位如何，物体重力的作用线始终通过一个确定的点，这个点就是物体重力的作用点，称为物体的**重心**。重心在工程中是一个非常重要的概念，它的位置与物体的平衡、物体运动的稳定性有着直接的关系，例如挡土墙、重力坝、起重机的抗倾斜稳定性问题及转动部件的动平衡等。

6.1.2 物体重心的坐标公式

  （1）一般物体重心的坐标公式

  如图 6-1 所示，设物体重心 c 的坐标为（x_c，y_c，z_c），物体的比重为 γ，总体积为 V。将物体分割成许多微小体积 ΔV_i，每个微小体积所受的重力 $\Delta P_{Gi} = \gamma \Delta V_i$，其作用点坐标是（$x_i$，$y_i$，$z_i$），则整个物体所受的重力为 $P_G = \sum \Delta P_{Gi}$。

  应用合力矩定理可以推导出物体重心的近似公式为：

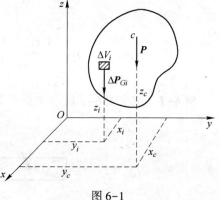

图 6-1

$$x_c = \frac{\sum_{i=1}^{n} \Delta P_{Gi} x_i}{P_G}, \qquad y_c = \frac{\sum_{i=1}^{n} \Delta P_{Gi} y_i}{P_G}, \qquad z_c = \frac{\sum_{i=1}^{n} \Delta P_{Gi} z_i}{P_G} \qquad (6\text{-}1)$$

  （2）均质物体的重心（形心）坐标公式

  由同一材料制成的物体称为均质物体，物体的比重 γ 为常量。对均质物体，式（6-1）可写为：

$$x_c = \frac{\sum\limits_{i=1}^{n} \Delta V_i x_i}{V}, \quad y_c = \frac{\sum\limits_{i=1}^{n} \Delta V_i y_i}{V}, \quad z_c = \frac{\sum\limits_{i=1}^{n} \Delta V_i z_i}{V} \tag{6-2}$$

由上式可知，均质物体重心与重力无关，只决定于物体的几何形状。故均质物体的重心就是其几何中心，称为形心。式（6-2）也是物体形心的坐标公式。

（3）均质等厚薄板、壳的重心（形心）坐标公式

对于物体是均质等厚的薄板，设其厚度为 t，总面积为 A，则有：

$$\Delta V_i = t\Delta A_i, \quad V = tA$$

故式（6-2）又可写成：

$$x_c = \frac{\sum\limits_{i=1}^{n} \Delta A_i x_i}{A}, \quad y_c = \frac{\sum\limits_{i=1}^{n} \Delta A_i y_i}{A}, \quad z_c = \frac{\sum\limits_{i=1}^{n} \Delta A_i z_i}{A} \tag{6-3}$$

式（6-3）即为均质等厚薄板、壳的重心（形心）坐标公式。

6.1.3 物体重心（形心）的计算

形心就是物体的几何中心，因此，当平面图形具有对称轴或对称中心时，则形心一定在对称轴或对称中心上。若物体的截面是由若干个简单图形组成，这种截面图形称为组合截面图形，可将组合截面图形视为几个简单图形的组合，例如梯形可以认为是由两个三角形（或一个矩形、一个三角形）组成的，T 形截面是由两个矩形组成的。则组合截面图形的形心可按式（6-4）求得。这种求形心的方法称为**组合法**。

$$x_c = \frac{A_1 x_{1c} + A_2 x_{2c} + \cdots + A_n x_{nc}}{A_1 + A_2 + \cdots + A_n} = \frac{\sum\limits_{i=1}^{n} A_i x_{ic}}{\sum\limits_{i=1}^{n} A_i}$$

$$y_c = \frac{A_1 y_{1c} + A_2 y_{2c} + \cdots + A_n y_{nc}}{A_1 + A_2 + \cdots + A_n} = \frac{\sum\limits_{i=1}^{n} A_i y_{ic}}{\sum\limits_{i=1}^{n} A_i} \tag{6-4}$$

例 6-1 试求图 6-2 所示 Z 形平面图形的形心。

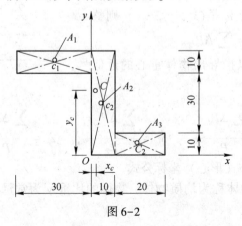

图 6-2

解：将 Z 形图形视为由三个矩形图形组合而成，以 c_1、c_2、c_3 分别表示这些矩形的形心。取坐标系如图 6-2 所示，各矩形的面积和形心坐标为：

$$A_1 = 30 \times 10 = 300 \text{mm}^2, \quad x_{1c} = -15 \text{mm}, \quad y_{1c} = 45 \text{mm}$$

$$A_2 = 50 \times 10 = 500 \text{mm}^2, \quad x_{2c} = 5 \text{mm}, \quad y_{2c} = 25 \text{mm}$$

$$A_3 = 20 \times 10 = 200 \text{mm}^2, \quad x_{3c} = 20 \text{mm}, \quad y_{3c} = 5 \text{mm}$$

应用式（6-4），求得 Z 形图形的形心坐标为：

$$x_c = \frac{A_1 x_{1c} + A_2 x_{2c} + A_3 x_{3c}}{A_1 + A_2 + A_3} = \frac{300 \times (-15) + 500 \times 5 + 200 \times 20}{300 + 500 + 200} = 2 \text{mm}$$

$$y_c = \frac{A_1 y_{1c} + A_2 y_{2c} + A_3 y_{3c}}{A_1 + A_2 + A_3} = \frac{300 \times 45 + 500 \times 25 + 200 \times 5}{300 + 500 + 200} = 27 \text{mm}$$

例 6-2 图 6-3 所示为振动器中偏心块，已知 $R = 100 \text{mm}$，$r = 17 \text{mm}$，$b = 13 \text{mm}$，求偏心块形心。

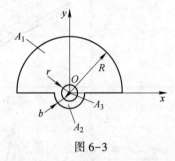

图 6-3

解：将偏心块看成是由三部分组成的，即半径为 R 的半圆 A_1、半径为 $(r + b)$ 的半圆 A_2 及半径为 r 的圆 A_3，但 A_3 应取负值，因为该圆是被挖去的部分。取坐标系如图 6-3 所示，y 轴为对称轴，故 $x_c = 0$。各部分的面积及形心坐标为：

$$A_1 = \frac{1}{2}\pi R^2 = \frac{3.14}{2} \times 100^2 = 15700 \text{mm}^2$$

$$y_{1c} = \frac{4R}{3\pi} = \frac{4 \times 100}{3 \times 3.14} \approx 42.5 \text{mm}$$

$$A_2 = \frac{1}{2}\pi(r + b)^2 = \frac{3.14}{2} \times (17 + 13)^2 = 1413 \text{mm}^2$$

$$y_{2c} = \frac{4(r + b)}{3\pi} = \frac{4 \times (17 + 13)}{3 \times 3.14} \approx 12.74 \text{mm}$$

$$A_3 = -\pi r^2 = -3.14 \times 17^2 = -907.46 \text{mm}^2$$

$$y_{3c} = 0$$

应用式（6-4），求得偏心块的形心坐标为：

$$y_c = \frac{A_1 y_{1c} + A_2 y_{2c} + A_3 y_{3c}}{A_1 + A_2 + A_3} = \frac{15700 \times 42.5 + 1413 \times 12.74 - 907.46 \times 0}{15700 + 1413 - 907.46} \approx 42.3 \text{mm}$$

有些组合图形，可以看作从某个简单图形挖去另一个简单图形而成。要求这类组合图形的形心时，仍可应用组合法，不过挖去的面积应作为负值。这种求形心的方法称为**负面积法**。表 6-1 列出了一些简单形体的形心（重心）。

表 6-1 简单形体的形心（重心）

图 形	形心坐标及面积	图 形	形心坐标及面积
梯形	$y_c = \dfrac{h(2a+b)}{3(a+b)}$ $A = \dfrac{h}{2}(a+b)$	半球体	$z_c = \dfrac{3}{8}r$ $V = \dfrac{2}{3}\pi r^3$
扇形	$x_c = \dfrac{4r}{3\alpha}\sin\dfrac{\alpha}{2}$ $A = \dfrac{1}{2}\alpha r^2$	半圆柱形	$z_c = \dfrac{4r}{3\pi}$ $V = \dfrac{1}{2}\pi r^2 l$
部分圆环	$x_c = \dfrac{2(R^3 - r^3)\sin\alpha}{3(R^2 - r^2)\alpha}$	锥体	在锥顶与底面形心的连线上 $z_c = \dfrac{1}{4}h$ $V = \dfrac{1}{3}Ah$ （A 为底面积）
圆弧	$x_c = \dfrac{2r}{\alpha}\sin\dfrac{\alpha}{2}$	三角棱柱体	$x_c = \dfrac{b}{3}$ $y_c = \dfrac{a}{3}$ $V = \dfrac{1}{2}abc$
抛物线形	$x_c = \dfrac{a}{4}$ $y_c = \dfrac{3b}{10}$ $A = \dfrac{1}{3}ab$	正四方体	$x_c = \dfrac{a}{4}$ $y_c = \dfrac{b}{4}$ $z_c = \dfrac{c}{4}$ $V = \dfrac{1}{6}abc$

工程构件一般都具有对称面或对称轴或对称中心，其重心及形心可根据对称性直接判断，如图 6-4 所示。

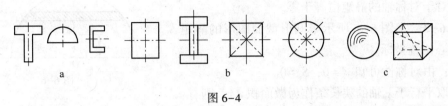

a   b   c

图 6-4

6.2 静矩（面积矩）

6.2.1 静矩的概念

图 6-5 所示的任意平面图形，其图形面积为 A，在图形内任取一微面积 dA，其坐标为 (y, z)。将乘积 ydA 和 zdA 分别定义为微面积 dA 对 z 轴和 y 轴的微静矩；任意平面图形上所有微静矩对 z 轴和对 y 轴的总和分别定义为整个平面图形对 z 轴和 y 轴的**静矩**，用符号 S_z 和 S_y 来表示。

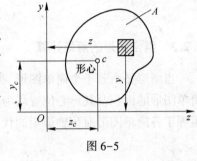

图 6-5

$$\begin{cases} S_z = \int_A y dA \\ S_y = \int_A z dA \end{cases} \qquad (6-5)$$

静矩的量纲是长度的三次方，单位为 m^3 或 mm^3，静矩的数值可正、可负，也可为零。

6.2.2 静矩与形心的关系

由平面图形的形心坐标公式和静矩的定义可得：

$$\begin{cases} y_c = \dfrac{\int_A y dA}{A} = \dfrac{S_z}{A} \\ Z_c = \dfrac{\int_A z dA}{A} = \dfrac{S_y}{A} \end{cases} \qquad (6-6)$$

式（6-6）建立了静矩与形心的关系，利用此关系，可由静矩求平面图形的形心。

也可将式（6-6）改写为：

$$\begin{cases} S_z = A y_c \\ S_y = A z_c \end{cases} \qquad (6-7)$$

若已知截面面积 A 及其形心在 yOz 坐标系中的形心坐标，即可按式（6-7）计算该截面对 z 轴和 y 轴的静矩。

由式（6-7）可知：若截面对于某轴的静矩为零，则该轴一定通过截面的形心；反

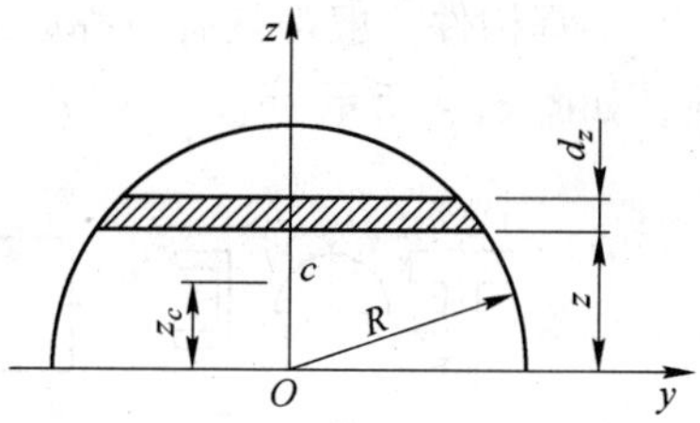

之，若某轴通过截面的形心，则截面对该轴的静矩一定为零。又由于平面图形的对称轴一定通过形心，所以平面图形对于对称轴的静矩恒等于零。

例 6-3 求图 6-6 所示半圆形截面图形的静矩 S_y、S_z 及形心位置坐标。

解： 由对称性可知 $y_c = 0$，$S_z = 0$。

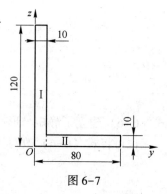

图 6-6

现取平行于 y 轴的狭长条作为微面积 dA，则有：

$$dA = 2y dz = 2\sqrt{R^2 - z^2}\, dz$$

于是求得 $S_y = \int_A z dA = \int_O^R 2z\sqrt{R^2 - z^2}\, dz = \dfrac{2}{3}R^3$。

$$z_c = \frac{S_y}{A} = \frac{\dfrac{2R^3}{3}}{\dfrac{\pi R^2}{2}} = \frac{4R}{3\pi}$$

6.2.3 组合图形的静矩计算

当图形是由若干个简单图形（如矩形、圆形和三角形等）组合而成的组合图形，由于简单图形的面积及其形心位置均为已知，而且由静矩的定义可知，组合图形对某一轴的静矩等于各简单图形对该轴静矩的代数和，即：

$$\begin{cases} S_z = \sum S_{zi} = \sum A_i y_{ic} \\ S_y = \sum S_{yi} = \sum A_i z_{ic} \end{cases} \tag{6-8}$$

式中，A_i 和 y_{ic}、z_{ic} 为任一简单图形的面积和形心坐标。

根据静矩和形心坐标关系，还可以计算组合图形的形心坐标：

$$y_c = \frac{\sum A_i y_{ic}}{A}, \qquad z_c = \frac{\sum A_i z_{ic}}{A} \tag{6-9}$$

例 6-4 试求图 6-7 所示组合截面图形的形心坐标。

解： 将图形看作由矩形 Ⅰ 和矩形 Ⅱ 组成，在图示坐标下每个矩形的面积及形心位置分别为：

矩形 Ⅰ： $A_1 = 120 \times 10 = 1200\text{mm}^2$

$$y_{1c} = \frac{10}{2} = 5\text{mm}, \quad z_{1c} = \frac{120}{2} = 60\text{mm}$$

矩形 Ⅱ： $A_2 = 70 \times 10 = 700\text{mm}^2$

$$y_{2c} = 10 + \frac{70}{2} = 45\text{mm}, \quad z_{2c} = \frac{10}{2} = 5\text{mm}$$

整个图形形心 c 的坐标为：

$$y_c = \frac{A_1 y_{1c} + A_2 y_{2c}}{A_1 + A_2} = \frac{1200 \times 5 + 700 \times 45}{1200 + 700} \approx 19.7\text{mm}$$

图 6-7

$$z_c = \frac{A_1 z_{1c} + A_2 z_{2c}}{A_1 + A_2} = \frac{1200 \times 60 + 700 \times 5}{1200 + 700} \approx 39.7\text{mm}$$

6.3 极惯性矩、惯性矩和惯性积

6.3.1 极惯性矩、惯性矩和惯性积的概念

图 6-8 所示平面图形，其面积为 A，在图形内取微面积 dA，其坐标为 (y, z)，dA 到坐标原点 O 的极坐标为 ρ。

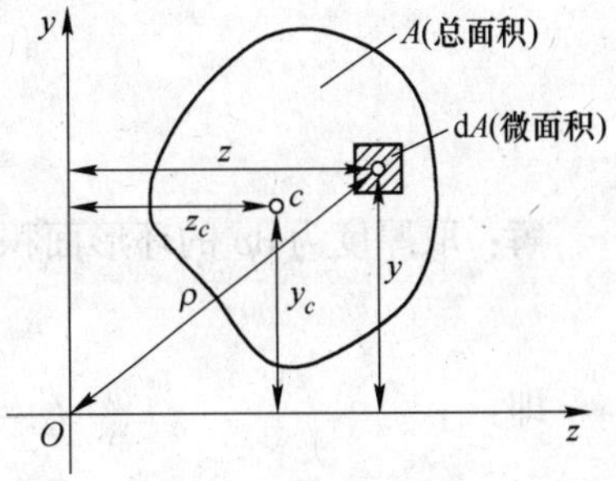

将乘积 $\rho^2 dA$ 定义为微面积 dA 对于 O 点的微小极惯性矩，而将 $\int_A \rho^2 dA$ 定义为整个图形面积 A 对坐标原点的**极惯性矩**，用符号 I_ρ 表示，即：

$$I_\rho = \int_A \rho^2 dA \qquad (6\text{-}10)$$

图 6-8

将乘积 $y^2 dA$ 和 $z^2 dA$ 分别定义为微面积 dA 对 z 轴和 y 轴的微小惯性矩。而将 $\int_A y^2 dA$ 和 $\int_A z^2 dA$ 分别定义为整个图形面积 A 对 z 轴和 y 轴的**惯性矩**，分别用符号 I_z 和 I_y 表示，即：

$$\begin{cases} I_z = \int_A y^2 dA \\ I_y = \int_A z^2 dA \end{cases} \qquad (6\text{-}11)$$

将乘积 $yzdA$ 定义为微面积 dA 对 y、z 轴的微小惯性积，而将 $\int_A yzdA$ 定义为整个图形面积 A 对 y、z 轴的**惯性积**，用符号 I_{yz} 表示，即：

$$I_{yz} = \int_A yzdA \qquad (6\text{-}12)$$

极惯性矩、惯性矩、惯性积三者的量纲均为长度的四次方，常用单位为 m^4 或 mm^4。极惯性矩和惯性矩恒为正值。

惯性积的数值可正可负可为零。在两正交坐标轴中，只要 x、y 轴中之一为平面图形的对称轴，则平面图形对 x、y 轴的惯性积为零。

微面积 dA 到坐标原点 O 的距离为 ρ 和它到两个坐标轴的距离 y、z 存在关系 $\rho^2 = y^2 + z^2$，故：

$$I_\rho = \int_A \rho^2 dA = \int_A (y^2 + z^2) dA = \int_A y^2 dA + \int_A z^2 dA$$

于是得：
$$I_\rho = I_z + I_y \qquad (6\text{-}13)$$

即平面图形对任一点的极惯性矩等于平面图形对通过此点的两正交坐标轴的惯性矩之和。

6.3.2 简单图形的极惯性矩和惯性矩的计算

例 6-5 求图 6-9a 圆截面图形对其圆心的极惯性矩。

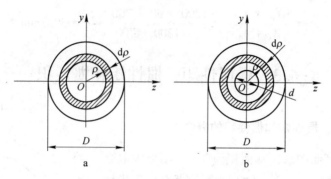

图 6-9

解： 取厚度为 $\mathrm{d}\rho$ 的环形面积为微面积 $\mathrm{d}A$，则有：

$$\mathrm{d}A = \mathrm{d}\rho 2\pi\rho$$

即：

$$I_\rho = \int_A \rho^2 \mathrm{d}A = \int_0^{\frac{d}{2}} \rho^2 2\pi\rho\mathrm{d}\rho = \frac{\pi D^4}{32}$$

对于外径为 D、内径为 d 的空心圆截面，如图 6-9b 所示，按同样方法计算可得到它对圆心的极惯性矩为：

$$I_\rho = \int_A \rho^2 \mathrm{d}A = \int_{\frac{d}{2}}^{\frac{D}{2}} \rho^2 2\pi\rho\mathrm{d}\rho = \frac{\pi}{32}(D^4 - d^4) = \frac{\pi D^4}{32}(1 - \alpha^4)$$

式中，$\alpha = \dfrac{d}{D}$ 为空心圆截面内、外径的比值。

例 6-6 求图 6-10 所示圆截面图形对其形心轴 y、z 的惯性矩。

解： 已知圆截面对其圆心的极惯性矩为 $I_\rho = \dfrac{\pi D^4}{32}$。利用极惯性矩与惯性矩之间的关系，求得：

$$I_z = I_y = \frac{I_\rho}{2} = \frac{\pi D^4}{2 \times 32} = \frac{\pi D^4}{64}$$

同理，可求得空心圆截面图形过圆心的 y、z 轴的惯性矩为：

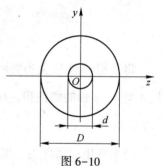

图 6-10

$$I_z = I_y = \frac{\pi(D^4 - d^4)}{64} = \frac{\pi D^4}{64}(1 - \alpha^4)$$

式中，$\alpha = \dfrac{d}{D}$ 为空心圆截面内、外径的比值。

例 6-7 计算图 6-11a 所示矩形截面对其对称轴（形心轴）y 和 z 轴的惯性矩。

解： 先计算截面对 z 轴的惯性矩 I_z，取平行于 z 轴的狭长条作为微面积，即 $\mathrm{d}A = b\mathrm{d}y$，由定义式求得：

$$I_z = \int_A y^2 b\mathrm{d}y = \int_{-\frac{h}{2}}^{\frac{h}{2}} y^2 b\mathrm{d}y = \frac{bh^3}{12}$$

同理，在计算对 y 轴的惯性矩 I_y 时，可以取 $\mathrm{d}A = h\mathrm{d}x$。由定义式求得：

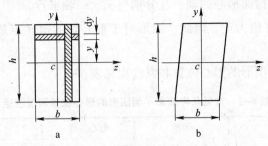

图 6-11

$$I_y = \int_A hz^2 \mathrm{d}y = \int_{-\frac{b}{2}}^{\frac{b}{2}} hz^2 \mathrm{d}y = \frac{b^3 h}{12}$$

若截面图形是高度为 h 的平行四边形，如图 6-11b 所示，则它对于形心轴 z 的惯性矩同样为 $I_z = \dfrac{bh^3}{12}$。

6.3.3 组合图形的惯性矩计算

（1）平行移轴公式

同一截面对于不同坐标轴的惯性矩和惯性积是不相同的，但它们之间存在着一定的关系。现介绍平面图形对两平行坐标轴的惯性矩之间的关系。

设如图 6-12 所示为任一平面图形，其面积为 A，c 点为形心。设 z_c，y_c 为过形心 c 点的一对正交形心轴，又设 z_1，y_1 为与形心轴平行的另一对正交轴，平行轴间的距离分别为 a 和 b。

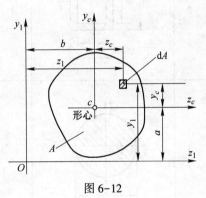

图 6-12

由图 6-12 可知，相互两平行坐标轴之间的坐标关系为 $y_1 = y_c + a$，$z_1 = z_c + b$。

现求该平面图形面积对 z_1 轴的惯性矩。根据定义求得：

$$I_{z1} = \int_A y_1^2 \mathrm{d}A = \int_A (y_c + a)^2 \mathrm{d}A = \int_A (y_c^2 + 2ay_c + a^2) \mathrm{d}A$$

$$= \int_A y_c^2 \mathrm{d}A + 2a \int_A y_c \mathrm{d}A + a^2 \int_A \mathrm{d}A = I_{zc} + 2aS_{zc} + a^2 A$$

式中，$S_{zc} = \int_A y_c \mathrm{d}A$ 是平面图形面积 A 对 z 轴的静矩，因 z 轴是形心轴，故 $S_{zc} = 0$。于是得：

$$I_{z1} = I_{zc} + a^2 A$$

同理，可求得截面对 y_1 轴的惯性矩为 $I_{y1} = I_{yc} + b^2 A$。

即

$$\begin{cases} I_{z1} = I_{zc} + a^2 A \\ I_{y1} = I_{yc} + b^2 A \end{cases} \tag{6-14}$$

式（6-14）称为惯性矩的**平行移轴公式**。表明平面图形对任一轴的惯性矩，等于平面图形对平行于该轴的形心轴的惯性矩加上图形面积 A 与两轴间距离平方的乘积。应用时须注

意 y_c、z_c 轴必须是通过截面形心的轴，且分别与 y_1、z_1 轴平行。

由于乘积 a^2A、b^2A 恒为正。因此，图形对于形心轴的惯性矩是对所有平行轴的惯性矩中最小的。

常见几种简单平面图形的形心位置和惯性矩见表 6-2。

表 6-2　常见几种简单平面图形的形心位置和惯性矩

序号	图　形	面积	形心位置	惯性矩（形心轴）
1		$A = bh$	$z_c = \dfrac{b}{2}$ $y_c = \dfrac{h}{2}$	$I_x = \dfrac{bh^3}{12}$ $I_y = \dfrac{hb^3}{12}$
2		$A = bh - b_1h_1$	$z_c = \dfrac{b}{2}$ $y_c = \dfrac{h}{2}$	$I_x = \dfrac{1}{12}(bh^3 - b_1h_1^3)$ $I_y = \dfrac{1}{12}(hb^3 - h_1b_1^3)$
3		$A = \dfrac{\pi D^2}{4}$	$z_c = y_c = \dfrac{D}{2}$	$I_z = I_y = \dfrac{\pi D^4}{64}$
4		$A = \dfrac{\pi}{4}(D^2 - d^2)$	$z_c = y_c = \dfrac{D}{2}$	$I_z = I_y = \dfrac{\pi D^4}{64}(1 - \alpha^4)$ $\alpha = \dfrac{d}{D}$
5		$A = \dfrac{\pi R^2}{2}$	$z_c = \dfrac{D}{2}$ $y_c = \dfrac{4R}{3\pi}$	$I_z = \left(\dfrac{1}{8} - \dfrac{8}{9\pi^2}\right)\pi R^4 \approx 0.11R^4$ $I_y = \dfrac{\pi D^4}{128} = \dfrac{\pi R^4}{8}$

序号	图　形	面积	形心位置	惯性矩（形心轴）
6	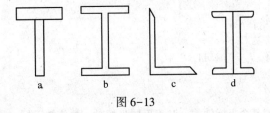	$A = \dfrac{1}{2}bh$	$z_c = \dfrac{b}{3}$　　$y_c = \dfrac{h}{3}$	$I_x = \dfrac{bh^3}{36}$　　$I_y = \dfrac{hb^3}{12}$

（2）组合图形的惯性矩计算

在进行梁弯曲时的强度计算中，若梁的横截面为组合图形时，需要计算出组合图形对其形心轴的惯性矩。如图 6-13a、b、c 所示的 T 形、工字形和 L 形等就是由几个矩形图形组合而成的，又如图 6-13d 所示的图形就是由两个槽形图形组合而成的。

图 6-13

组合截面图形对某轴的惯性矩，等于组成组合图形的各简单图形对同一轴的惯性矩之和。以求 I_z 为例，即：

$$I_z = \sum_{i=1}^{n} I_{zi} = \sum_{i=1}^{n} (I_{zic} + a_i^2 A_i) = \sum_{i=1}^{n} I_{zic} + \sum_{i=1}^{n} a_i^2 A_i \tag{6-15}$$

式中，I_{zic} 为第 i 个简单图形对过自身形心 z_{ic} 轴的惯性矩；a_i 为 z 轴与 z_{ic} 轴之间的间距；A_i 为第 i 个简单图形的面积。

6.3.4　惯性半径

在工程中为了计算的需要，将图形对某轴（例如 z 轴）的惯性矩用图形面积 A 与某一长度的平方的乘积来表示，即：

$$I_z = i_z^2 A \quad 或 \quad i_z = \sqrt{\dfrac{I_z}{A}} \tag{6-16}$$

式中，i_z 为平面图形对 z 轴的**惯性半径**，常用单位为 m 或 mm。

对于圆截面图形，其惯性半径为：

$$i_z = \sqrt{\dfrac{I_z}{A}} = \sqrt{\dfrac{\pi d^4}{64}\bigg/\dfrac{\pi d^2}{4}} = \dfrac{d}{4}$$

对于矩形截面图形，其惯性半径为：

$$i_z = \sqrt{\dfrac{I_z}{A}} = \sqrt{\dfrac{bh^3}{12}\bigg/bh} = \dfrac{h}{\sqrt{12}}$$

6.3.5　形心主惯性轴和形心主惯性矩的概念

若截面对某坐标轴的惯性积为零，则这对坐标轴称为截面的**主惯性轴**，简称**主轴**。截面对主轴的惯性矩称为**主惯性矩**，简称**主惯矩**。通过形心的主惯性轴称为**形心主惯性轴**，简称**形心主轴**。截面对形心主轴的惯性矩称为**形心主惯性矩**，简称**形心主惯矩**。后面计算梁的应力和位移时，均要用到截面的形心主惯性矩。

凡通过截面形心，且包含一根对称轴的一对相互垂直的坐标轴一定是形心主轴。具有对称轴的截面如矩形、工字钢等，其对称轴就是形心主轴，对称轴既是主轴，又通过形心。

—— 小　结 ——

（1）静矩、极惯性矩、惯性矩和惯性积

1）静矩 $S_z = \int_A y\mathrm{d}A$，$S_y = \int_A z\mathrm{d}A$

2）极惯性矩 $I_\rho = \int_A \rho^2\mathrm{d}A$

3）惯性矩 $I_z = \int_A y^2\mathrm{d}A$，$I_y = \int_A z^2\mathrm{d}A$

4）惯性积 $I_{zy} = \int_A zy\mathrm{d}A$

静矩和惯性矩都是相对某个坐标轴的，对于不同坐标轴，数值就不同。静矩可正、可负、可为零，而惯性矩恒为正值。

极惯性矩是相对某个坐标原点的，对于不同坐标原点，数值就不同。极惯性矩恒为正值。

惯性积是相对两个正交的坐标轴的。惯性积可正、可负、可为零。

（2）静矩与形心坐标的关系

简单图形 $S_z = \int_A y\mathrm{d}A = Ay_c$ 或 $y_c = \dfrac{S_z}{A}$

组合图形 $S_z = \sum_{i=1}^{n} A_i y_{ic} = Ay_c$ 或 $y_c = \dfrac{\sum_{i=1}^{n} A_i y_{ic}}{A}$

当坐标轴通过图形的形心时，静矩为零；反之，若截面对某轴的静矩等于零，则该轴必定为形心轴。

（3）极惯性矩、惯性矩的计算。对于简单图形，可查表或按定义通过积分计算；对于组合图形，可利用简单图形的结果，通过平行移轴公式来计算。应掌握常用的矩形、圆形和圆环的惯性矩计算公式，即：

$$\text{矩形 } I_z = \frac{bh^3}{12};\quad \text{圆形 } I_z = \frac{\pi d^4}{64};\quad \text{空心圆 } I_z = \frac{\pi D^4}{64}(1-\alpha^4),\ \alpha = \frac{d}{D}$$

（4）主轴、主惯矩、形心主轴和形心主惯矩的概念。对称轴是形心主轴，对称轴既是主轴，又通过形心。

习　题

6-1　试计算图示矩形截面图形对 z_1 与 y_1 轴的惯性矩。

6-2　在如图所示的矩形中，挖去两个直径为 d 的圆形，求余下阴影部分图形对 z 轴的惯性矩。

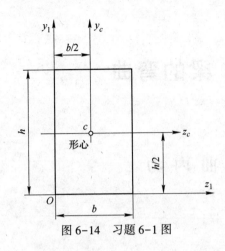

图 6-14 习题 6-1 图

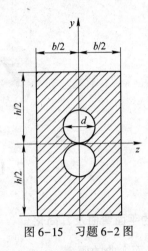

图 6-15 习题 6-2 图

6-3 由两个 20a 槽钢组成的截面，如图所示。试问：（1）当两槽钢相距 $a = 50\text{mm}$ 时，对形心轴 z、y 的惯性矩哪个较大，其值各为多少？（2）如果使 $I_y = I_z$，a 值应为多少？

6-4 试计算图示 T 形截面对其形心轴 z、y 的惯性矩。图中单位为 mm。

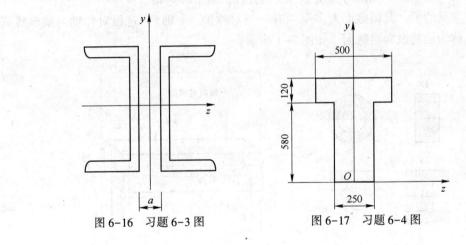

图 6-16 习题 6-3 图

图 6-17 习题 6-4 图

6-5 试计算图示工字形截面对其形心轴 z、y 的惯性矩。图中单位为 mm。

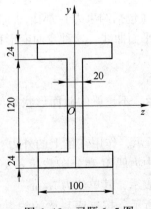

图 6-18 习题 6-5 图

7 梁的弯曲

7.1　弯曲内力

7.1.1　梁的平面弯曲及其简化

（1）平面弯曲的概念

弯曲变形在工程实际中比较常见，如建筑结构中的楼面梁和阳台挑梁、移动吊车臂、火车轮轴、桥式起重机大梁等。构件的轴线平面内受到外力作用，使杆的轴线变成曲线，这种变形称为弯曲变形。凡以弯曲变形为主的杆件，通常称为梁。

工程中常见的梁，其横截面大多至少有一根对称轴（y 轴），这根对称轴与梁轴线确定的平面，称为梁的纵向对称面，如图 7-1 所示。

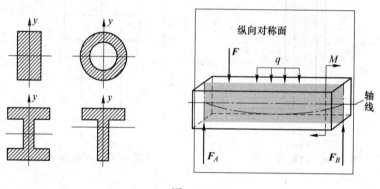

图 7-1

如果作用于梁上的所有外力（包括约束力）都作用于梁的纵向对称面内，则变形后的轴线将是在纵向对称面内的一条平面曲线。这种弯曲变形称为**平面弯曲**。本章只讨论梁的平面弯曲。

（2）梁的计算简图与基本形式

1）梁的简化。如图 7-2 所示，不论梁的截面形状如何，通常取梁的轴线来代替实际的梁。

2）载荷的简化。如图 7-1 所示，作用在梁上的外力，包括载荷和约束力，一般可简化为三种形式，即集中力 F、集中力偶 M 和分布载荷 $q(x)$。分布载荷若分布均匀，则称为均布载荷，通常用载荷集度 q 表示，其单位为 N/m。

3）支座的简化。如图 7-3 所示，按支座对梁的约束作用不同，可按照静力学分析，用活动铰支座、固定铰支座及固定端支座进行简化。

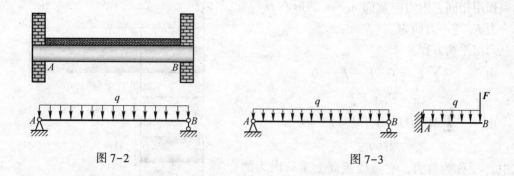

图 7-2   图 7-3

4）静定梁的基本形式。根据支承情况，可将梁简化为三种形式：

①简支梁一端为固定铰支座，另一端为活动铰支座的梁（如图 7-2 所示）。

②悬臂梁一端为固定端，另一端为自由端的梁（如图 7-4 所示）。

③外伸梁一端或两端向外伸出的简支梁（如图 7-5 所示）。

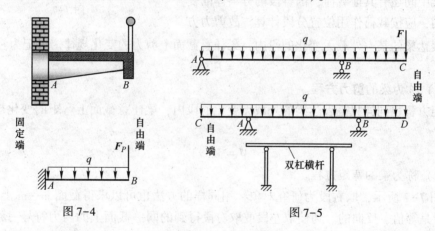

图 7-4   图 7-5

这些梁的计算简图确定后，其支座反力均可由静平衡条件完全确定，故称**静定梁**。

如果梁的支反力数目多于静力平衡方程数目，支反力不能完全由静力平衡方程确定，这种梁称为**超静定梁**或**静不定梁**，如图 7-6 所示。

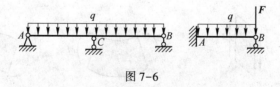

图 7-6

7.1.2 梁的内力（剪力与弯矩）计算

（1）用截面法分析梁截面上的内力

如图 7-7 所示悬臂梁，若已知梁长为 l，主动力为 F，则该梁的约束反力可由静力平衡方程求得，即 $F_B = F$，$M_B = Fl$。求任意横截面 m—m 上的内力，可在 m—m 处假想将梁截开。留左半段为研究对象，因左右两半属于固定连接，故其内力状况与静力学中固定端的约束作用相同，内力向截面 m—m 的形心 O 简化，为一力 F_S 与一力偶 M。

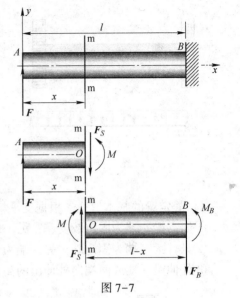

列出平衡方程：

由 $\qquad \sum F_y = 0, \; F - F_S = 0$

得： $\qquad\qquad F_S = F$ $\qquad\qquad$（a）

由 $\qquad \sum M_O(F) = 0, \; M - Fx = 0$

得： $\qquad\qquad M = Fx$ $\qquad\qquad$（b）

式中，F_S 称为剪力，它是横截面上平行内力的合力；M 称为横截面上的弯矩，它是横截面上垂直内力对其形心的合力矩。

式（a）称为剪力方程，式（b）称为弯矩方程。

若梁中间还有其他载荷，因各段的分离体的受力图不同，应按载荷作用位置分段计算。故剪力方程只是表达梁的某一外载无变化的段内，梁任意截面上剪力的变化规律。可记为：

$$F_S = F_S(x) \qquad\qquad (7-1)$$

式（7-1）称为梁的**剪力方程**。

弯矩方程也同样只是表达梁的外载无变化的段内，梁任意截面上弯矩的变化规律。可记为：

$$M = M(x) \qquad\qquad (7-2)$$

式（7-2）称为梁的**弯矩方程**。

如图 7-7 所示，取右段为研究对象，用同样的方法也可以求得截面 m—m 上的 F_S 和 M，二者是等值、反向的。为使取左段或取右段得到的同一截面上的内力符号一致，作如下规定：当截面上的剪力 F_S 使研究对象有顺时针转向趋势时为正，反之为负，如图 7-8 所示。

当截面上的弯矩 M 使研究对象产生向下凸的变形时（即上部受压下部受拉）为正，反之为负，如图 7-9 所示。

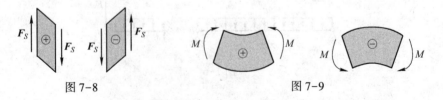

图 7-8　　　　　　　　　　　图 7-9

计算表明：梁上某一截面的剪力大小等于截面左（或右）段上所有外力的代数和，左段梁上向上的外力或右段梁上向下的外力为正，反之为负；弯矩大小等于截面左（或右）段上的所有外力对截面形心力矩的代数和，左段梁上顺时针转向或右段梁上逆时针转向为正，反之为负。在实际计算中，截面上剪力和弯矩的方向一般皆设为正，如果计算结果为正，表明实际的剪力和弯矩与设定的图示方向一致；若结果为负，则与设定的方向相反。

研究对象在截面的左边　　　　研究对象在截面的右边

$$F_S = \sum F_{左}（向上为正）\qquad F_S = \sum F_{右}（向下为正）$$

$$M = \sum M_C(\boldsymbol{F}_{左})（顺时针为正）\qquad M = \sum M_C(\boldsymbol{F}_{右})（逆时针为正）$$

例 7-1　外伸梁 DB 受力如图 7-10 所示。已知均布载荷集度为 q，集中力偶 $M = 3qa^2$。图中 2—2 与 3—3 截面称为 A 点处的临近截面，即 $\Delta \to 0$；同样 4—4 与 5—5 截面为 C 点处的临近截面。试求梁各指定截面的剪力与弯矩。

解：（1）求梁支座的约束力。取整个梁为研究对象，画受力图，如图 7-11 所示。

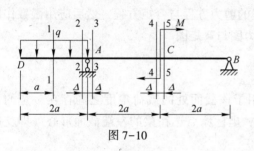 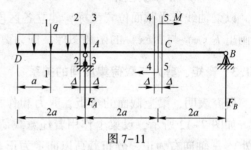

图 7-10　　　　　　　　　　　　　　图 7-11

列平衡方程求解得：

$$\sum M_B(\boldsymbol{F}) = 0, \quad -F_A \times 4a - M + q \times 2a \times 5a = 0$$

得：

$$F_A = 7qa/4$$

$$\sum F_y = 0, \ F_B + F_A - q \times 2a = 0$$

得：

$$F_B = qa/4$$

（2）求各指定截面上的剪力与弯矩

1—1 截面：由 1—1 截面左段梁上外力的代数和求得该截面的剪力为：$F_{S1} = -qa$。

由 1—1 截面左段梁上外力对截面形心力矩的代数和求得该截面的弯矩为：

$$M_1 = -qa \times a/2 = -qa^2/2$$

2—2 截面：取 2—2 截面左段梁计算，得：

$$F_{S2} = -q \times 2a = -2qa$$

$$M_2 = -q \times 2a \times a = -2qa^2$$

3—3 截面：取 3—3 截面左段梁计算，得：

$$F_{S3} = -q \times 2a + F_A = -2qa + 7qa/4 = -qa/4$$

$$M_3 = -q \times 2a \times a = -2qa^2$$

4—4 截面：取 4—4 截面右段梁计算，得：

$$F_{S4} = -F_B = -qa/4$$

$$M_4 = F_B \times 2a - M = qa^2/2 - 3qa^2 = -5qa^2/2$$

5—5 截面：取 5—5 截面右段梁计算，得：

$$F_{S5} = -F_B = -qa/4$$

$$M_5 = F_B \times 2a = qa^2/2$$

由以上计算结果可以看出：

1）集中力作用处的两端临近截面上的弯矩相同，但剪力不同，说明剪力在集中力作用处产生了突变，突变的幅值等于集中力的大小。

2）集中力偶作用处的两侧临近截面上的剪力相同，但弯矩不同，说明弯矩在集中力偶作用处产生了突变，突变的幅值等于集中偶矩的大小。

3）由于集中力的作用截面上和集中力偶的作用截面上剪力和弯矩有突变，因此，应用截面法求任一指定截面上的剪力和弯矩时，截面应分别取在集中力或集中力偶作用截面的左右临近位置。

（3）剪力图与弯矩图

以梁轴线作为截面位置坐标，建立各区段的剪力方程与弯矩方程，然后应用函数作图法画出 $F_S(x)$ 与 $M(x)$ 的函数图像，即为**剪力图**与**弯矩图**。

7.1.3　弯矩、剪力与载荷集度间的关系

研究表明，梁上截面的弯矩、剪力和作用于该截面处的载荷集度之间存在一定的关系。如图 7-12 所示，设梁上作用着任意载荷，坐标原点选在梁的左端截面形心（即支座 A 处），x 轴向右为正，分布载荷以向上为正。

从 x 截面处截取微段 $\mathrm{d}x$ 进行分析，如图 7-13 所示。$q(x)$ 在 $\mathrm{d}x$ 微段上可看成均布的；左截面上作用有剪力 $F_S(x)$ 和弯矩 $M(x)$，右截面上作用有剪力 $F_S(x)+\mathrm{d}F_S(x)$ 和弯矩 $M(x)+\mathrm{d}M(x)$。

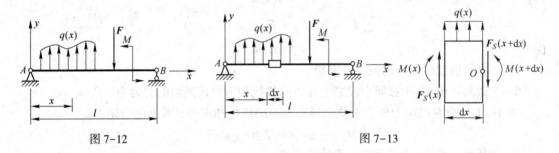

图 7-12　　　　　　　　　　　　图 7-13

由平衡条件可得：

$$\sum F_y = 0, \quad F_S(x) - F_S(x + \mathrm{d}x) + q(x)\,\mathrm{d}x = 0$$

$$\frac{\mathrm{d}F_S(x)}{\mathrm{d}x} = q(x) \tag{7-3}$$

$$\sum M_O = 0, \quad M(x + \mathrm{d}x) - M(x) - F_S(x)\,\mathrm{d}x - q(x)\,\mathrm{d}x\,\frac{\mathrm{d}x}{2} = 0$$

略去 $\mathrm{d}x$ 的二阶微量，简化后得：

$$\frac{\mathrm{d}M(x)}{\mathrm{d}x} = F_S(x) \tag{7-4}$$

$$\frac{\mathrm{d}^2 M(x)}{\mathrm{d}x^2} = \frac{\mathrm{d}F_S(x)}{\mathrm{d}x} = q(x) \tag{7-5}$$

上式表明了同一截面处 $M(x)$、$F_S(x)$ 与 $q(x)$ 三者之间的关系。

7.1.4 剪力图与弯矩图的绘制

工程中常利用剪力、弯矩和载荷三者之间的微分关系，并注意到在集中力 F 的邻域内剪力图有突变，在集中力偶 M 的邻域内弯矩图有突变的性质，进行作图。表 7-1 列出了 F_S、M 图的一些特征。

表 7-1　F_S、M 图特征表

剪力与弯矩图	$q(x)=0$ 的区间	$q(x)=C$ 的区间	集中力 F 作用处	集中力偶 M 作用处
F_S 图	水平线	$q(x)>0$，斜直线，斜率>0	有突变 突变量=F	无影响
		$q(x)<0$，斜直线，斜率<0		
M 图	$F_S>0$，斜直线，斜率>0	$q(x)>0$，抛物线，下凹	斜率有突变 图形成折线	有突变 突变量=M
	$F_S<0$，斜直线，斜率<0	$q(x)<0$，抛物线，上凸		
	$F_S=0$，水平线	$F_S=0$，抛物线有极值		

例 7-2　如图 7-14 所示，梁的跨度为 l，自重力可看作均布载荷 q。试作剪力图与弯矩图。

解：（1）求支反力。如图 7-15 所示，可得：$F_A=F_B=ql/2(\uparrow)$。

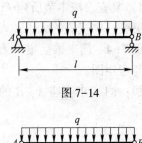

图 7-14

（2）画剪力图与弯矩图，如图 7-15 所示。根据梁所受载荷情况，可知其左、右两端受集中力，全梁受负的均布力，所以剪力图在 $x=0^+$ 和 $x=l^-$ 处有突变，在整个梁段上是斜率为负的直线。取梁的左、右端微段，求其平衡，可得：

$$F_{SA}=F_A=ql/2, \quad M_A=0, \quad F_{SB}=-F_B=-ql/2, \quad M_B=0$$

连接 AB 两点即可得剪力图。

由 $q<0$ 可知弯矩图为上凸抛物线，在 $F_S=0$ 处截面（$x=l/2$）有极值，则知：

$$M_{max}=M(l/2)=F_A l/2 - ql/2 \times l/4 = ql^2/8$$

工程上，在弯矩图中画抛物线仅需注意极值和凸凹方向，可画出弯矩图的大致形状，并在图上标出极值的大小。

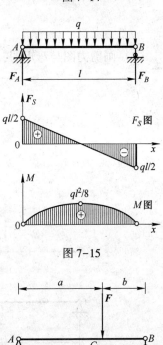

图 7-15

例 7-3　简支梁受载如图 7-16 所示。若已知 F、a、b，试作梁的 F_S 图和 M 图。

解：（1）求支反力。如图 7-17 所示，以整体为研究对象，由平衡方程可得：

$$F_A=Fb/l(\uparrow), \quad F_B=Fa/l(\uparrow)$$

（2）画剪力图与弯矩图。

1）分段。由于集中力会引起剪力图突变，集中力偶会产生弯矩图的突变，所以在由集中力或集中力偶作用处，

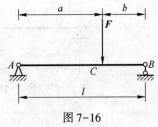

图 7-16

就应将梁分段计算，本题梁中 C 处有集中力 F 作用，故应将梁分为 AC 与 CB 两段研究。

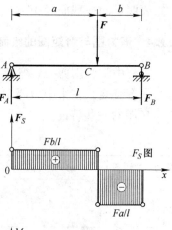

2）标值。计算各区段边界各截面之剪力与弯矩值，将结果标注在剪力图与弯矩图的相应位置上。截面上的剪力和弯矩值可按下述进行简化计算：

截面上的剪力等于截面任意侧外力的总和。截面上的弯矩等于截面任意侧外力对截面形心力矩的总和。

计算结果如下：

$$F_{SA} = Fb/l, \ F_{SB} = -Fa/l$$
$$M_A = 0, \ M_B = 0$$
$$F_{SC}^- = Fb/l, \ F_{SC}^+ = -Fa/l$$
$$M_C = Fab/l$$

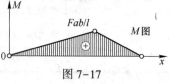

3）连线。按各区段有无分布载荷，连接相邻两点，即得剪力图和弯矩图。本题无分布载荷，故 F_S 图与 M 图皆为直线，如图 7-17 所示。

图 7-17

4）复查。按本节所列 F_S、M 图特征表进行复核。如在集中力 F 作用处检查剪力图是否有突变，突变值的大小，弯矩图是否成折线等。

例 7-4　简支梁受集中力偶作用，如图 7-18 所示。若已知 M、a、b，试求此梁的剪力图与弯矩图。

解：（1）求支座 A、B 的反力。以整体为研究对象，列平衡方程可解得：

$$F_A = -\frac{M}{l}(\downarrow), \ F_B = \frac{M}{l}(\uparrow)$$

（2）画剪力图与弯矩图，如图 7-19 所示。

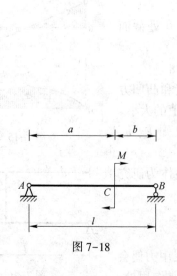

图 7-18

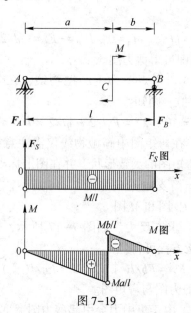

图 7-19

1）分段。分为 AC 与 CB 两段。

2）标值。

$$F_{SA} = -M/l, \quad F_{SC}^{-} = -M/l$$
$$F_{SC}^{+} = -M/l, \quad F_{SB} = -M/l$$
$$M_A = 0, \quad M_C^{-} = -Ma/l$$
$$M_C^{+} = Mb/l, \quad M_B = 0$$

3）连线。F_S 图与 M 图上相邻两点均连直线。

4）复查。检查 C 点弯矩图的变化。

例 7-5 外伸梁受载荷如图 7-20 所示，试求其梁的剪力图和弯矩图。

解：（1）求支座 A、B 的约束力。由静力平衡方程可解得：

$$F_A = 7\text{kN}(\uparrow), \quad F_B = 5\text{kN}(\uparrow)$$

（2）画剪力图和弯矩图，如图 7-21 所示。

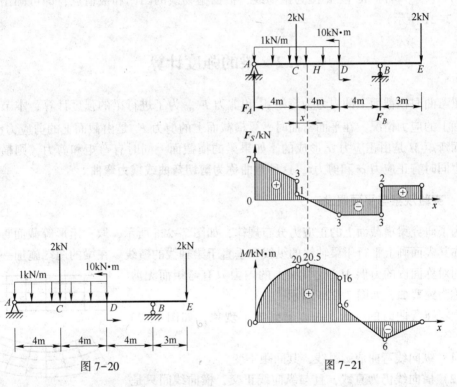

图 7-20
图 7-21

1）分段。根据受载情况将梁分为 AC、CD、DB、BE 四段。

2）标值。计算各段起点和终点的剪力值和弯矩值，列表如下：

分段	AC		CD		DB		BE	
横截面	A_+	C_-	C_+	D_-	D_+	B_-	B_+	E_-
F_S/kN	7	3	1	-3	-3	-3	2	2
$M/\text{kN}\cdot\text{m}$	0	20	20	16	6	-6	-6	0

截面 A_+ 代表离截面 A 无限近并位于其右侧的横截面，C_- 代表离截面 C 无限近并位于

其左侧的横截面, 其余类同。

再列出各段 F_S 图和 M 图的特征表。

分段	AC	CD	DB	BE
外力	$q=$ 常数 <0		$q=0$	$q=0$
F_S 图	下斜直线	下斜直线	水平直线	水平直线
M 图	上凸抛物线	上凸抛物线	斜直线	斜直线

由上表各段剪力的数值可画出 F_S 图。由图可见, 在 CD 段的横截面 H 处, F_S 为零, 故 M 图在 H 处有极值。设 $CH=x$, 由图 7-21 可得 $x:(4-x)=1:3$, 得 $x=1\mathrm{m}$。

再计算截面 H 处的弯矩:

$$M_H = 7 \times 5 - 2 \times 1 - 1 \times 5 \times 2.5 = 20.5\mathrm{kN} \cdot \mathrm{m}$$

3) 连线。区间 AC 段 M 图为抛物线, 根据抛物线的凸凹和极值点, 即可画出弯矩图 (如图 7-21 所示)。

7.2　梁的强度计算

梁弯曲时横截面上的内力为弯矩 M 和剪力 F_S。为了进行梁的强度计算, 本节分析梁横截面上的应力情况。在平面弯曲时, 梁横截面上的剪力 F_S 是由截面上的剪应力 τ 所形成的; 而弯矩 M 是由正应力 σ 形成的。如果梁的横截面上同时有弯矩和剪力, 则横截面上各点也同时有正应力 σ 和剪力 τ, 这种弯曲称为**剪切弯曲**或**横力弯曲**。

7.2.1　实验观察与平面假设

为了研究梁横截面上的正应力分布规律, 如图 7-22a 所示, 取一矩形等截面直梁, 实验前在其表面画上平行于梁轴线的纵线和垂直于梁轴线的横线。在梁的两端施加一对位于梁纵向对称面内的力偶 M, 这样梁上的内力只有弯矩而无剪力, 称为**纯弯曲**, 如图 7-22b 所示。

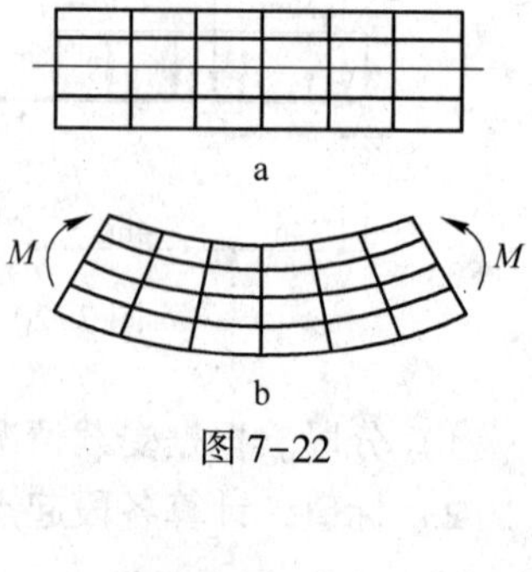

观察纯弯曲时的变形, 可以看到如下现象, 如图 7-23 所示。

(1) 纵向线弯曲成圆弧线, 其间距不变。

(2) 横向线仍为直线, 且与纵向线正交, 横向线间只是相对地转过了一个微小的角度。

图 7-22

(3) 矩形截面的上部变宽, 下部变窄。

根据上述现象, 可对梁的变形提出如下假设:

(1) 平面假设: 梁弯曲变形时, 其横截面仍保持平面, 并且绕某轴转过了一个微小的角度。

(2) 单向受力假设: 假设梁由无数纵向纤维组成, 且纵向纤维间无相互挤压作用, 处于单向受拉或单向受压状态。

可以看出, 梁下部的纵向纤维受拉伸长, 上部的纵向纤维受压缩短, 其间必有一层纤维既不伸长也不缩短，这层纤维称为**中性层**，中性层和横截面的交线称为**中性轴**，即图7-24中的 z 轴。梁弯曲时，各横截面绕 z 轴转动了一个微小角度，如图7-24所示。

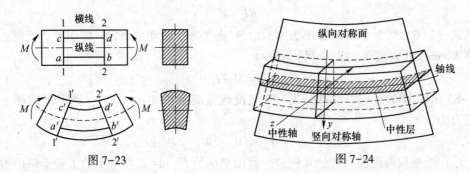

图7-23　　　　　　　　　　　　　　　图7-24

7.2.2　弯曲正应力的计算

（1）正应力的分布

由平面假设可知，矩形截面梁在纯弯曲时的应力分布有如下特点：

1）中性轴上的线应变为零，所以其正应力亦为零。

2）距中性轴距离相等的各点，其线应变相等。根据胡克定律，它们的正应力也相等。

3）在图7-22所示的受力情况下，中性轴上部各点正应力为负值，中性轴下部各点正应力为正值。

4）正应力沿 y 轴线性分布，即 $\sigma = Ky$ 或 $K = \sigma/y$，K 为待定常数，如图7-25所示。

（2）正应力的计算

在纯弯曲梁的横截面上任取一微面积 $\mathrm{d}A$，如图7-26所示，微面积上的微内力为 $\sigma\mathrm{d}A$。由于横截面上的内力只有弯矩 M，所以由横截面上的微内力构成的合力必为零，而梁横截面上的微内力对中性轴 z 的合力矩就是弯矩 M，即：

$$F_N = \int_A \sigma\mathrm{d}A, \quad M = \int_A y\sigma\mathrm{d}A$$

将 $\sigma = Ky$ 代入以上两式，得：

$$\int_A Ky\mathrm{d}A = 0, \quad \int_A Ky^2\mathrm{d}A = M$$

式中，$\int_A y\mathrm{d}A$ 为截面对 z 轴的静矩，记作 S^*，单位为 m^3；$\int_A y^2\mathrm{d}A$ 为截面对 z 轴的惯性矩，记

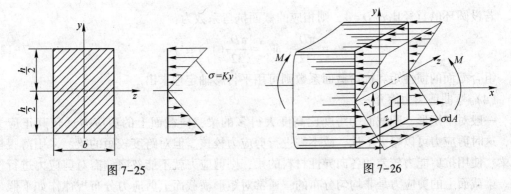

图7-25　　　　　　　　　　　　　　　图7-26

作 I_z，单位为 m^4。以上两式可写作：

$$KS^* = 0 \tag{7-6}$$

$$KI_z = M \tag{7-7}$$

从式 (7-6) 可见，由于 K 不为零，故 S^* 必为零，说明中性轴 z 轴通过截面形心。

将 $K = \sigma/y$ 代入式 (7-7)，得：

$$\sigma = My/I_z \tag{7-8}$$

式 (7-8) 即为梁的正应力计算公式。定义抗弯截面系数 $W_z = I_z/y_{max}$，则梁横截面上的最大正应力为：

$$\sigma_{max} = M_{max}/W_z \tag{7-9}$$

式中，I_z、W_z 是仅与截面有关的几何量，常用型钢的 I_z、W_z 可在有关的工程手册中查到。

式 (7-6)、式 (7-7) 是由纯弯曲梁变形推导出，但只要梁具有纵向对称面，且载荷作用在对称面内，在梁的跨度较大时，对剪切弯曲也适用。

(3) 惯性矩和抗弯截面系数的计算

具体计算方法见第 6 章，这里直接列出常用的矩形截面、圆形截面和圆环形截面的计算结果，要求熟记掌握。

以高为 h、宽为 b 的矩形为例 (如图 7-27 所示)，z 轴通过形心且平行于底边，y 轴过形心垂直于 z 轴，则对 z 轴的惯性矩和抗弯截面系数为：

$$I_z = bh^3/12, \quad W_z = bh^2/6 \tag{7-10}$$

圆形截面和圆环形截面对任一圆心轴是对称的 (如图 7-28 所示)，所以对任一过圆心轴的惯性矩都相等，分别为：

$$I_z = \pi D^4/64, \quad I_z = \pi(D^4 - d^4)/64 \tag{7-11}$$

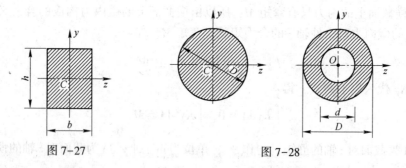

图 7-27　　　　　　　　　　图 7-28

若设圆环的直径比 $d/D = \alpha$，则相应的截面抗弯系数为：

$$W_z = \frac{\pi D^3}{32}, \quad W_z = \frac{\pi D^3}{32}(1 - \alpha^4) \tag{7-12}$$

组合截面的惯性矩和抗弯截面系数则可用平行移轴定理求出。

(4) 弯曲剪应力简介

一般对于矩形、圆截面的跨度比高度大得多的梁，横截面上的剪应力远较其正应力小，这时剪应力可以略去不计，故不需进行剪应力校核。但对跨度较短的梁、采用薄腹板的梁、使用抗剪能力较差的各向异性材料的梁，则剪应力就不能忽略，需对剪应力进行校核。梁截面上的剪应力是非均匀分布的，通常对矩形横截面上剪应力分布规律作如下假设

（如图 7-29 所示）：

1）横截面上各点的剪应力方向和剪力 F_S 的方向一致。

2）剪应力的大小与距中性轴 z 的距离 y 有关，同一水平面上剪应力相等。

经分析计算可知，对于矩形截面梁，其横截面上最大剪应力发生在中性轴上（即 $y = 0$ 处），为 $\tau_{max} = 3F_S/2A$。同样，工字形截面梁、圆形截面梁和圆环形截面梁的最大剪应力，也发生在各自的中性轴上。对于工字形截面梁（如图 7-30b 所示），$\tau_{max} = F_S/A$（A 为腹板面积）；对于圆形截面梁（如图 7-30a 所示），$\tau_{max} = 4F_S/3A$；对于圆环形截面梁，$\tau_{max} = 2F_S/A$。

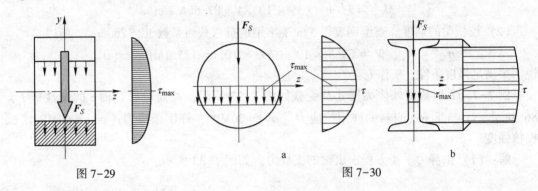

图 7-29　　　　　　　　图 7-30

7.2.3　梁的强度计算

在进行梁的强度计算时，首先应确定梁的危险截面和危险点。一般情况下，对于等截面直梁，其危险点在弯矩最大的截面上的上下边缘处，即最大正应力所在处；对于短梁、载荷靠近支座的梁以及薄壁截面梁，则还要考虑其最大切应力所在的部位。危险点的最大工作应力应不大于材料在单向受力时的许用应力，强度条件为：

$$\sigma_{max} = \frac{M_{max}y_{max}}{I_z} \leqslant [\sigma] \tag{7-13}$$

对于许用拉应力 $[\sigma^+]$ 和许用压应力 $[\sigma^-]$ 不同的脆性材料，宜采用上、下不对称于中性层的截面形状，并分别计算，式（7-13）可写作：

$$\sigma_{max}^+ = \frac{M_{max}y^+}{I_z} \leqslant [\sigma^+]$$
$$\sigma_{max}^- = \frac{M_{max}y^-}{I_z} \leqslant [\sigma^-] \tag{7-14}$$

对于许用拉应力和许用压应力相同的塑性材料，宜采用截面对称于中性轴的截面形状，则式（7-13）可写作：

$$\sigma_{max} = \frac{M_{max}}{W_z} \leqslant [\sigma] \tag{7-15}$$

梁的剪应力校核条件为：

$$\tau_{max} \leqslant [\tau] \tag{7-16}$$

在设计梁的截面时，先按正应力强度条件计算，必要时再进行切应力强度校核。根据强度条件可以解决：强度校核、设计截面和确定许用载荷三方面的强度计算问题。

例 7-6　吊车梁用 32c 工字钢制成，将其简化为一简支梁（如图 7-31 所示），梁长 $l = 10m$，自重不计。若最大起重载荷为 $F = 35kN$，许用应力为 $[\sigma] = 130MPa$，试校核梁的强度。

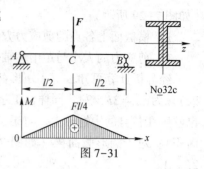

图 7-31

解：（1）求最大弯矩。当载荷在梁中点时，该处产生最大弯矩为：

$$M_{max} = Fl/4 = (35 \times 10)/4 = 87.5 kN \cdot m$$

（2）校核梁的强度。查型钢表得 32c 工字钢的抗弯截面系数 $W_z = 760 cm^3$，所以：

$$\sigma_{max} = M_{max}/W_z = 87.5 \times 10^6/(760 \times 10^3) = 115.1 MPa < [\sigma]$$

说明梁满足强度条件，工作安全。

例 7-7　T 形截面外伸梁尺寸及受载如图 7-32 所示，截面对形心轴 z 的惯性矩 $I_z = 86.8 cm^4$，$y_1 = 3.8cm$，材料的许用拉应力 $[\sigma_l] = 30MPa$，许用压应力 $[\sigma_y] = 60MPa$。试校核强度。

解：（1）由静力平衡方程求出梁的支反力，如图 7-33 所示。

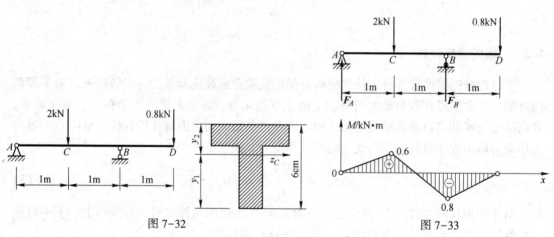

图 7-32　　　　　　　　　　图 7-33

$$F_A = 0.6 kN, \quad F_B = 2.2 kN$$

作弯矩图，得最大正弯矩在截面 C 处，$M_C = 0.6 kN \cdot m$，最大负弯矩在截面 B 处，$M_B = -0.8 kN \cdot m$。

（2）校核梁的强度。显然截面 C 和截面 B 均为危险截面，都要进行强度校核。

截面 B 处：最大拉应力发生于截面上边缘各点处，得：

$$\sigma^+ = 20.3 MPa < [\sigma_l]$$

最大压应力发生于截面下边缘各点处，得：

$$\sigma^- = 35 MPa < [\sigma_y]$$

截面 C 处：虽然 C 处的弯矩绝对值比 B 处的小，但最大拉应力发生于截面下边缘各点处，而这些点到中性轴的距离比上边缘处各点到中性轴的距离大，且材料的许用拉应力 $[\sigma_l]$ 小于许用压应力 $[\sigma_y]$，所以还需校核最大拉应力 $\sigma^+ = 26.3MPa < [\sigma_l]$，所以梁的工

作是安全的。

例 7-8　图 7-34 为简支梁。材料的许用正应力 $[\sigma] =$ 140MPa，许用剪应力 $[\tau] = 80$MPa。试选合适的工字钢型号。

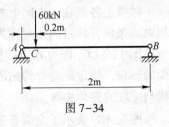

图 7-34

解：（1）如图 7-35 所示，由静力平衡方程求出梁的支反力 $F_A = 54$kN，$F_B = 6$kN，并作剪力图和弯矩图。得 $F_{Smax} = 54$kN，$M_{max} = 10.8$kN·m。

（2）选择工字钢型号。由正应力强度条件得：

$$W_z \geqslant M_{max}/[\sigma] = 77.1 \times 10^3 \text{mm}^3$$

查型钢表，选用 12.6 号工字钢，$W_z = 77.529 \times 10^3$mm^3；$h = 126$mm，$t = 8.4$mm，$b = 74$mm，$d = 5$mm。

（3）剪应力强度校核。12.6 号工字钢腹板面积为：

$$A = (h - 2t)d = (126 - 2 \times 8.4) \times 5 = 546 \text{mm}^2$$

$$\tau_{max} = \frac{F_{Smax}}{A} = \frac{54 \times 10^3}{546} = 98.9 \text{MPa} > [\tau]$$

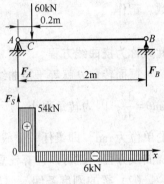

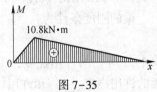

故需重选。选用 14 号工字钢，$h = 140$mm，$t = 9.1$mm，$d = 5.5$mm，则 $A = (140 - 2 \times 9.1) \times 5.5 = 669.9$mm^2，$\tau_{max} = 80.6MPa>[\tau]$，但最大剪应力未超过许用剪应力的 5%，可以确定选用 14 号工字钢。

图 7-35

7.3　梁的刚度计算

7.3.1　梁的弯曲变形概述

工程实际中，梁除了应有足够的强度外，还必须具有足够的刚度。梁满足强度条件，表明它能安全地工作，但变形过大也会影响其正常工作。如齿轮轴变形过大，会使齿轮不能正常啮合，产生振动和噪声；机械加工中刀杆或工件的变形过大，将导致加工误差超差；起重机横梁的变形过大使吊车移动困难；水电站的闸门变形过大，会影响闸门的正常启闭。因此，工程中对梁的变形有一定的要求，除满足强度条件外，还要将其变形限制在容许的范围内，即满足刚度条件。

（1）挠度和转角

度量梁的变形的两个基本物理量是挠度和转角。它们主要因弯矩而产生，剪力的影响可以忽略不计。

以悬臂梁为例（如图 7-36 所示），变形前梁的轴线为直线 AB，m—n 是梁的某一横截面，变形后 AB 变为光滑的连续曲线 AB_1。m—n 转到了 m_1—n_1 的位置。

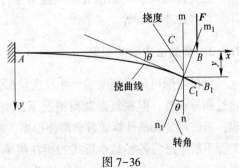

图 7-36

轴线上各点在 y 方向上的位移称为**挠度**（x 方向上的位移，可忽略不计）。各横截面相对原来位置转过的角度称为**转角**。

图中的 CC_1 即为 C 点的挠度。规定向下的挠度为正值，则 CC_1 为正值。θ 为 m—n 截面的转角，规定顺时针转向的转角为正，反之为负。转角的大小与挠曲线上的 C_1 点的切线与 x 轴的夹角相等。

曲线 AB_1 表示了全梁各截面的挠度值，故称挠曲线。挠曲线显然是梁截面位置 x 的函数，记作：

$$y = f(x)$$

此式称为**挠曲线方程**。

截面转角 θ 就等于挠曲线在该处的切线与 x 轴的夹角，挠曲线上任意一点处的斜率为 $\tan\theta = \dfrac{\mathrm{d}y}{\mathrm{d}x}$，因为转角很小，所以 $\tan\theta \approx \theta$，$\theta \approx \tan\theta = \dfrac{\mathrm{d}y}{\mathrm{d}x} = f'(x)$，此式称为**转角方程**，其中 θ 的单位为 rad。即梁任一横截面的转角 θ 等于挠曲线方程的一阶导数。可见，只要确定了挠曲线方程，就可以计算任意截面的挠度和转角。

（2）梁的刚度条件

梁的刚度条件为：

$$y_{\max} \leqslant [y], \quad \theta_{\max} \leqslant [\theta] \tag{7-17}$$

式中，$[y]$ 为许用挠度，$[\theta]$ 为许用转角，其值可根据工作要求或参照有关手册确定。梁的许用挠度 $[y]$ 和许用转角 $[\theta]$ 可参见表 7-2。

表 7-2　梁的许用挠度 $[y]$ 和许用转角 $[\theta]$

机床主轴	$[y] = 0.0002l$	装滑动轴承处	$[\theta] = 0.001\mathrm{rad}$
一般传动轴	$[y] = (0.0003 \sim 0.0005)l$	装向心球轴承处	$[\theta] = 0.003\mathrm{rad}$
桥式吊车梁	$[y] = (0.0013 \sim 0.0025)l$	装齿轮处	$[\theta] = (0.001 \sim 0.002)\mathrm{rad}$

在建筑工程中，一般只对梁进行挠度计算，常以允许的挠度 y 与梁跨长 l 的比值 $[y/l]$ 作为刚度校核的标准。因此，梁的刚度条件可写为：

$$y/l \leqslant [y/l] \tag{7-18}$$

$[y/l]$ 的值一般在 $1/200 \sim 1/1000$ 之内，在有关规范中有具体规定。

在设计梁时，一般应先满足强度条件，再校核刚度条件。如所选截面不能满足刚度条件，再考虑重新设计。

7.3.2　叠加法求梁的变形

梁的变形可以根据梁的尺寸及支承形式、载荷情况、材料性能来建立挠度与转角方程，通过积分求解，但在复杂载荷情况下，由于梁的分段很多，积分和积分常数的运算比较繁琐，若改用叠加法计算通常会简便得多，故工程上常用叠加法来求梁的挠度和转角。在有关工程手册中已将各种基本形式的梁在简单载荷的作用下的弯曲变形列成表格（见表 7-3），因此简单情况可直接查表，获得结果。如果梁在几个载荷同时作用下，则由于每一载荷的影响是独立的，梁在几个载荷共同作用下产生的变形等于各个载荷分别作用时产生的变形的代数和，这种方法称为**叠加法**。应用叠加法，便可求得在复杂载荷作用下梁的变形。

表 7-3　梁在简单载荷作用下的变形

序号	梁的简图	端截面转角	挠曲线方程	挠 度
1		$\theta_B = \dfrac{Ml}{EI}$	$y = \dfrac{Mx^2}{2EI}$	$y_B = \dfrac{Ml^2}{2EI}$
2		$\theta_B = \dfrac{Fl^2}{2EI}$	$y = \dfrac{Fx^2}{6EI}(3l - x)$	$y_B = \dfrac{Fl^3}{3EI}$
3		$\theta_B = \dfrac{ql^3}{6EI}$	$y = \dfrac{qx^2}{24EI}(x^2 + 6l^2 - 4lx)$	$y_B = \dfrac{ql^4}{8EI}$
4		$\theta_A = \dfrac{Ml}{6EI}$ $\theta_B = -\dfrac{Ml}{3EI}$	$y = \dfrac{Mx}{6lEI}(l^2 - x^2)$	在 $x = \dfrac{1}{\sqrt{3}}$ 处, $y = \dfrac{Ml^2}{9\sqrt{3}\,EI}$ $y_C = \dfrac{Ml^2}{16EI}$
5		$\theta_A = \dfrac{Ml}{6lEI}(l^2 - 3b^2)$ $\theta_B = \dfrac{M}{6lEI}(l^2 - 3a^2)$ $\theta_D = \dfrac{M}{6lEI}(l^2 - 3a^2 - 3b^2)$	当 $0 \leqslant x \leqslant a$ 时, $y = \dfrac{Mx}{6lEI}(l^2 - 3b^2 - x^2)$ 当 $a \leqslant x \leqslant l$ 时, $y = \dfrac{M(l-x)}{6lEI}(3a^2 - 2lx + x^2)$	在 $x = \sqrt{\dfrac{l^2 - 3b^2}{3}}$ 处, $y = -\dfrac{M(l^2 - 3b^2)^{\frac{3}{2}}}{9\sqrt{3}\,lEI}$ 在 $x = \sqrt{\dfrac{l^2 - 3a^2}{3}}$ 处, $y = \dfrac{M(l^2 - 3a^2)^{\frac{3}{2}}}{9\sqrt{3}\,lEI}$
6		$\theta_A = -\theta_B = \dfrac{Fl^2}{16EI}$	当 $0 \leqslant x \leqslant \dfrac{l}{2}$ 时, $y = \dfrac{Fx}{48EI}(3l^2 - 4x^2)$	$y_C = \dfrac{Fl^3}{48EI}$

序号	梁的简图	端截面转角	挠曲线方程	挠　度
7	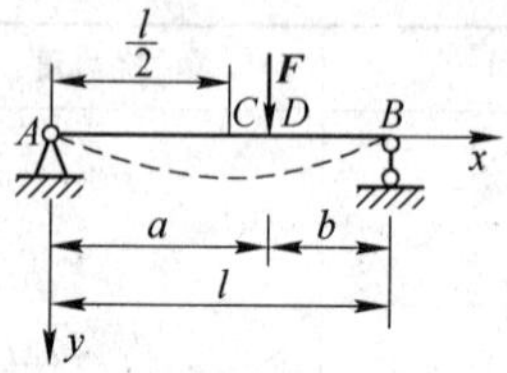	$\theta_A = \dfrac{Fab(l+b)}{6lEI}$ $\theta_B = -\dfrac{Fab(l+a)}{6lEI}$	当 $0 \le x \le a$ 时, $y = \dfrac{Fbx}{6lEI}(l^2 - x^2 - b^2)$ 当 $a \le x \le l$ 时, $y = \dfrac{Fb}{6lEI}\left[(l^2 - b^2)x - x^3 + \dfrac{l}{b}(x-a)^3\right]$	若 $a > b$, 在 $x = \sqrt{\dfrac{l^2-b^2}{3}}$ 处, $y = \dfrac{\sqrt{3}\,Fb}{27lEI}(l^2-b^2)^{\frac{3}{2}}$ $y_C = \dfrac{Fb}{48EI}(3l^2 - 4b^2)$
8	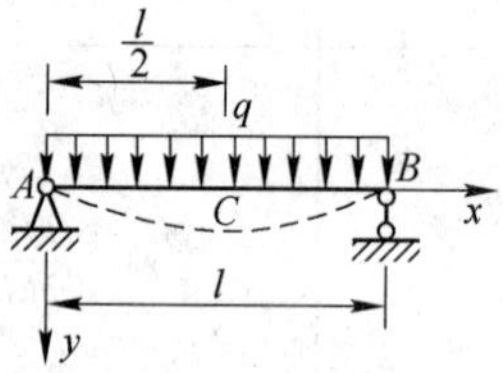	$\theta_A = -\theta_B = \dfrac{ql^3}{24EI}$	$y = \dfrac{qx}{24EI}(l^3 - 2lx^2 + x^3)$	$y_C = \dfrac{5ql^4}{384EI}$
9	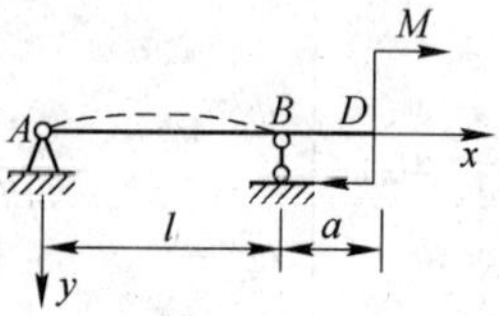	$\theta_A = -\dfrac{Ml}{6EI}$ $\theta_B = \dfrac{Ml}{3EI}$ $\theta_D = \dfrac{M}{3EI}(l + 3a)$	当 $0 \le x \le l$ 时, $y = \dfrac{Mx}{6lEI}(x^2 - l^2)$ 当 $l \le x \le l+a$ 时, $y = \dfrac{M}{6EI}(3x^2 - 4lx + l^2)$	在 $x = \dfrac{1}{\sqrt{3}}$ 处, $y = -\dfrac{Ml^2}{9\sqrt{3}\,EI}$ 在 $x = l + a$ 处, $y_D = \dfrac{Ma}{6EI}(2l + 3a)$
10	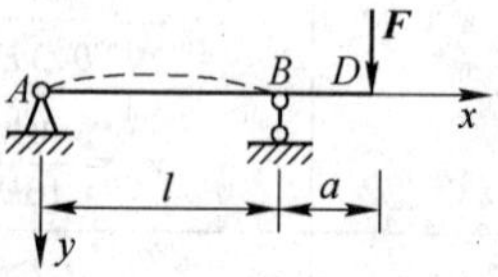	$\theta_A = -\dfrac{Fal}{6EI}$ $\theta_B = \dfrac{Fal}{3EI}$ $\theta_D = \dfrac{Fa}{6EI}(2l + 3a)$	当 $0 \le x \le l$ 时, $y = -\dfrac{Fax}{6lEI}(l^2 - x^2)$ 当 $l \le x \le l+a$ 时, $y = \dfrac{F(x-l)}{6EI}\left[a(3x - l) - (x-l)^2\right]$	在 $x = \dfrac{1}{\sqrt{3}}$ 处, $y = -\dfrac{Fal^2}{9\sqrt{3}\,EI}$ 在 $x = l + a$ 处, $y_D = \dfrac{Fa^2}{3EI}(l + a)$
11	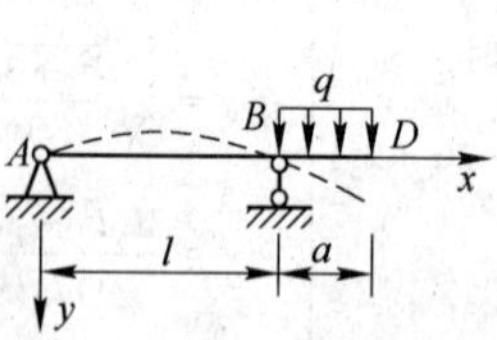	$\theta_A = -\dfrac{qx^2l}{12EI}$ $\theta_B = \dfrac{qa^2l}{6EI}$ $\theta_D = \dfrac{qa^2}{6EI}(l + a)$	当 $0 \le x \le l$ 时, $y = -\dfrac{qx^2}{12EI}\left(lx - \dfrac{x^2}{l}\right)$ 当 $l \le x \le l+a$ 时, $y = \dfrac{qa^2}{12EI}\left[\dfrac{x^2}{l} - \dfrac{(2l+a)(x-l)^2}{al} + \dfrac{(x-l)^4}{2a^2} - lx\right]$	在 $x = \dfrac{1}{\sqrt{3}}$ 处, $y = -\dfrac{qa^2l^2}{18\sqrt{3}\,EI}$ 在 $x = l + a$ 处, $y_D = \dfrac{qa^3}{24EI}(3a + 4l)$

　　例 7-9　如图 7-37 所示简支梁, 抗弯刚度为 EI_z, 全梁受向下的分布载荷 q, 中点受向上的集中力 F, 试求梁中点的挠度和铰支座的转角 θ_A、θ_B。

解：如图 7-38 所示，将梁的受力分解为受集中力 F 和受分布力 q 的两种情况，查表可得：

受集中力时：

$$y_{CF} = \frac{-Fl^3}{48EI_z}, \quad \theta_{AF} = \frac{-Fl^2}{16EI_z}, \quad \theta_{BF} = \frac{Fl^2}{16EI_z}$$

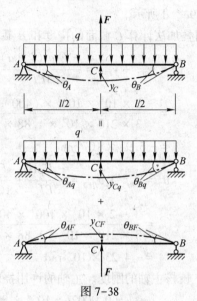

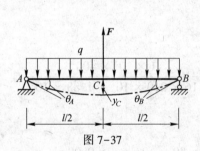

图 7-37

图 7-38

受分布力时：

$$y_{Cq} = \frac{5ql^4}{384EI_z}, \quad \theta_{Aq} = \frac{ql^3}{24EI_z}, \quad \theta_{Bq} = \frac{-ql^3}{24EI_z}$$

叠加

$$y_C = y_{CF} + y_{Cq} = \frac{-Fl^3}{48EI_z} + \frac{5ql^4}{384EI_z}$$

$$\theta_A = \theta_{AF} + \theta_{Aq} = \frac{-Fl^2}{16EI_z} + \frac{ql^3}{24EI_z}$$

$$\theta_B = \theta_{BF} + \theta_{Bq} = \frac{Fl^2}{16EI_z} - \frac{ql^3}{24EI_z}$$

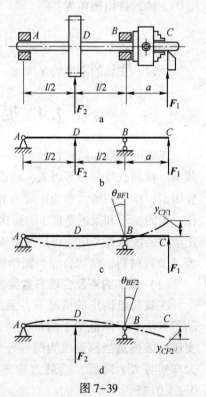

例 7-10 在一经简化处理的机床空心主轴（如图 7-39a 所示），设全轴（包括外伸端）可近似视为等截面梁，且刀具与齿轮受力恰在同一平面内。已知轴的外径 $D = 80\text{mm}$，内径 $d = 40\text{mm}$，AB 跨长 $l = 400\text{mm}$，外伸长 $a = 100\text{mm}$，材料的弹性模量 $E = 210\text{GPa}$，设切削力 $F_1 = 2\text{kN}$，齿轮啮合力 $F_2 = 1\text{kN}$，如轴 C 端的许可挠度 $[y_C] = 0.0002l$，B 截面的许用转角 $[\theta_B] = 0.001\text{rad}$。试校核主轴的刚度。

对于机床主轴需校核：

（1）加工处 C 端的挠度，因为它影响加工精度。

图 7-39

（2）主轴承 B 端处的转角，因为它影响机床运转的平稳及承轴寿命。下面分别求解。

解：（1）求主轴的惯性矩。

$$I_z = \frac{\pi D^4}{64}(1 - \alpha^4) = \frac{\pi 80^4}{64}\left[1 - \left(\frac{40}{80}\right)^4\right] = 1.88 \times 10^6 \text{mm}^4$$

（2）建立主轴的力学模型（如图 7-39b 所示）。分别画出 F_1、F_2 作用在梁上的变形，如图 7-39c、d 所示。

应用叠加法计算 C 截面的挠度和 B 截面的转角为：

$$y_C = y_{CF1} + y_{CF2} = \frac{-F_1 a^2(l + a)}{3EI_z} + \frac{F_2 l^2 a}{16EI_z}$$

$$= \frac{-2 \times 10^3 \times 100^2 \times (400 + 100)}{3 \times 210 \times 10^3 \times 1.88 \times 10^6} + \frac{1 \times 10^3 \times 400^2 \times 100}{16 \times 210 \times 10^3 \times 1.88 \times 10^6}$$

$$= -5.91 \times 10^{-3} \text{mm}$$

$$\theta_B = \theta_{BF1} + \theta_{BF2} = \frac{-F_1 a l}{3EI_z} + \frac{F_2 l^2}{16EI_z}$$

$$= \frac{-2 \times 10^3 \times 100^2 \times 400}{3 \times 210 \times 10^3 \times 1.88 \times 10^6} + \frac{1 \times 10^3 \times 400^2}{16 \times 210 \times 10^3 \times 1.88 \times 10^6}$$

$$= -4.23 \times 10^{-5} \text{rad}$$

（3）校核主轴的刚度。主轴的许用挠度为：

$$[y_C] = 0.0002l = 10^{-4} \times 800 \text{mm} = 80 \times 10^{-3} \text{mm} = 0.08 \text{mm}$$

主轴的许用转角为：

$$[\theta_B] = 0.001 = 1.0 \times 10^{-3} \text{rad}$$

因此，有 $y_C < [y_C]$，$\theta_B < [\theta_B]$。

所以，主轴的刚度满足要求。

7.4　提高梁的强度和刚度的措施

在梁的强度和结构设计中，一方面要满足强度要求，另一方面要考虑梁的支承形式、截面形状和载荷分布等因素，使设计更科学合理。由于弯曲正应力通常是决定梁强度的主要因素，梁上的最大弯曲正应力和梁上的最大弯矩 M_{max} 成正比，和抗弯截面系数 W_z 成反比；梁的变形和梁的跨度 l 的高次方成正比，和梁的抗弯刚度 EI_z 成反比。因此，从梁的正应力强度条件考虑，可以采取以下措施来提高梁的强度和刚度，以达到构件既安全又经济（节省材料、结构合理、制作加工容易）的设计目标。

（1）增加约束及合理布置梁的支承

在载荷已确定的情况下，采用增加约束、缩短梁的跨度、简支梁支座向梁内适当移动等方法，以降低梁上的最大弯矩。如受均布载荷的简支梁（如图 7-40 所示），若将支座向梁内适当移动改为两端外伸梁，或在简支梁中间增加一活动铰支座，则梁上的最大弯矩将大为降低，梁最大弯矩值 M_{max} 分别为：$ql^2/8$，$ql^2/40$，$ql^2/32$，其比值为 1：0.2：0.25。

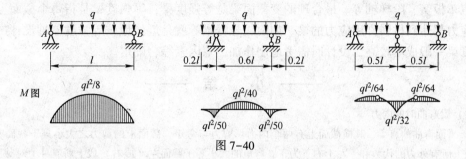

图 7-40

上述方法对梁的刚度提高更为有效，梁的最大挠度 y_{max} 分别为：$13.02 \times 10^{-3} ql^4/EI$，$1.238 \times 10^{-3} ql^4/EI$，$0.3255 \times 10^{-3} ql^4/EI$，其比值约为 $1:0.095:0.025$。

（2）选择梁的合理截面，提高截面惯性矩和抗弯截面系数

由 $M_{max} = [\sigma] W_z$ 可知，梁所能承受的最大弯矩 M_{max} 与抗弯截面系数 W_z 成正比，当截面面积一定时，通过选择适当的截面形状来提高 W_z 值。通常用抗弯截面系数 W_z 与横截面面积 A 的比值来衡量梁截面形状的合理性和经济性。如圆形、矩形和工字形三种截面的 W_z/A 分别为（三种截面的高度均设为 h）：圆形截面：$W_z/A = 0.125h$；矩形截面：$W_z/A = 0.167h$；工字形截面：$W_z/A = (0.27 \sim 0.31)h$。即矩形截面比圆形截面合理，工字形截面比矩形截面合理。这是因为横截面上的正应力和各点到中性轴的距离成正比，靠近中性轴的材料正应力较小，未能充分发挥其潜力，故将靠近中性轴的材料移到离中性轴较远的部位，必然使 W_z 增大。故上述三种截面中，工字形截面最好，圆形截面最差。

在选择截面形状时，还要考虑材料的性能。对低碳钢一类的塑性材料，因拉伸和压缩的许用应力相同，故宜采用中性轴为对称轴的截面；对铸铁一类的脆性材料，因许用拉应力远小于许用压应力，故宜采用 T 字形等中性轴为非对称轴的截面，以使最大拉应力发生在离中性轴较近的边缘上。

（3）合理布置载荷

当梁的尺寸和截面形状已确定时，合理地布置载荷（将集中力远离简支梁的中点、将载荷分散作用等方法）可以减小梁上的最大弯矩，提高梁的承载能力。例如，图 7-41 所示的简支梁，将载荷适当分散后，最大的弯矩值 M_{max} 的比值为 $1:1/2:1/2$。

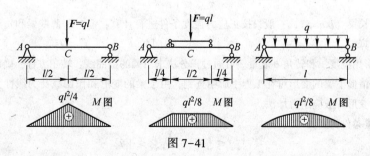

图 7-41

（4）采用等强度梁

等截面直梁的截面尺寸是按最大弯矩设计的，并不经济合理，因为其他截面的弯矩值较小，对于非危险截面来说，强度有富余，材料未得到充分利用。因此，为了节约材料和减轻重量，工程中常采用变截面梁，使截面尺寸随截面弯矩的大小而改变，如摇臂钻的摇臂、汽车板簧、阶梯轴等。最合理的变截面梁是等强度梁，等强度梁是指每个截面上的最大正应力都达到材料许用应力的梁。如雨篷悬臂梁等就是近似地按等强度原理设计的，但等强度梁一般成本较高，设计时需考虑制作加工等因素综合确定。

—— 小　结 ——

（1）梁弯曲时的内力

1）平面弯曲的直梁，其横截面上有两个内力：剪力与弯矩。截面上的剪力之大小等于截面左（或右）段上所有外力的代数和，左上右下为正；弯矩的大小等于截面左（或右）段上所有外力对截面形心力矩的代数和，左顺右逆为正。剪力和弯矩的正负号按符号规定判断，即截面上的剪力使所考虑的梁段顺时针方向转时为正，反之为负；截面上的弯矩使所考虑的梁段产生向下凸的变形时为正，反之为负。

2）剪力、弯矩和载荷集度之间存在微分关系，即：

$$\frac{\mathrm{d}M(x)}{\mathrm{d}x} = F_S(x), \frac{\mathrm{d}^2M(x)}{\mathrm{d}x^2} = \frac{\mathrm{d}F_S(x)}{\mathrm{d}x} = q(x)$$

利用上述关系可以很方便地绘制和校核剪力图与弯矩图，其步骤为：

①求解梁的支反力。

②将梁分段，凡梁上有集中力（力偶）作用的点以及载荷集度 q 有变化的点，都作为分段的控制点。

③标值。计算各段起始点的 F_S、M 值及 M 图的极值点，并利用微分关系判断各段 F_S、M 图的大致形状。

④连线。根据各段起始点的 F_S、M 的值连线，并注意在剪力为零处弯矩有极值。

（2）梁弯曲时的强度和刚度计算

1）梁横截面上的正应力和弯矩有关，最大正应力发生在弯矩最大的截面上且离中性轴最远的边缘，其计算公式为：

$$\sigma = My/I_z, \sigma_{\max} = M_{\max}/W_z$$

2）梁的强度条件为：

$$\sigma_{\max} \leqslant [\sigma]$$

若材料的抗拉和抗压许用应力不同，则应分别计算。

3）梁横截面上的剪应力与剪力有关，最大切应力发生在剪力最大的截面的中性层上，矩形截面上的最大剪应力为平均剪应力的 1.5 倍。抗剪强度条件为：

$$\tau_{\max} \leqslant [\tau]$$

设计时，对于细长梁（$l/h>5$），一般只按正应力强度条件进行计算，但对于薄壁梁和短跨梁，则需同时进行抗剪强度计算。

4）梁的变形用挠度 y 和转角 θ 度量。可通过积分法求出梁的挠曲线、转角方程，确定指定截面的挠度和转角。简单情形下梁的变形可在工程手册中查到，由于梁的变形和作用载荷为线性关系，所以在求复杂情况下梁的变形一般应用叠加法。

5）梁的刚度条件为：

$$|y|_{\max} \leqslant [y], |\theta|_{\max} \leqslant [\theta]$$
$$y/l \leqslant [y/l]$$

若材料的抗拉和抗压许用应力不同，则应分别计算。

（3）提高梁的强度和刚度的措施

可通过合理布置支承、增加约束、分散载荷、减小梁的跨度、选择合理的截面形状等方面来考虑，并结合工程实际情况进行。

7-1 试分析图中关于剪力和弯矩的方向判断是否正确。

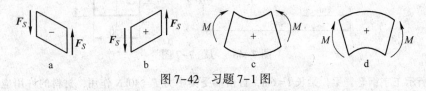

图 7-42　习题 7-1 图

7-2 求图示单外伸梁 1—1 截面、2—2 截面、3—3 截面和 4—4 截面的内力。

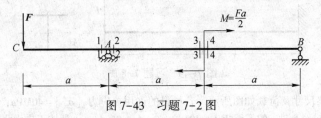

图 7-43　习题 7-2 图

7-3 计算图示双外伸梁中 F 截面和 $D_{左}$ 截面上的剪力和弯矩。

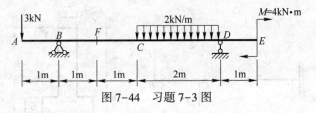

图 7-44　习题 7-3 图

7-4 试作出图示的悬臂梁在均布荷载作用下的剪力图和弯矩图。

7-5 图示的单外伸梁，在梁段 AB 上受均布荷载作用，在梁段 BC 端受集中荷载作用，试作出 F_S 图和 M 图。

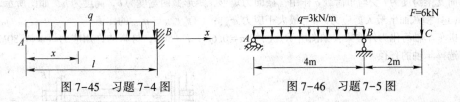

图 7-45　习题 7-4 图　　　　　　图 7-46　习题 7-5 图

7-6 试作图示简支梁的 F_S 图和 M 图。

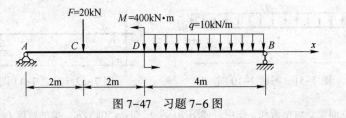

图 7-47　习题 7-6 图

7-7 简支木梁受均布荷载 q 作用，如图所示。已知 $q = 5.6 \text{kN/m}$，梁的跨度 $l = 3 \text{m}$，木材的许用应力 $[\sigma] = 10 \text{MPa}$，截面为矩形，$b = 120 \text{m}$，$h = 180 \text{m}$。试求：（1）计算 C 截面上 a、b 两点的正应力；

（2）试校核木梁的正应力强度。

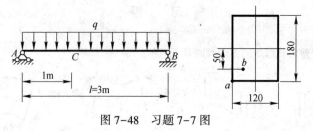

图 7-48 习题 7-7 图

7-8　如图所示工字钢悬臂梁，梁长 $l = 6\text{m}$，自由端受集中力 $F = 40\text{kN}$ 作用，材料的许用应力 $[\sigma] = 160\text{MPa}$，不计梁自重，试按正应力强度来选择工字钢的型号。

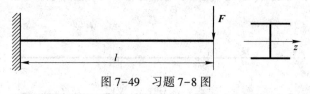

图 7-49 习题 7-8 图

7-9　⊥形截面悬臂梁尺寸及荷载如图所示。若材料的许用拉应力 $[\sigma^+] = 40\text{MPa}$，许用压应力 $[\sigma^-] = 160\text{MPa}$，截面对形心轴 z 的惯性矩 $I_z = 10180\text{cm}^4$，$h_1 = 96.4\text{mm}$，试按正应力强度确定该梁的许可荷载 $[F]$。

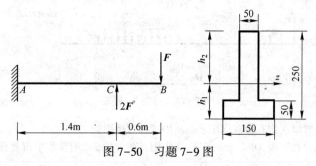

图 7-50 习题 7-9 图

7-10　简支梁跨度为 l 受均布荷载 q 作用，截面为矩形，矩形截面宽度为 b，高度为 h，如图所示。试求：（1）横截面上最大剪应力 τ_{max} 与最大正应力 σ_{max}；（2）τ_{max} 与 σ_{max} 的比值。

7-11　机车车轴简化为外伸梁，如图所示。已知 $a = 0.6\text{m}$，$F = 5\text{kN}$，材料的许用应力 $[\sigma] = 80\text{MPa}$。试选择车轴的直径。

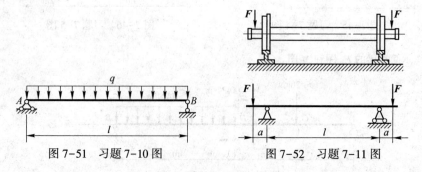

图 7-51 习题 7-10 图　　　　　图 7-52 习题 7-11 图

7-12　简支矩形截面梁受均布荷载 q 作用，如图所示。已知 $q = 50\text{kN/m}$，梁的跨度 $l = 5\text{m}$，材料的许用应力 $[\sigma] = 160\text{MPa}$，截面高宽比 $\dfrac{h}{b} = 2$，试确定梁的截面尺寸。

7-13　如图所示为一个 32a 工字钢截面的外伸梁，已知钢材的许用应力 $[\sigma]=160\text{MPa}$，许用剪应力 $[\tau]=100\text{MPa}$，试校核此梁强度。

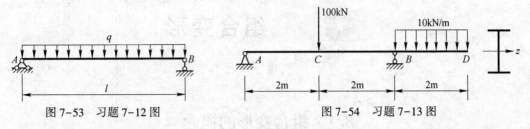

图 7-53　习题 7-12 图　　　　　　　图 7-54　习题 7-13 图

7-14　试用叠加法求图示悬臂梁自由端 B 截面的转角和挠度，其中 $F=ql$，设抗弯刚度 EI 为常数。

7-15　图示简支梁，用 32a 工字钢制成，已知均布荷载 $q=8\text{kN/m}$，梁跨长 $l=6\text{m}$，弹性模量 $E=200\text{GPa}$，许用应力 $[\sigma]=170\text{MPa}$，许用相对挠度 $[f/l]=1/400$。试校核梁的强度和刚度。

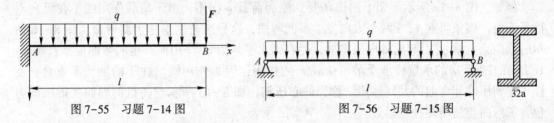

图 7-55　习题 7-14 图　　　　　　　图 7-56　习题 7-15 图

7-16　图示简支木梁，已知作用荷载 $F=3.6\text{kN}$，梁跨长 $l=4\text{m}$，木材的许用应力 $[\sigma]=10\text{MPa}$，弹性模量 $E=10\text{GPa}$，许用相对挠度 $[f/l]=1/250$。试设计该木梁的截面直径 d。

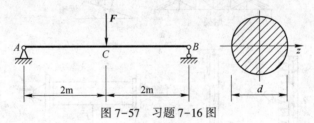

图 7-57　习题 7-16 图

7-17　图示悬臂梁，$F=500\text{N}$，$l=1\text{m}$，截面 $b\times h=20\times40\text{mm}^2$，$[\sigma]=100\text{MPa}$。若将梁竖放和平放，试分别校核梁的强度。

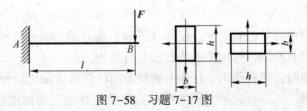

图 7-58　习题 7-17 图

7-18　图示外伸梁，$F=500\text{N}$，$a=0.4\text{m}$，材料的 $[\sigma]=120\text{MPa}$，试按弯曲正应力强度准则设计圆截面直径 d。

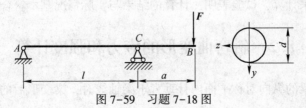

图 7-59　习题 7-18 图

8　组合变形

8.1　组合变形的概念

前面讨论了杆件基本变形时的强度和刚度计算。工程结构中，构件在荷载作用下往往同时发生两种或两种以上的基本变形，这种变形称为**组合变形**。

例如，图 8-1a 所示屋架上的檩条受到屋面荷载 q 作用，由于荷载作用线不在纵向对称平面内，檩条将在 y、z 两个方向发生平面弯曲，这种组合变形称为**斜弯曲**；图 8-1b 所示的烟囱除自重 q_1 引起的轴向压缩外，还有因水平风力 q_2 作用而产生的弯曲变形；图 8-1c 所示工业厂房的承重柱承受吊车荷载 F 的作用，因力作用线与柱子的轴线不重合，使柱子受到压缩和弯曲的共同作用，称为**偏心压缩**；图 8-1d 所示卷扬机的卷筒变形则同时包含了弯曲与扭转两种变形。

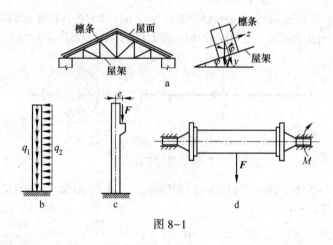

图 8-1

本章将讨论工程中常见的斜弯曲、拉伸（压缩）与弯曲的组合变形以及弯曲与扭转的组合。其他形式的组合变形，可用类似的方法进行分析。

在研究组合变形时，可将作用于杆件上的外力向杆件轴线简化后分组，使每一组载荷只发生一种基本变形，然后再讨论它们的叠加方法及选择适当的强度理论进行强度计算。分析组合变形的基本方法是叠加法。由于所讨论的组合变形服从胡克定律且在小变形条件下，故可用叠加法来计算，试验表明，计算的结果与实际情况基本符合。

8.2　斜弯曲变形的应力和强度计算

当外力作用在梁的纵向对称平面内且垂直于梁轴线时，梁变形后的轴线仍在此对称平面内，这种变形是平面弯曲。如果外力作用平面也通过梁轴线，但并不与梁的纵向对称平面重合，则变形后的梁轴线不在梁的纵向对称平面内，这种弯曲称为斜弯曲。

现以矩形截面悬臂梁为例介绍斜弯曲的应力和强度计算。

（1）应力计算

1）荷载分解。如图 8-2a 所示，设矩形截面的形心主轴分别为 y 轴和 z 轴，作用于梁自由端的外力 F 通过截面形心，且与形心主轴 y 的夹角为 φ。

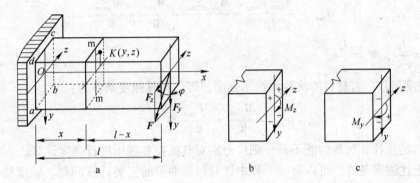

图 8-2

将外力 F 沿 y 轴和 z 轴分解得：

$$F_y = F\cos\varphi, \quad F_z = F\sin\varphi$$

F_y 将使梁在铅垂平面 xOy 内发生平面弯曲；而 F_z 将使梁在水平平面 xOz 内发生平面弯曲。可见，斜弯曲是梁在两个互相垂直方向平面弯曲的组合。

2）内力计算。斜弯曲梁的横截面上有弯矩也有剪力，但剪力影响较小，强度通常由弯矩引起的正应力决定，故在内力分析时只计算弯矩即可。

在距固定端为 x 的任意横截面 m—m 上由 F_y 和 F_z 引起的弯矩分别为：

$$M_z = F_y(l - x) = F(l - x)\cos\varphi = M\cos\varphi$$
$$M_y = F_z(l - x) = F(l - x)\sin\varphi = M\sin\varphi$$

式中，M 为力 F 在 m—m 截面上产生的总弯矩，$M = F(l-x)$。

3）应力计算。在 m—m 截面任意点 $K(y, z)$ 处，与弯矩 M_z 和 M_y 对应的正应力分别为 σ' 和 σ''，即：

$$\sigma' = \frac{M_z y}{I_z} = \frac{My\cos\varphi}{I_z}, \quad \sigma'' = \frac{M_y z}{I_y} = \frac{Mz\sin\varphi}{I_y}$$

根据叠加原理，将两个正应力 σ' 和 σ'' 叠加，即得 K 点处总的弯曲正应力，也即斜弯曲梁内任意一点正应力的计算公式：

$$\sigma = \sigma' + \sigma'' = \frac{M_z y}{I_z} + \frac{M_y z}{I_y} = M\left(y\frac{\cos\varphi}{I_z} + z\frac{\sin\varphi}{I_y}\right)$$

应用上式计算时，M、M_z、M_y 和 y、z 均以正值代入，而正应力 σ'、σ'' 的正负号，则可直接根据弯矩引起所求点的应力是拉还是压来判断，并按前面的拉为正压为负规定。如图 8-2b 和图 8-2c 所示，K 点由 M_z 引起的正应力 σ'、由 M_y 引起的正应力 σ'' 都是拉应力，故均为正值。

（2）**强度计算**

1）最大正应力。对于图 8-2 所示的悬臂梁，固定端截面（$x=0$）处的 M_z 和 M_y 都是最大值。因此，固定端截面就是危险截面，根据对变形的判断，可知棱角 c 点和 a 点是危险点，其中 c 点处有最大拉应力，a 点处有最大压应力，且 $\sigma_c = |\sigma_a| = \sigma_{max}$，由式 $\sigma = \dfrac{My}{I_z}$ 可得最大正应力为：

$$\sigma_{max} = \frac{M_{zmax}y_{max}}{I_z} + \frac{M_{ymax}z_{max}}{I_y} = \frac{M_{zmax}}{W_z} + \frac{M_{ymax}}{W_y} \tag{8-1}$$

式中，$W_z = \dfrac{I_z}{y_{max}}$，$W_y = \dfrac{I_y}{z_{max}}$。

2）强度条件。若材料的抗拉和抗压强度相等，则其强度条件为：

$$\sigma_{max} = \frac{M_{zmax}}{W_z} + \frac{M_{ymax}}{W_y} \leqslant [\sigma] \tag{8-2}$$

如材料的抗拉和抗压性能不同，则应分别对其抗拉和抗压进行强度计算。

根据上述强度条件，可以解决工程中针对斜弯曲梁的三类计算问题：强度校核、选择截面和确定许可荷载。但是，在设计截面尺寸时，因式（8-2）同时出现 W_z 和 W_y 两个未知量，所以要首先假设一个 W_z/W_y 的比值，然后按式（8-2）解求出 W_z（或 W_y），并进一步确定出截面形状和尺寸，然后再按式（8-2）进行强度校核，逐次渐进可得出较合理的截面尺寸。通常，矩形截面取 $W_z/W_y = 1.2 \sim 2$，工字形截面可取 $W_z/W_y = 8 \sim 10$，槽形截面可取 $W_z/W_y = 6 \sim 8$。

（3）**强度计算示例**

例 8-1 如图 8-3a 所示屋架上的桁条，可简化为两端铰支的简支梁，如图 8-3b 所示。梁的跨度 $l=4$m，屋面传来的荷载可简化为均布荷载 $q=4$kN/m。屋面与水平面的夹角 $\varphi=25°$。桁条的截面为 $h=280$mm、$b=140$mm 的矩形，如图 8-3c 所示。桁条材料的许用应力 $[\sigma]=10$MPa。试校核其强度。

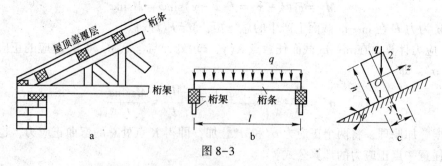

图 8-3

解：（1）将均布荷载 q 沿对称轴 y 和 z 分解，得：

$$q_y = q\cos\varphi = 4 \times \cos25° \approx 3.63\text{kN} \cdot \text{m}$$

$$q_z = q\sin\varphi = 4 \times \sin25° \approx 1.69\text{kN} \cdot \text{m}$$

（2）内力计算。跨中截面为危险截面，其内力为：

$$M_z = \frac{q_y l^2}{8} = 3.63 \times \frac{4^2}{8} = 7.26\text{kN} \cdot \text{m}$$

$$M_y = \frac{q_z l^2}{8} = 1.69 \times \frac{4^2}{8} = 3.38 \text{kN} \cdot \text{m}$$

（3）强度计算。对于危险的跨中截面，其上的 1 点和 2 点是危险点，它们分别产生最大拉应力和最大压应力，且数值相等。最大正应力为：

$$\sigma_{max} = \frac{M_{zmax}}{W_z} + \frac{M_{ymax}}{W_y} = \frac{7.26 \times 10^6}{\dfrac{140 \times 280^2}{6}} + \frac{3.38 \times 10^6}{\dfrac{280 \times 140^2}{6}} \approx 7.66 \text{MPa} < [\sigma] = 10 \text{MPa}$$

可见桁条满足强度要求。

8.3 偏心拉（压）杆的应力和强度计算

偏心拉伸（或压缩）是弯曲和拉伸（或压缩）的组合变形，如厂房中的边柱，一般作用在它上面的合外力 F 与构件的轴线平行但不重合，如图 8-4a 所示，构件的这种受力情况称为偏心压缩。力 F 称为**偏心力**。偏心力的作用点到截面形心的距离 e 称为**偏心距**。偏心拉（压）是工程实际中常见的组合变形形式。根据偏心力作用点位置不同，常将偏心拉（压）分为单向偏心拉（压）和双向偏心拉（压）。

8.3.1 单向偏心拉（压）

偏心压力作用在截面某一对称轴的一点而使杆件产生的偏心压缩称为单向偏心压缩，如图 8-4a 所示。

（1）荷载简化与内力计算

如图 8-4b 所示，将偏心压力 F 向截面形心 C 平移，得到一个轴向压力 F 和一个力偶矩 $M_e = Fe$。用截面法可求得任意横截面上的内力为：$F_N = -F$、$M_z = Fe$，可见偏心压缩为轴向压缩与弯曲的组合。

（2）应力计算

由于各横截面上的轴力 F_N 和弯矩 M_z 都相同，所以各横截面上的应力也相同。根据叠加原理，将轴力 F_N 引起的正应力 σ_N 与弯矩 M_z 引起的正应力 σ_M 叠加起来，即得单向偏心压缩时任意横截面上任一点的正应力计算公式：

$$\sigma = \sigma_N + \sigma_M = \frac{F_N}{A} \pm \frac{M_z y}{I_z} = -\frac{F}{A} \pm \frac{Fe}{I_z} y \tag{8-3}$$

应用式（8-3）计算时，式中各量均以绝对值代入，对第二项弯矩正应力 σ_M 的正负号可通过弯矩的转向来确定，该点在受拉区为正，在受压区为负。

（3）最大应力及强度条件

若不计柱自重，则各截面内力相同。由应力分布图（如图 8-4d 所示）可知，偏心压缩时的惯性轴不再通过截面形心，最大正应力和最小正应力分别发生在横截面上距中性轴 N—N 最远的左、右两边缘上，其计算公式为：

$$\sigma_{min}^{max} = -\frac{F}{A} \pm \frac{Fe}{W_z} \tag{8-4}$$

由于截面上各点都处于单向拉压状态，所以可得强度条件如下：

$$\sigma^+_{max} = -\frac{F}{A} + \frac{Fe}{W_z} \leqslant [\sigma^+] \quad 及 \quad \sigma^-_{max} = \left| -\frac{F}{A} - \frac{Fe}{W_z} \right| \leqslant [\sigma^-] \qquad (8-5)$$

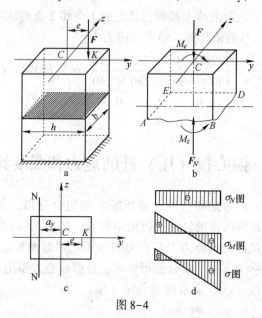

图 8-4

如果是单向偏心拉伸，则 $F_N = F$，只要把式（8-4）和式（8-5）第一项压缩时的轴力 $-F$ 改成 F 即可。

例 8-2　如图 8-5 所示厂房的矩形截面柱，柱顶的压力 $F_1 = 110$kN，吊车梁的压力 $F_2 = 50$kN，F_2 与柱子的轴线有一偏心距 $e = 0.24$m。如果柱横截面宽度 $b = 200$mm，试求：

（1）当 $h = 300$mm 时，柱截面中的最大拉、压应力各为多少？

（2）当横截面宽度 h 为多少时，截面不会出现拉应力，并求柱这时的最大压应力。

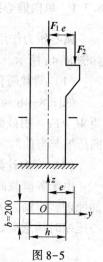

图 8-5

解：（1）荷载向 O 点简化：

$$F = F_1 + F_2 = 160\text{kN}$$

$$M_{ez} = F_2 e = 50 \times 0.24 = 12\text{kN} \cdot \text{m}$$

（2）用截面法可求得横截面上的内力为：

$$F_N = -F = -160\text{kN}$$

$$M_z = M_{ez} = F_2 e = 12\text{kN} \cdot \text{m}$$

（3）当 $h = 300$mm 时，求柱截面中的最大拉、压应力为：

$$\sigma^+_{max} = -\frac{F}{A} + \frac{M_z}{W_z} = -\frac{160 \times 10^3}{200 \times 300} + \frac{12 \times 10^6}{\dfrac{200 \times 300^2}{6}} \approx 1.33\text{MPa}$$

$$\sigma^-_{max} = -\frac{F}{A} - \frac{M_z}{W_z} = -\frac{160 \times 10^3}{200 \times 300} - \frac{12 \times 10^6}{\dfrac{200 \times 300^2}{6}} \approx -6.67\text{MPa}$$

（4）求使截面不会出现拉应力的 h。要使截面上不出现拉应力，必须令 $\sigma^+_{max} \leqslant 0$，即：

$$\sigma^{+}_{max} = -\frac{F}{A} + \frac{M_z}{W_z} = -\frac{160 \times 10^3}{200 \times h} + \frac{12 \times 10^6}{\dfrac{200 \times h^2}{6}} \leqslant 0$$

解得 $h \geqslant 450mm$。

此时柱的最大压应力发生在截面的右边缘上各点处，其值为：

$$|\sigma^{-}_{max}| = \frac{F}{A} + \frac{M_z}{W_z} = \frac{160 \times 10^3}{200 \times 450} + \frac{12 \times 10^6}{\dfrac{200 \times 450^2}{6}} \approx 3.56MPa$$

8.3.2 双向偏心拉（压）

如图 8-6a 所示，当外力 F 不作用在对称轴上而是在任意的 H 点处时，产生的偏心压缩称为双向偏心压缩。将外力 F 向截面形心 C 简化得一轴向压力 F 和两个弯曲力偶：对 y 轴的力偶矩 $M_{ey} = Fe_z$，对 z 轴的力偶矩 $M_{ez} = Fe_y$，如图 8-6b 所示。

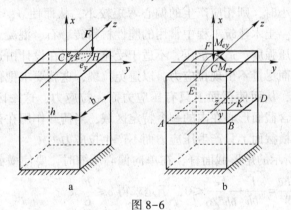

图 8-6

（1）应力计算

双向偏心压缩的计算方法和步骤与单向偏心压缩基本相同。由截面法可求得杆件任一截面上的内力：轴力 $F_N = -F$、弯矩 $M_y = M_{ey} = Fe_z$ 和 $M_z = M_{ez} = Fe_y$。可见，双向偏心压缩实质上是压缩与两个方向弯曲的组合。根据叠加原理，可得杆件横截面上任意一点 $K(y, z)$ 处正应力计算公式为：

$$\sigma = \sigma_N + \sigma_{My} + \sigma_{Mz} = \frac{F_N}{A} \pm \frac{M_y}{I_y}z \pm \frac{M_z}{I_z}y \tag{8-6}$$

式（8-6）中第二、三项弯矩正应力的正负号，可按照前述方法通过弯矩的转向直接确定。

从图 8-6b 中容易看出，最大和最小正应力发生在截面的角点 A、D 处，可按下式计算：

$$\sigma^{max}_{min} = -\frac{F}{A} \pm \frac{M_y}{W_y} \pm \frac{M_z}{W_z} \tag{8-7}$$

（2）强度条件

由于截面上各点都处于单向拉压状态，如果材料的拉压许用应力大小相等，则可得抗压强度条件如下：

$$| \sigma^-_{max} | = | -\frac{F}{A} - \frac{M_y}{W_y} - \frac{M_z}{W_z} | \leq [\sigma^-] \tag{8-8}$$

如果材料的拉压许用应力不相等且截面有拉应力出现的时候，则除了满足式（8-8）抗压强度条件外，还要满足抗拉强度要求：

$$\sigma^+_{max} = -\frac{F}{A} + \frac{M_y}{W_y} + \frac{M_z}{W_z} \leq [\sigma^+] \tag{8-9}$$

上述公式也适用于偏心拉伸，只需将公式中第一项轴力-F改成正号的 F 即可。

8.4　截面核心

从前面的分析可知，构件受偏心压缩时，横截面上的应力由轴向压力引起的应力和偏心弯矩引起的应力所组成，当偏心压力 F 和截面形状、尺寸确定后，应力的分布只与偏心距有关，当偏心距较小时，则相应产生的偏心弯矩较小，从而使 $\sigma_M \leq \sigma_N$，即横截面上只有拉应力而无压应力。土木建筑工程中常用的脆性材料砖、石、混凝土、铸铁等，它们的抗拉强度远远小于抗压强度，适于承压，不适于受拉，所以在设计由这类材料制成的偏心受压构件时，要求截面尽量不出现拉应力，以避免拉裂，这就要求把偏心压力的作用点控制在某一区域范围内，从而使截面上只有压应力而无拉应力，这一区域范围即为**截面核心**。故截面核心是包含截面形心在内的一个特定区域，当荷载作用在截面形心周围的这个区域内时，杆件整个横截面上只产生压应力而不产生拉应力。

例如，图 8-7a 所示的矩形截面杆，在单向偏心压缩时，要使横截面上不出现拉应力的条件是 $\sigma^+_{max} = -\frac{F}{A} + \frac{Fe}{W_z} = -\frac{F}{bh} + \frac{Fe}{bh^2/6} \leq 0$，于是求得 $e \leq \frac{h}{6}$。

即当偏心压力作用在 y 轴上 $\pm\frac{h}{6}$ 范围内时，截面上不会出现拉应力；当偏心压力作用在 z 轴上 $\pm\frac{b}{6}$ 范围内时，截面上也不会出现拉应力。

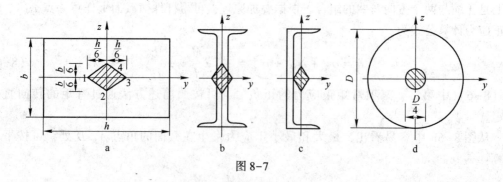

图 8-7

把图 8-7a 中 1、2、3、4 点顺次用直线连接所得的菱形，即为矩形截面的截面核心。常见的槽形截面、工字形截面、圆形截面的截面核心如图 8-7b～d 所示。

8.5 弯曲与扭转组合的应力和强度计算

工程中的轴类构件，大多发生弯曲和扭转组合变形，现以图 8-8 所示的电机轴为例，说明这种组合变形的强度计算方法。电机轴输出端装有皮带轮，通过带轮的带传递给其他设备，设带的紧边拉力为 $2F$，松边拉力为 F，不计带轮自重。

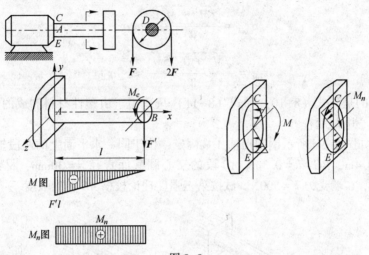

图 8-8

（1）外力分析

将电机轴的外伸部分简化为悬臂梁，把作用于带上的拉力向杆的轴线简化，得到一个力 F' 和一个力偶 M_e。其值分别为：

$$F' = 3F, \quad M_e = 2FD/2 - FD/2 = FD/2$$

力 F' 使轴在垂直平面内发生弯曲，力偶 M_e 使轴扭转，故轴上产生弯曲与扭转组合变形。

（2）内力分析

轴的弯曲图和扭矩图，可知固定端截面 A 为危险截面，其上的弯矩和扭矩值分别为：

$$M = F'l, \quad M_n = M_e = FD/2$$

（3）应力分析

由于在危险截面上同时作用着弯矩和扭矩，故该截面上必然同时存在弯曲正应力和扭转切应力，其分布情况如图 8-8 所示，由应力分布图可见，C、E 两点的正应力和切应力均分别达到了最大值。因此，C、E 两点为危险点，该两点的弯曲正应力和扭转切应力分别为：

$$\sigma = \frac{M}{W_z}, \quad \tau = \frac{M_n}{W_n} \tag{a}$$

点 C、点 E 上同时并存有正应力与切应力，这两种应力方向不同，破坏机理不同，它们是不能直接相加的。故在理论上提出将它们按各自对材料的破坏效果相加，但这种破坏效果的评估却因各种关于材料破坏原因的假说而各异，于是就形成了各种**强度理论**。

（4）建立强度条件

转轴一般为碳素结构钢或合金结构钢，是塑性材料，其抗拉、压强度相同，故 C、E

两点的危险程度相同，只需取其中一点来研究。

对于塑性材料，目前常用的是第三、第四强度理论，它们所建立的破坏效果相当的应力（简称**相当应力**）分别为：

$$\sigma_{xd3} = \sqrt{\sigma^2 + 4\tau^2}, \quad \sigma_{xd4} = \sqrt{\sigma^2 + 3\tau^2} \tag{b}$$

将式（a）代入式（b），并注意到圆轴的 $W_n = 2W_z$，即可得到按第三和第四强度理论建立的强度条件为：

$$\sigma_{xd3} = \frac{\sqrt{M^2 + M_n^2}}{W_z} \leqslant [\sigma] \tag{8-10}$$

$$\sigma_{xd4} = \frac{\sqrt{M^2 + 0.75M_n^2}}{W_z} \leqslant [\sigma] \tag{8-11}$$

需要注意的是，式（8-10）和式（8-11）只适用于由塑性材料制成的弯扭组合变形的圆截面和空心圆截面杆。

例 8-3 如图 8-9a 所示钢制拐轴 A 端固定，位于同一水平面上的两段轴线互相垂直，尺寸 $AB = a = 0.4\text{m}$，$BC = b = 0.3\text{m}$。AB 段的实心圆截面直径 $d = 30\text{mm}$，材料的许用应力 $[\sigma] = 120\text{MPa}$，C 端受力 $F = 500\text{N}$。试按第三强度理论校核 AB 轴的强度。

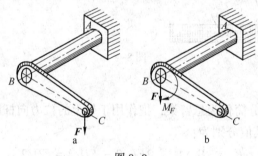

图 8-9

解：（1）荷载简化。为了分析 AB 段的变形，如图 8-9b 所示，把力 F 平移到 B 点，附加力偶矩为：

$$M_F = Fb = 500 \times 0.3 = 150\text{N} \cdot \text{m}$$

力 F 的作用线和 AB 段的轴线垂直，AB 段出现弯曲变形；附加力偶矩 M_F 的作用面与 AB 段的轴线垂直，AB 段出现扭转变形。因此，AB 段发生弯曲与扭转的组合变形。

（2）内力分析。固定端 A 截面是 AB 段的危险截面，截面上内力为：

$$M = Fa = 500 \times 0.4 = 200\text{N} \cdot \text{m}$$

$$M_n = M_F = 150\text{N} \cdot \text{m}$$

（3）按第三强度理论进行强度校核。已知圆截面的抗弯截面模量

$$W_z = \frac{\pi d^3}{32} = \frac{\pi \times 30^3}{32} \approx 2651\text{mm}$$

由式（8-10）得：

$$\sigma_{xd3} = \frac{\sqrt{M^2 + M_n^2}}{W_z} = \frac{\sqrt{200^2 + 150^2} \times 10^3}{2651} \approx 94.3\text{MPa} \leqslant 120\text{MPa}$$

轴 AB 满足强度要求。

—— 小 结 ——

组合变形是由两种以上的基本变形组合而成的，分析计算组合变形强度问题的基本方法是叠加法，即在材料满足胡克定律和小变形的前提下，将组合变形化为几个基本变形的组合。分析计算组合变形构件强度问题的步骤是：

（1）将外力向杆轴线简化，分解为几种基本变形。

（2）计算各基本变形下的内力，并作出相应的内力图。

（3）确定危险截面和危险点，计算各危险点在每个基本变形下产生的应力。

（4）建立强度条件。如危险点的应力状态为单向应力状态，则将应力进行相应叠加。

梁斜弯曲时的应力和强度条件为：

$$\sigma = \frac{M_z y}{I_z} + \frac{M_y z}{I_y}$$

$$\sigma_{max} = \frac{M_{zmax}}{W_z} + \frac{M_{ymax}}{W_y} \leq [\sigma]$$

偏心拉（压）杆的应力和强度条件为：

$$\sigma = \sigma_N + \sigma_M = \frac{F_N}{A} \pm \frac{M_z y}{I_z}$$

$$\sigma_{max}^+ = -\frac{F}{A} + \frac{Fe}{W_z} \leq [\sigma^+] \quad 及 \quad \sigma_{max}^- = |-\frac{F}{A} - \frac{Fe}{W_z}| \leq [\sigma^-]$$

弯曲和扭转组合的圆截面杆，属于复杂应力状态，一般按第三和第四强度理论建立强度条件，分别为：

$$\sigma_{xd3} = \frac{\sqrt{M^2 + M_n^2}}{W_z} \leq [\sigma], \quad \sigma_{xd4} = \frac{\sqrt{M^2 + 0.75M_n^2}}{W_z} \leq [\sigma]$$

（5）当偏心压力作用点位于截面形心周围的一个区域内时，横截面上只有压应力而没有拉应力，这个区域即为截面核心。

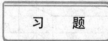

习 题

8-1 简易起重机如图所示，横梁 AB 为 18a 工字钢。滑车可沿梁 AB 移动，滑车自重力与起吊重物的重力合计为 G = 30kN，梁 AB 材料的许用应力 [σ] = 140MPa。当滑车移动到梁 AB 的中点时，试校核梁的强度。

8-2 夹具的受力和尺寸如图所示，已知 F = 2kN，e = 60mm，b = 10mm，h = 22mm，材料的许用正应力 [σ] = 170MPa。试校核夹具竖杆的强度。

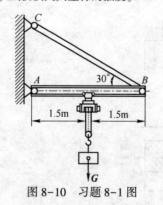

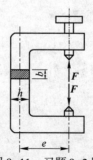

图 8-10 习题 8-1 图　　　　图 8-11 习题 8-2 图

8-3 图示矩形截面悬臂梁，已知 $F_1 = 0.5\text{kN}$，$F_2 = 0.8\text{kN}$，截面尺寸 $b = 100\text{mm}$，$h = 150\text{mm}$。试求梁的最大拉应力及所在位置。

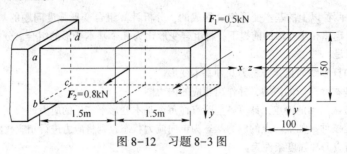

图 8-12　习题 8-3 图

8-4 图示简支梁，作用力与横截面纵向对称轴 y 的夹角 $\alpha = 20°$。已知 $l = 4\text{m}$，$F = 7\text{kN}$，$[\sigma] = 160\text{MPa}$，试选择工字钢的型号（提示：先假定 W_z / W_y 的比值，试选后再进行校核）。

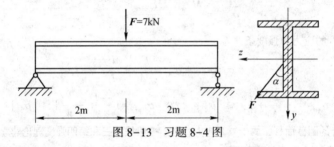

图 8-13　习题 8-4 图

8-5 如图所示矩形截面悬臂木梁，已知作用外力 $F = 10\text{kN}$，与 y 轴夹角为 $\alpha = 30°$，梁跨 $l = 4\text{mm}$，矩形截面尺寸 $b \times h = 200 \times 300\text{mm}^2$，$[\sigma] = 12\text{MPa}$，试校核梁的强度。

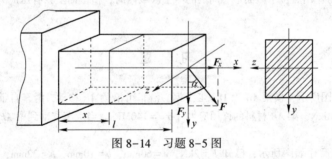

图 8-14　习题 8-5 图

8-6 图示单向偏心受压矩形截面杆件，力 F 的作用点位于杆端截面的 y 轴上，试求杆的横截面不出现拉应力时的最大偏心距 e_{max}。

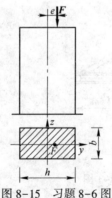

图 8-15　习题 8-6 图

8-7 图示传动轴 AB 由电机带动，轴长 $l=1\mathrm{m}$，在跨中央装有带轮，轮的直径 $D=1\mathrm{m}$，重力不计，带紧边和松边的张力分别为 $F_1=4\mathrm{kN}$，$F_2=2\mathrm{kN}$，转轴材料的许用应力为 $[\sigma]=140\mathrm{MPa}$。试用第三强度理论确定轴的直径 d。

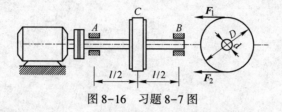

图 8-16 习题 8-7 图

8-8 图示传动轴 AB，联轴器上作用外力偶矩 M 驱动轴转动。已知带轮 $D=0.5\mathrm{m}$，皮带拉力 $F_T=8\mathrm{kN}$，$F_t=4\mathrm{kN}$，轴径 $d=90\mathrm{mm}$，$a=500\mathrm{mm}$，轴的 $[\sigma]=50\mathrm{MPa}$，试按第三强度理论校核轴的强度。

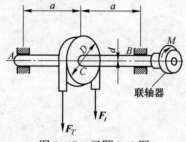

图 8-17 习题 8-8 图

一个图，电动机的输出轴通过联轴器与减速器连接，减速器的输出轴又通过联轴器与工作机械连接。已知电动机的额定功率为 $P = 10$ kW，转速 $n = 1450$ r/min，减速器的传动比为...

图8-4 题8-7图

8-8 某电动机转子与工作机械由联轴器直接连接，已知转子的质量 $m = 0.5$ kg，直径 $D = 80$ mm，$c = 50$ mm，转速 $n = 1450$ r/min，轴承间距离，试求各轴承的动反力。

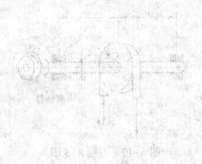

图8-5 题8-8图

第3篇

结 构 力 学

（1）结构力学的研究对象及任务

建筑物和工程设施中承受、传递荷载而起骨架作用的部分称为工程结构，结是结合，构是构造，简称为**结构**。如：房屋结构、桥梁结构、大坝结构、特种结构等。结构的类型是多种多样的，从几何角度来看，结构可分为以下四类：

杆件结构：由杆件组成的结构（杆件的几何特征是横截面尺寸比长度小很多)。如：梁、拱、桁架、刚架等。

板壳结构：结构的形状是平面或曲面，它的厚度比长度和宽度小很多。如：装配式建筑中的板式部件、汽车引擎盖和车身、地下连续墙、壳体、屋顶等。

实体结构：长、宽、厚三个方向尺寸相当。如：大坝、挡土墙、机床床身等。

薄膜结构：将薄膜材料通过一定方式使其内部产生拉应力，以形成某种空间结构形状作为覆盖结构，并能承受一定外荷载的空间结构形式。如：移动式医院、野营帐篷等。

1）结构力学的研究对象

结构力学与理论力学、材料力学、弹性力学相比，在研究对象和侧重面上有所区别。理论力学着重研究刚体的受力和运动，不考虑物体本身的变形；材料力学、结构力学和弹性力学都是讨论结构及其构件的强度、刚度、稳定性和动力反应等问题，但材料力学只研究单根杆件，结构力学以杆件结构为研究对象，弹性力学则以实体结构和板壳结构为主要研究对象。

2）结构力学的任务

分析结构的组成规律和合理形式，确定结构的计算简图；讨论静定结构和超静定在荷载作用下的内力分析和变形的计算方法，对结构进行强度和刚度计算；研究结构的稳定性以及在动力荷载作用下的响应。

结构力学的研究方法包括理论分析、实验研究和数值计算三个方面，所有方法都要考虑下列三个方面的条件：力系的平衡条件及运动条件；变形的几何连续条件；应力与变形间的物理条件。

（2）结构的计算简图及其简化要点

用一个简化的模型来代替实际结构，这种在结构计算中用以代替实际结构，并能反映结构主要受力和变形特点的理想模型称为结构的**计算简图**。计算简图要反映结构的主要性能，便于计算。计算简图是对结构或构件进行分析和计算的依据。建立计算简图，实际上就是建立力学与结构的分析模型。

1）结构体系的简化

多数情况下，可以忽略一些次要的空间约束，将实际空间结构分解为若干平面结构进行分析，以使计算简化。例如，图Ⅲ-1a 中的车间承重骨架的示意图，可简化为图Ⅲ-1b 所示的计算简图，还可进一步分解成图Ⅲ-1c 和图Ⅲ-1d 两部分分别进行计算。

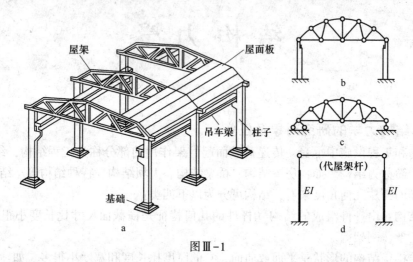

图Ⅲ-1

2）杆件的简化

根据杆件受力后的变形特点，且截面尺寸通常比杆件长度小得多，在计算简图中，均用轴线代替实际杆件。但是，当截面尺寸增大时（如超过长度的 1/4），杆件用其轴线表示的简化，将引起较大的误差。

3）杆件间连接的简化

根据结构的受力特点和结点的构造情况，将杆件间的连接处简化为结点。

①铰结点（如图Ⅲ-2 所示）。杆件间不能相对移动，但可以相对转动；结点具有 x 向和 y 向反力，但无弯矩。

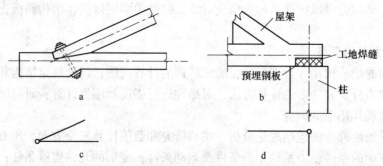

图Ⅲ-2

②刚结点（如图Ⅲ-3 所示）。杆件间不能相对移动，也不能相对转动；结点处既有 x 和 y 向反力，也有弯矩。

③组合结点（如图Ⅲ-4 所示）。同一结点处，有些杆件为刚结，有些为铰接。

4）结构与基础间连接的简化

将结构与基础或其他支承物连接在一起，并用以固定结构位置的装置称为**支座**。根据

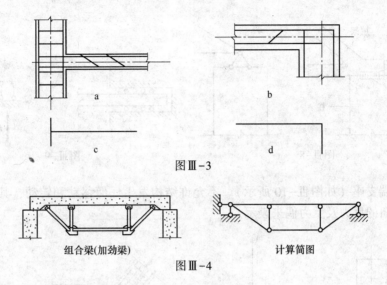

图Ⅲ-3

组合梁(加劲梁)　　　　　　　　　计算简图

图Ⅲ-4

支座对结构的约束情况，常用的计算简图可分为三类：

①活动铰支座（也称**滚轴支座**）（如图Ⅲ-5 所示）。可以水平移动和转动，不能竖向移动；具有竖向反力。

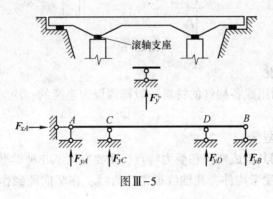

滚轴支座

图Ⅲ-5

②固定铰支座（如图Ⅲ-6~图Ⅲ-8 所示）。可以绕铰转动，不能水平向和竖向移动；同时具有水平向和竖向反力，这种支座常用交于铰中心的两根链杆来表示。

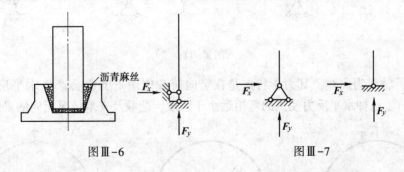

沥青麻丝

图Ⅲ-6　　　　　　　　　　　图Ⅲ-7

③定向支座（如图Ⅲ-9 所示）。可以水平移动，不能竖向移动和转动；具有竖向反力和反力偶，用两根平行的链杆来表示。

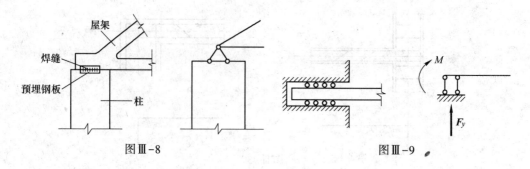

图Ⅲ-8 图Ⅲ-9

④固定端支座（如图Ⅲ-10所示）。不允许结构发生任何移动和转动，其反力可以用水平向和竖向的反力及反力偶来表示。

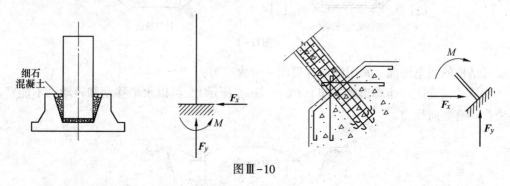

图Ⅲ-10

5）材料性质的简化

在结构计算中，对组成各构件的材料一般都假设为连续的、均匀的、各向同性的和完全弹性的。

（3）结构的类型

平面杆件结构根据其组成特征和受力特点，主要有以下几种类型。

1）**梁**：梁是一种受弯构件，其轴线通常为直线，在竖向荷载作用下支座不产生水平反力，如图Ⅲ-11所示。

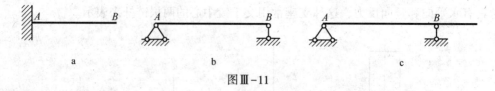

图Ⅲ-11

2）**拱**：轴线为曲线，其力学特点是在竖向荷载作用下支座会产生水平反力（如图Ⅲ-12所示）。这种水平反力使拱的弯矩远小于跨度、荷载及支承情况相同的梁的弯矩。

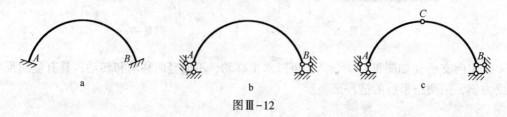

图Ⅲ-12

3）**桁架**：由多根直杆在两端用铰联结而成的结构，其受力特点是各杆只产生轴力（如图Ⅲ-13 所示）。

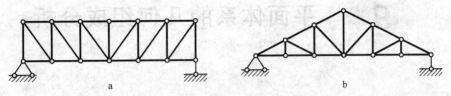

图Ⅲ-13

4）**刚架**：由梁和柱组成的结构，结点中有刚结点，也可以有部分铰结点或组合结点；各杆均有可能产生弯矩、剪力和轴力，但主要以受弯为主（如图Ⅲ-14 所示）。

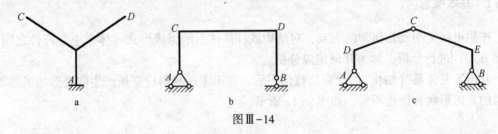

图Ⅲ-14

5）**组合结构**：由多根杆件组成，其中含有组合结点；结构中有的杆件可承受弯矩、剪力和轴力，有的则只承受轴力（如图Ⅲ-15 所示）。

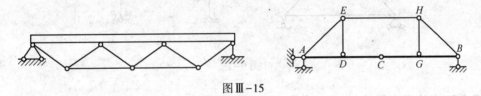

图Ⅲ-15

（4）荷载的分类

荷载是作用于结构上的主动力，例如，外部荷载、结构的自重、水压力、土压力、风载等，广义的荷载还包括使结构产生内力的其他因素（如：温度变化、基础沉陷、材料胀缩等）。根据荷载作用的范围和分布情况，通常将其简化为**分布荷载和集中荷载**。分布荷载是指连续分布在结构某一部分上的荷载，其大小用**荷载集度**表示，又可分为均布荷载和非均布荷载；集中荷载是指作用在结构上某一点的荷载。根据荷载的不同特征可进行以下分类。

1）**按作用时间的久暂分类**

恒载：永久作用在结构上的不变荷载（如：结构构件的自重、土压力等）。

活载：暂时作用在结构且位置可以改变的荷载，如结构在建造和使用期间，大小、位置会发生变化的荷载。

2）**按荷载作用的性质分类**

静力荷载：数量、位置、大小等不随时间变化或变化极为缓慢，不使结构产生显著的冲击和振动，因而可略去惯性力影响的荷载（如：恒载、雪载）。

动力荷载：随时间迅速变化，使结构产生显著振动，因而惯性力的影响不能忽略的荷载（如：冲击荷载、地震荷载等，车辆荷载、动力机械的振动，爆炸冲击）。

平面体系的几何组成分析

9.1 概 述

9.1.1 基本概念

按照机械运动及几何学的观点，对结构或杆件体系的组成形式（体系中各杆件之间的连接方式）进行分析，称为**几何组成分析**。

几何不变体系（结构）：受到荷载作用后，在不考虑材料应变所产生的变形的条件下，体系的几何形状和位置不变，如图 9-1a 所示。

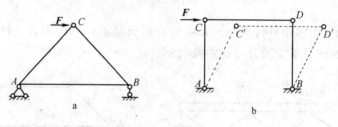

图 9-1

几何可变体系（机构）：受到荷载作用后，在不考虑材料应变所产生的变形的条件下，体系的几何形状和位置将发生改变，如图 9-1b 所示。

刚片：将体系中已经判定为几何不变的部分看作是一个刚片。一根梁、一根链杆或者支承体系的基础也可看作一个刚片，如图 9-2 所示。

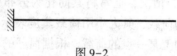

图 9-2

结构必须是几何不变体系；几何可变体系是不能用来作为结构的。

9.1.2 对体系进行几何组成分析的目的

（1）判别某一体系是否几何不变，从而决定它能否作为结构使用。

（2）研究几何不变体系的组成规则，以保证所设计的结构能够承受荷载并维持平衡。

（3）根据体系的几何组成分析的结果，确定结构是静定的还是超静定的，以便选择适当的结构计算方法。

9.2　平面体系的自由度

9.2.1　基本概念

（1）**自由度**

体系的自由度是指该体系运动时，用来确定其位置所需的独立坐标（或参变量）数目，即体系运动时可以独立改变的几何参变数的数目。

平面内一动点 A，其位置需用两个独立的坐标 x 和 y（对极坐标而言是 r 和 θ）来确定，如图 9-3a 所示。因此，**平面内一个点有两个自由度**。

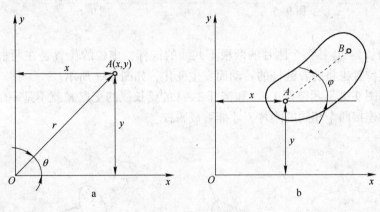

图 9-3

一个刚片在平面内运动时，其位置将由它上任一点 A 的坐标 x、y 和过点 A 任一直线 AB 的倾角 φ 来确定，如图 9-3b 所示。因此，**平面内的一个刚片有 3 个自由度**。

（2）**约束**

限制物体或体系运动的各种联结装置称为约束，也称联系。使体系减少一个自由度的装置称为一个约束（或一个联系）。

外部约束（联系）：体系与基础之间的约束，支座是体系的外部约束（联系）。

内部约束（联系）：体系内部各杆件之间或结点之间的约束（联系）。

几种常见的约束如下：

1）链杆：一根链杆相当于一个约束，如图 9-4a 所示。

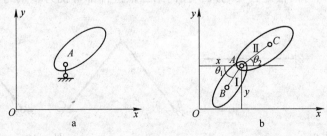

图 9-4

2）铰：一个单铰相当于两个约束，如图 9-4b 所示。连接 n 个刚片的复铰相当于 $(n-1)$ 个单铰或 $2(n-1)$ 个约束，如图 9-5 所示。

实铰：两根链杆杆端直接相连而形成的铰，称为实铰，如图 9-6 所示。

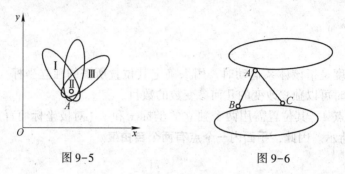

图 9-5　　　　　　　　　　　　　　　图 9-6

虚铰（瞬铰）：连接两个刚片的两根不共线的链杆，虚铰的位置是在两根链杆延长线的交点上，其位置也将随着链杆的转动而发生变化，如图 9-7 所示。

注意：如图 9-8 所示链杆 1—2 和链杆 3—4 的延长线的交点 K 就不是一个瞬铰。两根链杆只有同时连接两个相同的刚片，才能看成瞬铰。

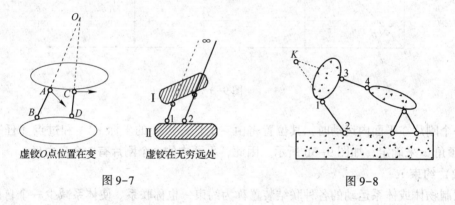

虚铰 O 点位置在变　　　　虚铰在无穷远处

图 9-7　　　　　　　　　　　　　　　图 9-8

3）刚性联结：一个单刚结点相当于三个联系，如图 9-9 所示。联结 n 个刚片的复刚结点相当于 $(n-1)$ 个单刚结点或 $3(n-1)$ 个约束。

（3）多余约束

不能限制自由度的约束。如图 9-10 所示，两根不共线的链杆可将 A 点固定。AB、AC 和 AD 三根链杆中只有两根是必要约束，任何第三根链杆都可视为多余约束。

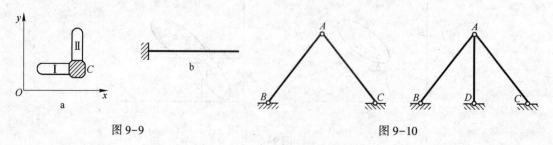

图 9-9　　　　　　　　　　　　　　　图 9-10

9.2.2 平面体系的自由度计算

（1）平面刚片系的自由度计算

一个平面体系可以看成是由若干个运动刚片加入某些约束（刚接点、铰接点、支座链杆等）组成，以 m 表示体系中刚片数目，g 表示单刚结点数目，h 表示单铰数目，r 表示支座链杆数目，则体系的计算自由度数 W 可按下式计算：

$$W = 3m - 3g - 2h - r \tag{9-1}$$

注意：1）计算体系的刚片数 m 时，最好将体系中的每一根杆都视为一个刚片。

2）单铰数目 h 只包括刚片之间互相连接所用的铰，而不包括刚片与支座或支座链杆相连接的铰；如遇复铰，必须把它折算成单铰，如图 9-11a 所示。

3）对于复杂结点（如图 9-11b 和 c 所示），需正确确定刚片与铰结数目。

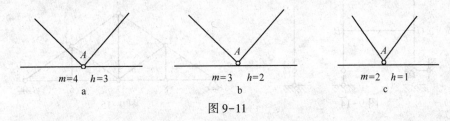

图 9-11

4）每个刚片都应是无多余约束的。如果体系中存在内部无多余约束的几何不变体，可以将其作为一个刚片来处理，如图 9-12 中的内部无多余约束的刚片；也可选图中闭合的刚架为一个大刚片，但应减去其内部的多余约束。

例 9-1 试计算图 9-13 所示体系的自由度。

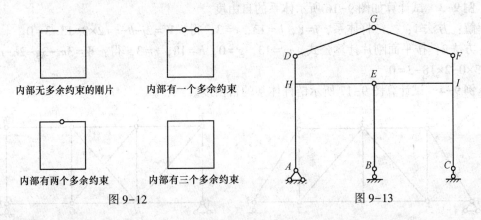

内部无多余约束的刚片　　　内部有一个多余约束

内部有两个多余约束　　　内部有三个多余约束

图 9-12　　　　　　　　　　图 9-13

解：每一根杆视为一刚片，$m=9$，$g=4$，$h=5$，$r=4$，得：

$$W = 3m - 3g - 2h - r = 3 \times 9 - 3 \times 4 - 2 \times 5 - 4 = 1$$

另解：$m=5$，$h=5$，$g=0$，$r=4$，得：

$$W = 3m - 3g - 2h - r = 3 \times 5 - 3 \times 0 - 2 \times 5 - 4 = 1$$

体系有一个自由度，几何可变。

注意：A、B、C 处的铰不计入单铰数目 h 中。

例 9-2 试计算图 9-14 所示体系的自由度。

解：每一根杆视为一刚片，$m = 8$，$g = 7$，$h = 1$（A、B、C 处的铰不应计入），$r = 4$，得：

$$W = 3m - 3g - 2h - r = 3 \times 8 - 3 \times 7 - 2 \times 1 - 4 = -3$$

体系具有比构成几何不变体系要求的约束还多 3 个。

另解：根据尽可能选择大刚片的原则，选择 $AGDEHB$ 部分为一个刚片，EFC 为另一刚片，$m = 2$，内部约束数是 3；结点 E 是单铰结点；最后还有 4 根单链杆。因此，$W = 3 \times 2 - 3 - 2 \times 1 - 4 = -3$。

(2) 平面链杆体系的自由度计算

平面链杆体系：在平面杆件体系中，全部由两端用铰连接的杆件所组成的体系，称为链杆体系（如图 9-15 所示）。

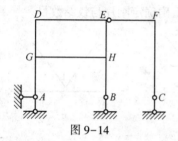

图 9-14

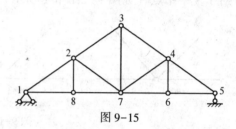

图 9-15

以 j 表示链杆体系的铰结点数目，以 b 表示其杆件数目，以 r 表示其支座链杆数目，体系的自由度数 W 可表示为：

$$W = 2j - b - r \qquad (9-2)$$

注意：铰结点数目 j 不包括支座链杆与基础联结的铰。

例 9-3　试计算如图 9-16 所示体系的自由度。

解：方法 1：按链杆体系，$j = 8$，$b = 13$，$r = 3$，得：$W = 2j - b - r = 2 \times 8 - 13 - 3 = 0$。

方法 2：按平面刚片计算公式，$m = 13$，$g = 0$，$h = 18$，$r = 3$，得：$W = 3m - 3g - 2h - r = 3 \times 13 - 3 \times 0 - 2 \times 18 - 3 = 0$。

例 9-4　试计算图 9-17 所示链杆体系的自由度。

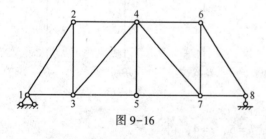

图 9-16

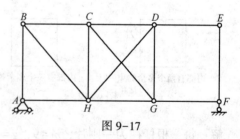

图 9-17

解：方法 1：铰接链杆体系，$j = 8$，$b = 13$，$r = 3$，得：$W = 2j - b - r = 2 \times 8 - 13 - 3 = 0$。

方法 2：平面刚片系，$m = 13$，$g = 0$，$h = 18$，$r = 3$，得：$W = 3m - 3g - 2h - r = 3 \times 13 - 2 \times 18 - 3 = 0$，但体系是几何可变的。

9.2.3　平面体系自由度计算结果的讨论

（1）$W > 0$ 时，体系缺乏足够的约束，体系或体系内部是几何可变的。

（2）$W=0$ 时，体系具有维持几何不变所必需的最少约束数目。

思考：$W=0$ 的体系是否一定是几何不变的？

（3）$W<0$ 时，表明体系有多余约束。如果约束的布置不当，体系仍会有发生运动的可能性。

结论：$W\leq0$ 只是保证平面体系（或体系内部）为几何不变的必要条件，而不是充分条件。

9.3 平面体系的几何组成分析

图 9-18a 所示铰接三角形是一个没有多余约束的几何不变体系。将三根链杆全部或其中两根、或其中一根当作刚片，可得以下三个规则：

（1）**二元体构造规则**：一个刚片与一个点之间用两根不在一条直线上的链杆相连接，则组成的体系是几何不变的，且无多余约束，如图 9-18b 所示。

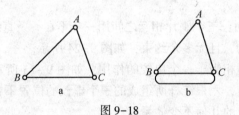

图 9-18

二元体（片）：在体系的几何组成分析中，由两根不在同一条直线上的链杆连接一个新结点的装置称为二元体。

加减二元体规则：在一个已知体系上增加或撤除二元体，不会改变原体系的几何不变性或可变性。

注意：去掉二元体是体系的拆除过程，应从体系的外边缘开始进行，而增加二元体是体系的组装过程，应从一个基本刚片开始，如图 9-19 所示。

（2）**两刚片构造规则**：两个刚片之间用一个单铰以及一根与单铰不在一条直线上的链杆相连接所组成的体系是几何不变的，且无多余约束，如图 9-20 所示。

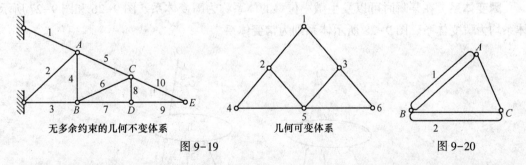

无多余约束的几何不变体系

图 9-19

几何可变体系

图 9-20

一个单铰的作用相当于两根链杆，如图 9-21 所示。故两片构造规则也可叙述为：两刚片之间用既完全不平行也不汇交于一点的三根链杆相连，则所得到的体系是无多余约束的几何不变体系。例如，图 9-22 和图 9-23 所示的体系均为无多余约束的几何不变体系。

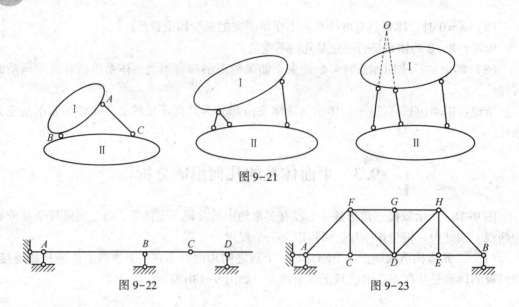

图 9-21

图 9-22　　　　　　　　图 9-23

（3）**三刚片构造规则**：三个刚片相互之间用三个不在一条直线上的单铰两两连接，则组成的体系是几何不变的，且无多余约束，如图 9-24 所示。

由于两根链杆的作用相当于一个单铰的作用，如图 9-25 所示。故可将三个刚片之间用六根链杆彼此两两相连，六根链杆所组成的三个虚铰的位置不在同一直线上，则所得到的体系仍为没有多余约束的几何不变体系。

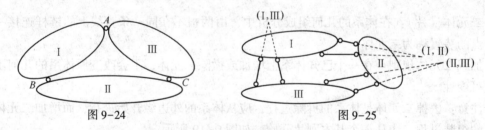

图 9-24　　　　　　　　图 9-25

9.4　瞬变体系的概念

瞬变体系：在某瞬时可以发生微小位移的体系称为瞬变体系。图 9-26 和图 9-27 所示体系均为瞬变体系。图 9-28 所示体系则为**常变体系**。

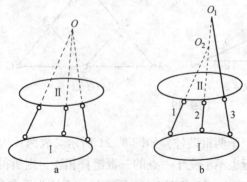

图 9-26

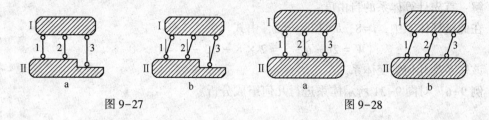

图 9-27   图 9-28

思考：瞬变体系是否能用作结构？

例如，图 9-29 所示的体系，中间铰 C 受力 F 作用，显然中间铰 C 可以上下做一微小运动，故此体系是一个瞬变体系，由隔离体的平衡条件 $\sum F_y = 0$，可得 $F_N = \dfrac{F}{2\sin\varphi}$，因为 φ 为一无穷小量，所以 $F_N = \lim\limits_{\varphi \to 0} \dfrac{F}{2\sin\varphi} = \infty$。

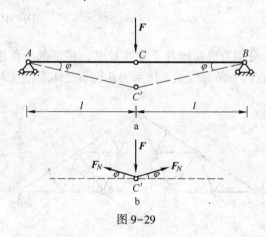

图 9-29

可见，杆 AC 和 BC 将产生很大的内力和变形。虽然瞬变体系经过微小位移后又成为几何不变的体系，由于瞬变体系在受力时将可能出现很大的内力而导致破坏，或者产生过大的变形而影响使用，因此不能用作结构。

结论：常变体系和瞬变体系都是几何可变的，不能用作建筑结构。

9.5 几何组成分析的步骤和举例

（1）可首先通过自由度的计算，检查体系是否满足几何不变的必要条件（$W \leqslant 0$）。对于较为简单的体系，一般都略去自由度的计算，直接应用上述规则进行分析。

（2）在进行分析时，宜先判别体系中有无二元体，如有，则应先撤去，以使体系得到简化。

（3）如果体系仅通过三根既不完全平行，又不完全相交的支座链杆与基础相连接的体系，则可直接分析体系内部的几何组成。如果体系与基础相连的支座连杆数多于三根，应把基础也看成刚片进行整体分析。

例 9-5 试分析图 9-30 所示体系的几何组成。

解：首先计算体系的自由度。

在此链杆体系中，$j=8$，$b=12$，$r=3$，由式（9-2）有：

$$W = 2j - b - r = 2 \times 8 - 12 - 3 = 1 > 0$$

该体系是几何常变体系。

例 9-6 对图 9-31 所示体系进行几何组成分析。

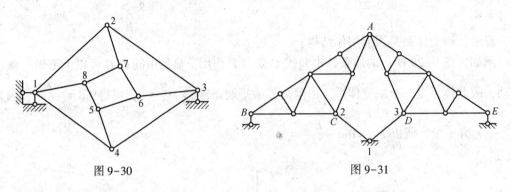

图 9-30 　　　　　　　　　　　　图 9-31

解：将 *ABC* 和 *ADE* 分别看成是刚片 Ⅰ 和刚片 Ⅱ，将基础看作刚片 Ⅲ。如图 9-32 所示，三铰 *O*、*O'* 和 *A* 不在同一条直线上，体系为几何不变体系，且无多余约束。

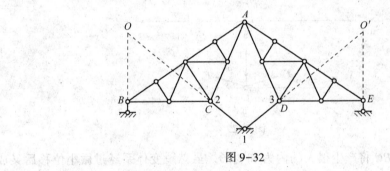

图 9-32

例 9-7 试对图 9-33 所示体系进行几何组成分析。

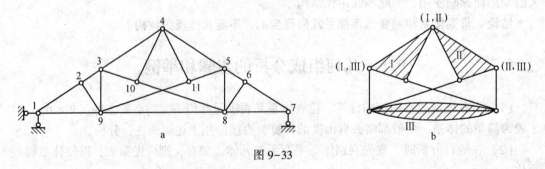

图 9-33

解：（1）首先，计算体系的自由度。$j=11$，$b=19$，$r=3$，$W=2j-b-r=2 \times 11-19-3=0$，体系具有几何不变的必要条件，但非充分条件。

（2）分析体系的几何组成。拆去支座链杆，分析上部体系。在上部体系中拆去二元片，选取刚片 Ⅰ、Ⅱ、Ⅲ，三个刚片之间的联结符合三刚片规则。体系几何不变，无多余约束。

例9-8 试对图9-34a 所示体系进行几何组成分析。

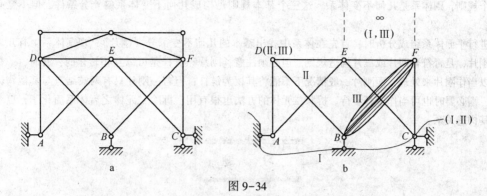

图 9-34

解：（1）对图 9-34a 所示体系依次拆除二元片，如图 9-34b 所示。

（2）选取刚片Ⅰ、Ⅱ、Ⅲ三个刚片由虚铰（Ⅰ，Ⅱ），（Ⅱ，Ⅲ），两两相连。其中，虚铰（Ⅰ，Ⅲ）为无穷远，虚铰（Ⅰ，Ⅱ）和虚铰（Ⅱ，Ⅲ）的连线与形成无穷远虚铰（Ⅰ，Ⅲ）的两平行链杆间夹角 $\alpha \neq 0$。

结论：体系几何不变，无多余约束。

例9-9 试对图9-35a 所示链杆体系作几何组成分析（有字母为结点，其他为非结点）。

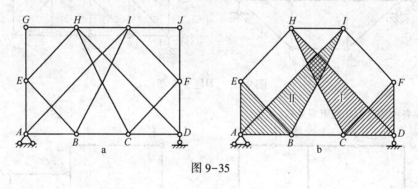

图 9-35

解：根据支座条件，可以只对结构内部进行分析。去掉二元体，并选择刚片，如图 9-35b 所示，Ⅰ、Ⅱ由四根链杆相连，且不共点，故体系为有一个多余约束的几何不变体系。

—— 小 结 ——

本章讨论了构成几何不变体系的基本规律，以及应用这些基本规律来判断一个体系是否不变，或者按这些基本规律设计几何不变的结构。只有几何不变的体系才能用作结构。

判断一个体系是否可变，可从运动学的观点来考察。把体系视为具有自由度的运动刚片和能消除自由度的约束组成。如果体系具有足够的约束来消除了所有的自由度，则体系是几何不变的，否则体系是可变的。这就是公式（9-1）的意义。由于公式（9-1）中无法考虑不起作用的"多余约束"这一概念。因此，当体系中存在多余约束的话，则公式（9-1）计算出的结果并不反映体系的真实情况。

当体系的计算自由度 $W>0$，则体系肯定可变；当 $W \leq 0$ 时，则表示体系具有足够的约束，是构成几何不变体系的必要条件，但不是充分条件。

152

判断体系是否可变，还可以从体系的几何构造来分析确定。若体系的构造符合三个基本规则中任何一个规则，则体系是几何不变体系。这三个基本规则是构成几何不变体系的充分条件，但不是必要条件。

进行平面体系组成分析时，首先在体系中找出基本的几何不变部分（刚片），观察体系中有几个这样的刚片，是否符合两片或三片构造规则。但必须注意，刚片和链杆是可以互相转化的，有时，一根链杆可以当作刚片来处理，而刚片一般情况下不能将其视为链杆；但若一刚片只有两铰结点与其他物体联结时，则必要时也可当作链杆看待。拆除二元体的方法也很有用，拆除二元体之后体系简化了，更容易分析其构造关系。

习　题

9-1　对图示各梁进行几何组成分析。

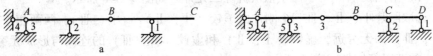

图 9-36　习题 9-1 图

9-2　对图示各桁架进行几何组成分析。

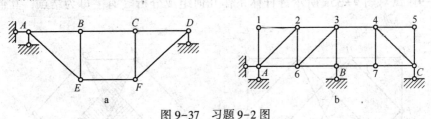

图 9-37　习题 9-2 图

9-3　对图示各刚架进行几何组成分析。

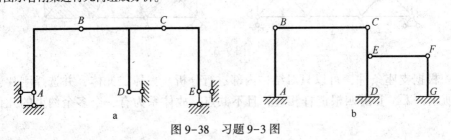

图 9-38　习题 9-3 图

9-4　对图示各组合结构进行几何组成分析。

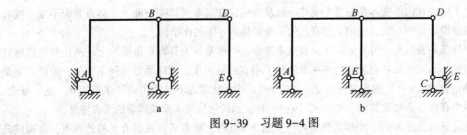

图 9-39　习题 9-4 图

9-5　试对图示体系进行几何组成分析。

9-6　试对图示体系进行几何组成分析。

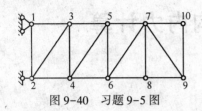

图 9-40　习题 9-5 图

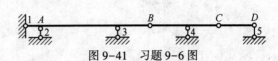

图 9-41　习题 9-6 图

9-7　试对图示体系进行几何组成分析。

9-8　试对图示体系进行几何组成分析。

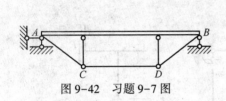

图 9-42　习题 9-7 图

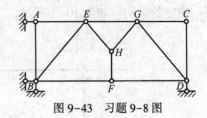

图 9-43　习题 9-8 图

9-9　试对图示体系进行几何组成分析。

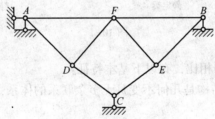

图 9-44　习题 9-9 图

10 静定结构内力计算

10.1 概　述

静定结构： 在荷载等因素作用下，其全部支座反力和任意截面的内力均可由静力平衡方式唯一确定的结构，如图 10-1 所示。

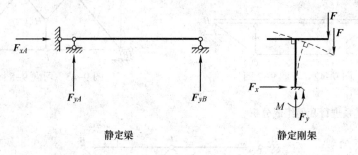

静定梁　　　　　静定刚架

图 10-1

静定结构和超静定结构相比，有以下基本特征：

（1）**几何特征：** 静定结构是几何不变且无多余联系的体系；超静定结构是几何不变且有多余联系的体系。

（2）**静力特征：** 静定结构的未知力的数目等于独立平衡方程式的数目，其全部反力和内力都可以由平衡条件完全确定而且解答是唯一的；超静定结构的反力和任意截面的内力不能由静力平衡条件唯一确定，在同一荷载作用下，满足平衡条件的解答可以有多种，必须考虑变形条件后才能获得唯一的解答，如图 10-2 所示。

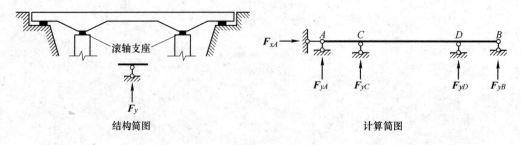

结构简图　　　　　　　　　计算简图

图 10-2

静定结构的计算是结构力学的基础内容，也是求解超静定结构问题的基础，其基本方法是截面法，然后应用平衡方程式求解。

10.2 静定梁的计算

10.2.1 静定单跨梁

静定单跨梁根据支承情况不同又分为简支梁、伸臂梁和悬臂梁，如图 10-3 所示。

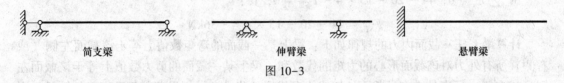

简支梁   伸臂梁   悬臂梁

图 10-3

10.2.1.1 任意截面的内力计算

通常先求出支座反力，采用截面法，建立平衡方程，计算控制截面的内力。内力符号规定如下：轴力以拉力为正；剪力以绕微段隔离体顺时针转者为正；当弯矩使杆件下部受拉为正，如图 10-4 所示。

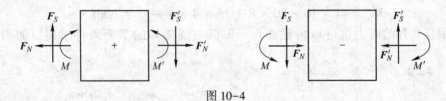

图 10-4

例 10-1 求图 10-5a 所示简支梁截面 Ⅰ—Ⅰ、Ⅱ—Ⅱ、Ⅲ—Ⅲ和Ⅳ—Ⅳ的内力。

解：（1）求出支座反力。

由整体平衡：
$$\sum F_x = 0, \quad F_{xA} = 0$$

$$\sum M_A = 0, \quad -20 \times 2 - 15 \times 4 \times 6 - 32 + F_{yB} \times 12 = 0$$

$$F_{yB} = 36\text{kN}$$

$$\sum M_B = 0, \quad -F_{yA} \times 12 + 20 \times 10 + 15 \times 4 \times 6 - 32 = 0$$

$$F_{yA} = 44\text{kN}$$

（2）分别求截面 Ⅰ—Ⅰ、Ⅱ—Ⅱ、Ⅲ—Ⅲ和Ⅳ—Ⅳ的内力。可以判定所有截面的轴力均为零，取截面 Ⅰ—Ⅰ 以左为隔离体（如图 10-5b 所示）。

由 $\sum M_{\text{Ⅰ}} = 0$, $44 \times 3 - 20 \times 1 - M_{\text{Ⅰ}} = 0$, 得：
$$M_{\text{Ⅰ}} = 44 \times 3 - 20 \times 1 = 112\text{kN} \cdot \text{m}$$

由 $\sum F_y = 0$, $44 - 20 - F_{S\text{Ⅰ}} = 0$, 得：
$$F_{S\text{Ⅰ}} = 44 - 20 = 24\text{kN}$$

取截面 Ⅱ-Ⅱ 以左为隔离体（如图 10-5c 所示）。

由 $\sum M_{\text{Ⅱ}} = 0$, $44 \times 6 - 20 \times 4 - 15 \times 2 \times 1 - M_{\text{Ⅱ}} = 0$, 得：
$$M_{\text{Ⅱ}} = 44 \times 6 - 20 \times 4 - 15 \times 2 \times 1 = 154\text{kN} \cdot \text{m}$$

由 $\sum F_y = 0$, $44 - 20 - 15 \times 2 - F_{SII} = 0$, 得：

$$F_{SII} = 44 - 20 - 15 \times 2 = -6kN$$

取截面Ⅲ—Ⅲ以左为隔离体（如图10-5d所示）。

由 $\sum M_{III} = 0$, $44 \times 10 - 20 \times 8 - 15 \times 4 \times 4 - M_{III} = 0$, 得：

$$M_{III} = 44 \times 10 - 20 \times 8 - 15 \times 4 \times 4 = 40kN \cdot m$$

由 $\sum F_y = 0$, $44 - 20 - 15 \times 4 - F_{SIII} = 0$, 得：

$$F_{SIII} = 44 - 20 - 15 \times 4 = -36kN$$

计算梁上任一截面内力的规律如下：梁上某一截面的弯矩数值上等于该截面左侧（或右侧）所有外力对该截面形心的力矩的代数和；梁上某一截面的剪力数值上等于该截面左侧（或右侧）所有外力在沿截面的切线方向投影的代数和。如果荷载不垂直于杆轴线，则梁的内力就会有轴力，梁上某一截面的轴力数值上等于该截面左侧（或右侧）所有外力在沿截面的法线方向投影的代数和。

按照这个规律，写出截面Ⅳ—Ⅳ的内力为：

$$F_{SIV} = 44 - 20 - 15 \times 4 = -36kN$$
$$M_{IV} = 44 \times 10 - 20 \times 8 - 15 \times 4 \times 4 + 32 = 72kN \cdot m$$

截面Ⅳ—Ⅳ的内力也可以由截面Ⅳ—Ⅳ以右隔离体的平衡条件求得，如图10-5e所示。

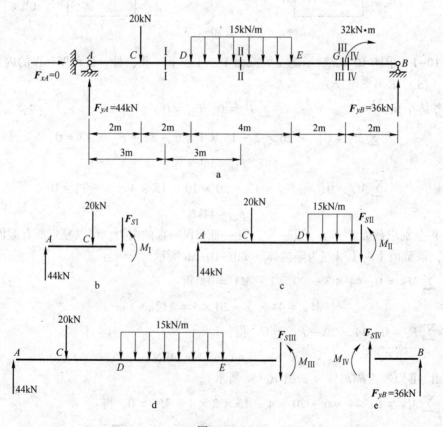

图 10-5

10.2.1.2 荷载与内力的微分关系

如图 10-6 所示，在荷载连续分布的梁段上截取一微段梁 dx。

由平衡方程 $\sum F_y = 0$ 和 $\sum M_A = 0$，可得：

$$\frac{\mathrm{d}F_S}{\mathrm{d}x} = -q(x) \tag{10-1a}$$

$$\frac{\mathrm{d}M}{\mathrm{d}x} = F_S \tag{10-1b}$$

合并写成：

$$\frac{\mathrm{d}^2 M}{\mathrm{d}x^2} = \frac{\mathrm{d}F_S}{\mathrm{d}x} = -q(x) \tag{10-1c}$$

当某截面的剪力为零时，即 $\frac{\mathrm{d}M}{\mathrm{d}x} = 0$，该截面的弯矩即为这一梁段中的极大值（或极小值）。

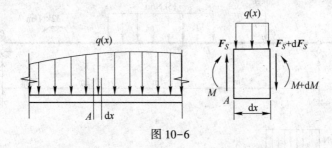

图 10-6

10.2.1.3 作内力图

根据内力方程画出图形就得到内力图，梁的内力图包括弯矩图、剪力图和轴力图。步骤如下：

（1）求出梁的支座反力。

（2）将梁分段。分段的原则是每段梁上的荷载必须是连续的，因此梁上的集中荷载作用点，分布荷载的起始点和终点都是梁段的分点。

（3）计算出每一分点的内力值。

（4）根据梁段上荷载的情况把各相邻分点连线即成相应的剪力图和弯矩图。

例 10-2 试作图 10-7a 所示简支梁的内力图。

解：（1）求支座反力。$F_{yB} = 36\mathrm{kN}$，$F_{yA} = 44\mathrm{kN}$。

（2）将梁分段，A、C、D、E、G、B 点为各段分点。

（3）计算各分点的内力值。注意：1）集中力作用的截面其左、右两侧的剪力是不同的，两侧相差的值就是该集中力的大小。2）集中力矩作用截面的两侧弯矩值也是不同的，其差值就是集中力矩的大小。

计算剪力，各截面的剪力等于截面左边所有各力在垂直于杆轴方向投影的代数和，得：

$$F_{SA} = 44\mathrm{kN}$$

$$F_{SC左} = 44\mathrm{kN}$$

$$F_{SC右} = 44 - 20 = 24\mathrm{kN}$$

$$F_{SD} = 44 - 20 = 24\mathrm{kN}$$

$$F_{SE} = 44 - 20 - 15 \times 4 = -36\text{kN}$$

$$F_{SB} = 44 - 20 - 15 \times 4 = -36\text{kN}$$

计算弯矩，各截面的弯矩等于该截面左边所有各力对截面形心力矩的代数和，得：

$$M_A = 0$$

$$M_C = 44 \times 2 = 88\text{kN} \cdot \text{m}$$

$$M_D = 44 \times 4 - 20 \times 2 = 136\text{kN} \cdot \text{m}$$

$$M_E = 44 \times 8 - 20 \times 6 - 15 \times 4 \times 2 = 112\text{kN} \cdot \text{m}$$

$$M_{G右} = 44 \times 10 - 20 \times 8 - 15 \times 4 \times 4 + 32 = 72\text{kN} \cdot \text{m}$$

$$M_{G左} = 44 \times 10 - 20 \times 8 - 15 \times 4 \times 4 = 40\text{kN} \cdot \text{m}$$

$$M_B = 0$$

（4）作内力图，如图 10-7b 所示。

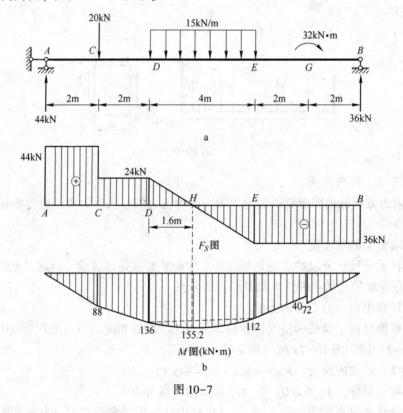

图 10-7

（5）计算分布荷载作用梁段的弯矩最大值。DE 段梁的弯矩最大截面就在剪力为零处，剪力为零的截面 H 的位置可由比例求出，其值为 $x_H = 1.6\text{m}$。最大弯矩 M_H 为：

$$M_H = 44 \times (4 + 1.6) - 20 \times (2 + 1.6) - 15 \times 1.6 \times \frac{1}{2} \times 1.6 = 155.2\text{kN} \cdot \text{m}$$

分布荷载作用梁段的弯矩图也可用**叠加法**作出：以梁段两端的弯矩值的连线作为基线，在此基线上叠加简支梁在此分布荷载作用下的弯矩图，即得最终的弯矩图。

例 10-3　简支斜梁如图 10-8a 所示，梁上作用沿水平向分布的均布荷载 q，试求此斜梁的 M、F_N 和 F_S 图。

解：（1）求支座反力。方法步骤均与水平放置的简支梁相同。

（2）取隔离体，在截面 C 处将梁截断，取截面以左部分为隔离体，如图 10-8b 所示。

由 $\sum M_C = 0$，$F_{yA}x - \dfrac{1}{2}qx^2 - M = 0$，得：

$$M(x) = \frac{1}{2}qlx - \frac{1}{2}qx^2 = \frac{1}{2}qx(l-x)$$

由 $\sum F_x = 0$，$F_{yA}\sin\alpha - qx\sin\alpha + F_N = 0$，得：

$$F_N = -F_{yA}\sin\alpha + qx\sin\alpha = -q\left(\frac{l}{2} - x\right)\sin\alpha$$

由 $\sum F_y = 0$，$F_{yA}\cos\alpha - F_{SC} - qx\cos\alpha = 0$，得：

$$F_S = F_{yA}\cos\alpha - qx\cos\alpha = q\left(\frac{l}{2} - x\right)\cos\alpha$$

（3）绘出内力图，如图 10-8c 所示。由于这些函数的自变量为 x，所以函数图形也应以沿水平方向分布为宜。

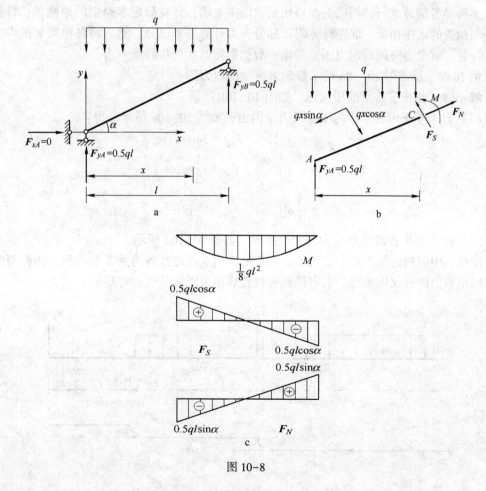

图 10-8

10.2.2 静定多跨梁

多跨静定梁是由若干个单跨静定梁用铰联结而成并能跨越几个相连跨度的静定结构。它是工程实际中比较常见的结构，如公路桥常使用静定多跨梁，如图 10-9 所示。

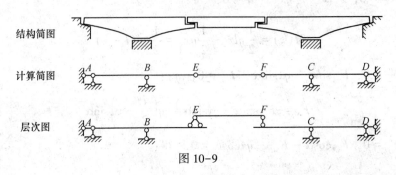

图 10-9

根据几何组成规律，可以将多跨静定梁的各部分区分为基本部分和附属部分。基本部分是能承受荷载的几何不变体系；附属部分是不能独立承受荷载的几何可变体系，它需要与基本部分相联结方能承受荷载。

多跨梁各部分之间的构造关系可用层次图来表示，计算静定多跨梁的原则是：计算的次序与构造的次序相反，即先计算附属部分，再计算基本部分。然后将各单跨梁的内力图连在一起，就是多跨梁的内力图。弯矩一般把数据画在受拉纤维一边。

例 10-4 试作图 10-10a 所示静定多跨梁的内力图。

解：（1）作出多跨梁的层次图，如图 10-10b 所示。

（2）自上至下求各梁段的支座反力及内力，如图 10-10c 所示，得：

$$F_{yE} = ql(\downarrow), \quad F_{yG} = 3ql(\uparrow)$$

$$F_{yC} = \frac{5}{2}ql(\uparrow), \quad F_{yD} = \frac{1}{2}ql(\downarrow)$$

$$F_{yA} = \frac{3}{4}ql(\uparrow), \quad F_{yB} = \frac{23}{4}ql(\uparrow)$$

（3）逐段画出各跨梁的剪力图和弯矩图，如图 10-10d 所示。

注意：中间铰处的弯矩必定为零，弯矩的极值点必定在剪力为零的截面，该截面的位置可以由剪力图按比例求得，求得该截面位置后便可求该截面的弯矩。

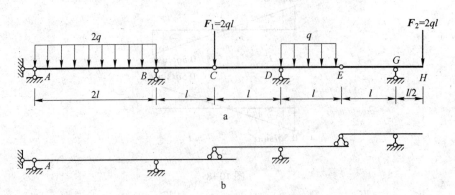

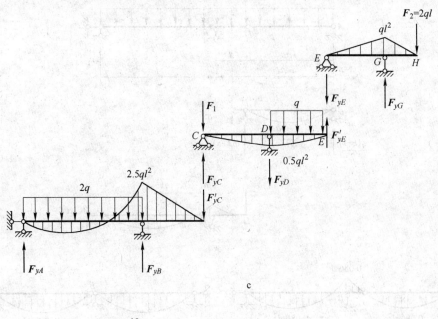

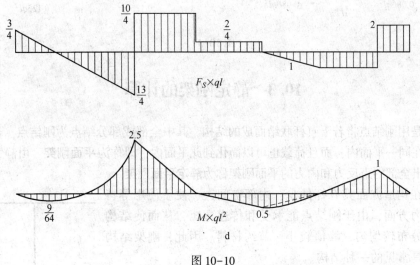

图 10-10

例 10-5 图 10-11a 所示为一两跨梁，全长承受均布荷载 q。试求铰 D 的位置，使负弯矩峰值与正弯矩峰值相等。

解：先计算附属部分 AD，再计算基本部分 DC，令正负弯矩峰值彼此相等，即：

$$\frac{q(l-x)^2}{8} = \frac{q(l-x)x}{2} + \frac{qx^2}{2}$$

得： $$x = 0.172l$$

铰的位置确定后，可作出弯矩图，如图 10-11b、c 所示。

讨论：如果改用两个跨度为 l 的简支梁，由比较可知，静定多跨梁的弯矩峰值比一系列简支梁的要小，二者的比值为 $0.086/0.125 = 68\%$。一般说来，静定多跨梁与一系列简支梁相比，材料用量可少一些，但构造要复杂一些。

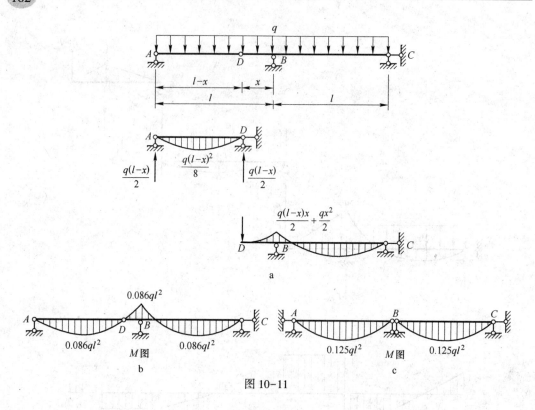

图 10-11

10.3　静定刚架的计算

刚架是用刚结点将若干直杆联结而成的结构，其中全部或部分结点为**刚结点**。若刚架各杆的轴线在同一平面内，而且荷载也可以简化到此平面内，即称为**平面刚架**。由静力平衡条件可以求出全部约束反力和内力的平面刚架称为**静定平面刚架**。

刚架在构造方面具有杆件少、内部空间大、便于使用等特点；在受力方面，由于刚结点能承受和传递弯矩，从而使结构中弯矩的分布较均匀，峰值较小，节约材料。因此，刚架结构在工程中是常见的一种结构。

联结于刚性结点各杆之间不能产生相对转动，各杆之间的夹角在变形过程中始终保持不变，如图 10-12 所示。

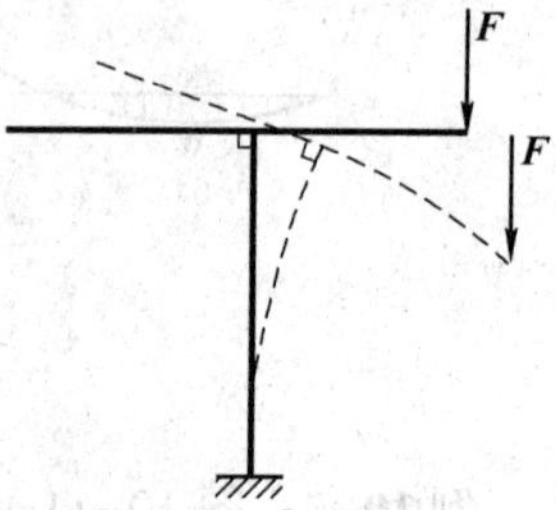

图 10-12

静定刚架的计算方法：先求出支座反力，然后采用截面法，由平衡条件求出各杆端的内力，就可画出内力（弯矩、剪力和轴力）图。

内力正负号的规定：轴力以拉力为正；剪力以对该截面有顺时针转动的趋势为正；轴力图与剪力图可画在杆件的任一侧，须注明正负号。弯矩不定义正负号，但规定将弯矩图画在受拉纤维的一侧。

例 10-6　试作出图 10-13a 所示刚架的内力图。

解：（1）求支座反力。因此刚架为悬臂刚架，可不求支座反力，直接求出内力。

（2）分别计算各杆杆端的内力。

杆 BC：取杆 BC 为研究对象，如图 10-13b 所示。由平衡条件求得：

$$F_{NBC} = 0, \quad F_{NCB} = 0$$

$$F_{SBC} = -20 \times 2 = -40\text{kN}, \quad F_{SCB} = 0$$

$$M_{BC} = -20 \times 2 \times 1 = -40\text{kN} \cdot \text{m}, \quad M_{CB} = 0$$

杆 BD：取杆 BD 为研究对象，如图 10-13c 所示。由平衡条件求得：

$$F_{NBD} = 0, \quad F_{NDB} = 0$$

$$F_{SBD} = 10\text{kN}, \quad F_{SDB} = 10\text{kN}$$

$$M_{BD} = -10 \times 2 = -20\text{kN} \cdot \text{m}, \quad M_{DB} = 0$$

杆 BA：取 CBD 为研究对象，如图 10-13d 所示。由平衡条件求得：

$$F_{NBA} = -20 \times 2 - 10 = -50\text{kN}, \quad F_{NAB} = F_{NBA} = -50\text{kN}$$

$$F_{SBA} = 0, \quad F_{SAB} = F_{QBA} = 0$$

$$M_{BA} = 20 \times 2 \times 1 - 10 \times 2 = 20\text{kN} \cdot \text{m}, \quad M_{AB} = M_{BA} = 20\text{kN} \cdot \text{m}$$

（3）作内力图。根据上述计算的杆端内力值及杆中的荷载情况，作出刚架的内力图如图 10-13e～g 所示。

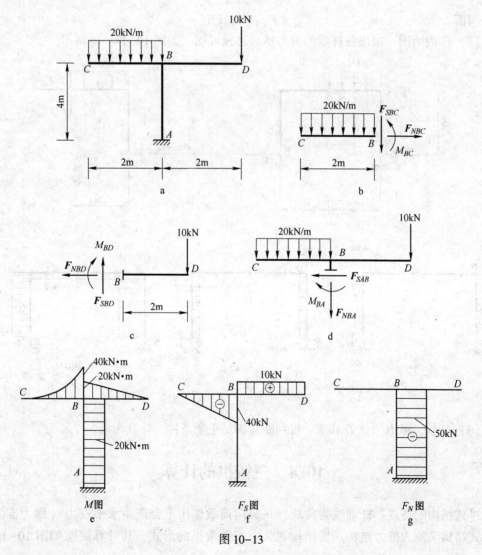

图 10-13

例 10-7　试作图 10-14a 所示三铰刚架的内力图。

解：根据三铰刚架的特点，先考虑整体平衡，求出一部分未知反力，再考虑局部平衡就可以求出全部的支座反力。

（1）求支座反力。考虑整体平衡，由 $\sum F_y = 0$。

水平反力为：$F_{xB} = F_{xA}$，具体数值尚为未知。

再由：$\sum M_A = 0$，$20 \times 3 \times 1.5 + 40 - F_{yB} \times 6 = 0$，得：

$$F_{yB} = 21.7 \text{kN}(\uparrow)$$

由 $\sum M_B = 0$，$20 \times 3 \times 4.5 - 40 - F_{yA} \times 6 = 0$，得：

$$F_{yA} = 38.3 \text{kN}(\uparrow)$$

考虑 C 铰左侧部分平衡（如图 10-14b 所示），有：

$$\sum M_c = 0，38.3 \times 3 - 20 \times 3 \times 1.5 - F_{xA} \times 4 = 0$$

$$F_{xA} = 6.2 \text{kN}(\rightarrow)$$

因而　　　　　　　　　$F_{xB} = F_{xA} = 6.2 \text{kN}(\leftarrow)$

（2）作内力图，求出各杆端的内力然后连线成图，如图 10-14c~e 所示。

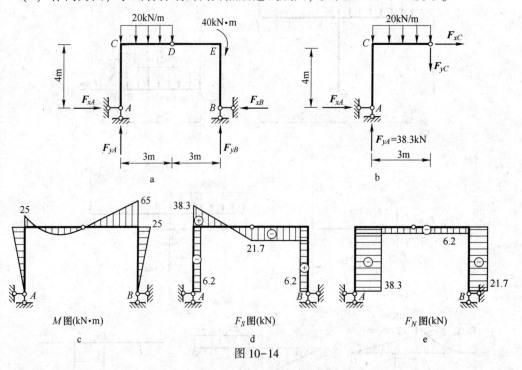

图 10-14

（3）校核。截取结点 D 和 E，可判断其满足平衡条件，计算无误。

10.4　三铰拱的计算

拱式结构的特点：杆轴线为曲线，在竖向荷载作用下会产生水平反力（称为推力）。故拱式结构又称为**推力结构**。拱结构通常有三种常见的形式，其计算简图如图 10-15 所示。其中，图 10-15a 为无铰拱，图 10-15b 为两铰拱，图 10-15c 为三铰拱。无铰拱和两铰拱均为超静定拱，而三铰拱则为静定拱。本节只讨论三铰拱的计算。

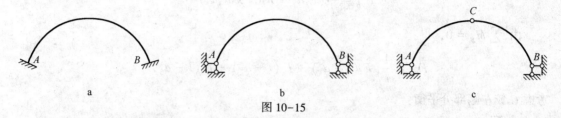

图 10-15

拱与梁的区别主要在于竖向荷载作用下是否产生水平推力。梁式结构在竖向荷载作用下是不会产生推力的。由于拱中有水平推力的存在，能跨越较大空间；同时，由于拱以承受压力为主，所以拱可利用抗压强度高而抗拉强度低的砖、石和混凝土等材料。

三铰拱各部分名称，如图 10-16 所示。

拱顶：拱的最高点；**拱趾**：支座处；**跨度**：两支座之间的水平距离，用 l 表示；**矢高**：拱顶到两拱趾间连线的竖向距离，用 f 表示。

高跨比 f/l 是拱的一个重要的几何参数。工程实际中，高跨比在 $1 \sim 1/10$ 之间，变化的范围很大。

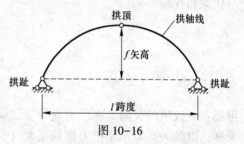

图 10-16

拱与其同跨度同荷载的简支梁相比其弯矩要小得多，所以拱结构适用于大跨度的建筑物。它广泛地应用房屋桥梁和水工建筑物中。由于推力的存在它要求拱的支座必须设计得足够的牢固，这是采用拱的结构形式时必须注意的。

10.4.1 三铰拱的支座反力和内力计算

（1）支座反力计算（与三铰刚架反力的求法类似）

为了将拱的计算结果与梁比较，现取与图 10-17a 所示三铰拱等跨度、同荷载的相应简支梁，如图 10-17b 所示，该梁称为**代梁**，其反力、内力记为 F_{VA}^0，F_{VB}^0，M^0，F_S^0。考虑整体平衡：

由 $\sum F_x = 0$，得：

$$F_{HA} = F_{HB} = F_H$$

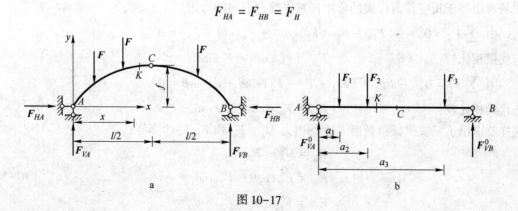

图 10-17

由 $\sum M_A = 0$, $F_1 a_1 + F_2 a_2 + F_3 a_3 - F_{VB} l = 0$, 得:

$$F_{VB} = \frac{1}{l}(F_1 a_1 + F_2 a_2 + F_3 a_3)$$

由 $\sum M_B = 0$, 得:

$$F_{VA} = \frac{1}{l}\left[F_1(l - a_1) + F_2(l - a_2) + F_3(l - a_3)\right]$$

考虑 C 铰左侧部分平衡:

由 $\sum M_C = 0$, 得:

$$F_H = \frac{1}{f}\left[F_{yA} \cdot \frac{l}{2} - F_1\left(\frac{l}{2} - a_1\right) - F_2\left(\frac{l}{2} - a_2\right)\right]$$

与代梁相比较有:

$$\begin{cases} F_{VA} = F_{VA}^0 \\ F_{VB} = F_{VB}^0 \\ F_H = \dfrac{M_C^0}{f} \end{cases} \tag{10-2}$$

可见: 三铰拱的竖向支座反力就等于代梁的反力; 水平推力就等于代梁 C 截面的弯矩除以矢高; 拱的矢高对水平推力影响很大 (矢高越小即拱的形状越扁平推力越大)。

(2) 内力计算

截面的内力假定: 轴力以压力为正, 剪力以有使截面产生顺时针转动的趋势者为正, 弯矩以拱内侧纤维受拉者为正, 如图 10-18 所示。

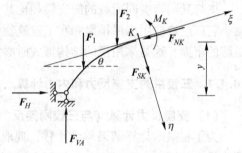

图 10-18

K 截面形心的坐标为 x、y, 截面切线的倾斜角为 θ, 且左半拱的 θ 为正值, 右半拱的 θ 为负值。考虑截面左侧部分平衡, 由 $\sum M_K = 0$ 可得:

$$M_K = \left[F_{VA} x - F_1(x - b_1) - F_2(x - b_2)\right] - F_H y$$

与代梁相比较, 有:

$$M_K = M_K^0 - F_H y$$

拱的弯矩等于相应截面代梁的弯矩再减去推力引起的弯矩。

由 $\sum F_\eta = 0$, $-(F_{VA} - F_1 - F_2)\cos\theta + F_H \sin\theta + F_{SK} = 0$

与代梁相比较: $F_{SK} = F_{SK}^0 \cos\theta - F_H \sin\theta$

由 $\sum F_\xi = 0$, $-F_{NK} + (F_{VA} - F_1 - F_2)\sin\theta + F_H \cos\theta = 0$

与代梁相比较: $F_{NK} = F_{SK}^0 \sin\theta + F_H \cos\theta$

这样就求出了三铰拱任意截面 K 上的内力 M_K、F_{SK} 和 F_{NK} 的计算公式:

$$\begin{aligned} M_K &= M_K^0 - F_H y \\ F_{SK} &= F_{SK}^0 \cos\theta - F_H \sin\theta \\ F_{NK} &= F_{SK}^0 \sin\theta + F_H \cos\theta \end{aligned} \tag{10-3}$$

上式说明：拱的弯矩要比同跨度同荷载的简支梁的弯矩小很多，当跨度比较大时采用拱比用梁要更为经济合理。

例 10-8 试求图 10-19a 所示三铰拱截面 D 的内力。设拱轴线为抛物线，当坐标原点选在左支座时，它的轴线方程式为 $y = \dfrac{4f}{l^2}x(l-x)$，已知 D 截面的坐标为：$x_D = 5.25\mathrm{m}$。

解：（1）代入数据后拱轴线方程为：

$$y = \frac{1}{9}x(12 - x)$$

当 $x = 5.25\mathrm{m}$ 时，$y = 3.938\mathrm{m}$。

$$y' = \tan\theta = \frac{2}{9}(6 - x)$$

故 $\tan\theta_D = 0.1667$，因而 $\tan\theta_D = 0.1667$，$\cos\theta_D = 0.9864$。

（2）求支座反力，结果为：$F_{VA} = 105\mathrm{kN}$，$F_{VB} = 115\mathrm{kN}$。

（3）求内力。由水平推力 $F_H = 82.5\mathrm{kN}$，得：$F_{SD}^0 = 105 - 100 = 5\mathrm{kN}$。

$$F_{SD} = F_{SD}^0 \cos\theta_D - F_H \sin\theta_D = 5 \times 0.9864 - 82.5 \times 0.1644 = -8.631\mathrm{kN}$$

$$F_{ND} = F_{SD}^0 \sin\theta_D + F_H \cos\theta_0 = 5 \times 0.1644 - 82.5 \times 0.9864 = 82.2\mathrm{kN}$$

$$M_D = M_D^0 - F_H y = (105 \times 5.25 - 100 \times 2.25) - 82.5 \times 3.938 = 1.365\mathrm{kN} \cdot \mathrm{m}$$

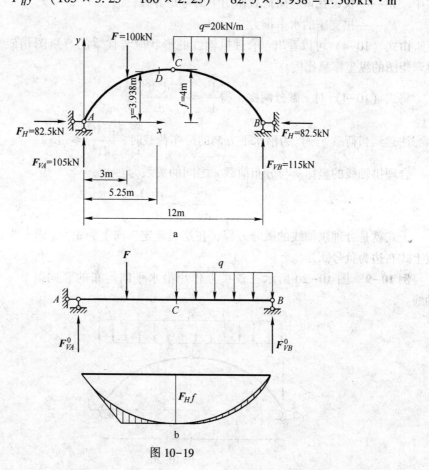

图 10-19

注意：内力微分关系式（10-1）不适用于拱（拱轴线为曲线）。作拱的内力图时需计算若干个截面的内力值然后连线成图。在本例的情况至少要计算 9 个截面的内力值然后连线成图才能获得满意的效果。

作最终弯矩图，由式（10-3）可以看出，最终弯矩图是由代梁的弯矩图 M^0 减去一个与拱轴线相似的抛物线图形后剩下的图形 $F_H y$，即图 10-19b 中阴影部分。可见拱的弯矩是很小的，其内力是以轴力为主。

10.4.2　三铰拱的合理拱轴线

通常三铰拱截面上有弯矩、剪力和轴力，拱圈处于偏心受压状态，其正应力分布不均匀。但是，我们可以选取一根适当的拱轴线，使得在给定荷载作用下，拱上各截面只承受轴力，而弯矩为零，这样的拱轴线称为**合理拱轴线**。三铰拱在竖向荷载作用下任一截面的弯矩为：

$$M_K = M_K^0 - F_H y$$

由 $M = M^0 - F_H y = 0$ 得合理拱轴线方程：

$$y = \frac{M^0}{F_H} \tag{10-4}$$

式中　M^0——代梁在该竖向荷载作用下的弯矩方程；

　　　F_H——拱支座的水平推力。

由式（10-4）可以看出：合理拱轴线的形状应与代梁的弯矩图相似，纵坐标应与代梁弯矩图的纵坐标呈比例。

将式（10-4）对 x 微分两次，得 $\dfrac{\mathrm{d}^2 y}{\mathrm{d} x^2} = \dfrac{1}{F_H} \dfrac{\mathrm{d}^2 M^0}{\mathrm{d} x^2}$。

注意到当荷载 $q(x)$ 为沿水平方向的分布荷载时，$\dfrac{\mathrm{d}^2 M^0}{\mathrm{d} x^2} = -q(x)$。

合理拱轴线的坐标 y 与分布荷载 q 之间的关系为：

$$\frac{\mathrm{d}^2 y}{\mathrm{d} x^2} = -\frac{q(x)}{F_H} \tag{10-5}$$

上式就是合理拱轴线的微分方程，在这里规定 y 向上为正，x 向右为正，q 向下为正，故上式右边为负号。

例 10-9　图 10-20 所示三铰拱上作用沿水平向均布的竖向荷载 q，试求拱的合理轴线。

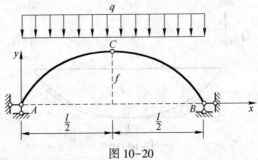

图 10-20

解：由式（10-4）$y = \dfrac{M^0}{F_H}$，在均布荷载 q 作用下，代梁的弯矩方程为：

$$M^0 = \frac{ql}{2}x - \frac{qx^2}{2} = \frac{q}{2}x(l-x)$$

拱的水平推力为：

$$F_H = \frac{M_C^0}{f} = \frac{ql^2}{8f}$$

代入式（10-4）得：

$$y = \frac{4f}{l^2}x(l-x)$$

即三铰拱在水平的均布荷载作用下，其合理拱轴线为二次抛物线，故在屋面结构中常采用抛物线拱。在合理拱轴的抛物线方程中，拱高 f 没有确定。具有合理高跨比的一组抛物线都是合理轴线。

10.5　平面桁架的计算

桁架是由杆件相互连接组成的格构状体系，它的结点均为完全铰结的结点，它受力合理，用料省，在建筑工程中得到广泛的应用。

10.5.1　桁架的计算简图

图 10-21a 为一屋架结构简图，图 10-21b 为其简化后的计算简图。图 10-22 为武汉长江大桥所采用的桁架形式。

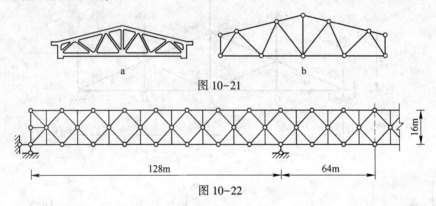

图 10-21

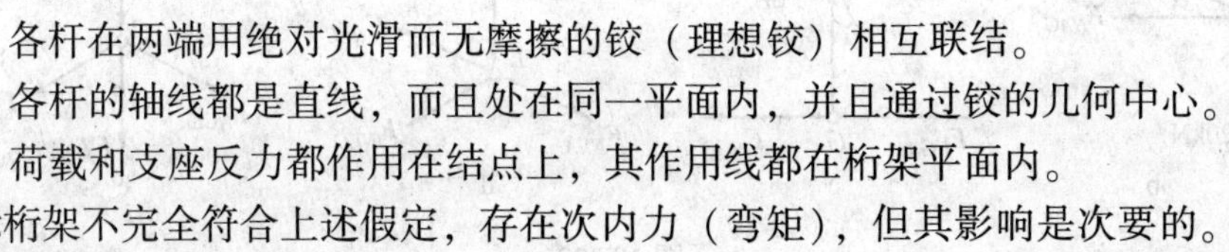

图 10-22

桁架计算简图假定：

（1）各杆在两端用绝对光滑而无摩擦的铰（理想铰）相互联结。

（2）各杆的轴线都是直线，而且处在同一平面内，并且通过铰的几何中心。

（3）荷载和支座反力都作用在结点上，其作用线都在桁架平面内。

实际桁架不完全符合上述假定，存在次内力（弯矩），但其影响是次要的。按理想桁架算出的内力，各杆只有轴力，称为主内力。

10.5.2　桁架的内力计算

（1）结点法

结点法适用于计算简单桁架。取结点为隔离体，建立（汇交力系）平衡方程求解。原则上应使每一结点只有两根未知内力的杆件。通常假定未知的轴力为拉力，计算结果得负值表示轴力为压力。

例 10-10　试用结点法求图 10-23a 所示三角形桁架各杆轴力。

解：（1）求支座反力。

$$F_{xA} = 0, \quad F_{yA} = 20\text{kN}(\uparrow), \quad F_{yB} = 20\text{kN}(\uparrow)$$

（2）依次截取结点 A，G，E，C，画出受力图 10-23b、c、d、e。由平衡条件求其未知轴力。取 A 点为隔离体，由

$$\sum F_x = 0, \quad F_{NAE}\cos\alpha + F_{NAG} = 0, \quad \sum F_y = 0, \quad 20 - 5 + F_{NAE}\sin\alpha = 0$$

有：

$$F_{NAE} = -15 \times \sqrt{5} = -33.54\text{kN}(压)$$

所以

$$F_{NAG} = -F_{NAE}\cos\alpha = 15 \times \sqrt{5} \times \frac{2}{\sqrt{5}} = 30\text{kN}(拉)$$

取 G 点为隔离体，由

$$\sum F_x = 0, \quad F_{NGD} = F_{NGA} = 30\text{kN}, \quad \sum F_y = 0, \quad F_{NGE} = 0$$

取 E 点为隔离体，由

$$\sum F_x = 0, \quad F_{NEC}\cos\alpha + F_{NED}\cos\alpha - F_{NEA}\cos\alpha = 0, \quad F_{NEC} + F_{NED} = -33.54\text{kN}$$

$$\sum F_y = 0, \quad F_{NEC}\sin\alpha - F_{NED}\sin\alpha - F_{NEA}\sin\alpha - 10 = 0, \quad F_{NEC} - F_{NED} = 10\sqrt{5} - 33.54$$

联立解出 $F_{NEC} = -22.36\text{kN}$，$F_{NED} = -11.18\text{kN}$。

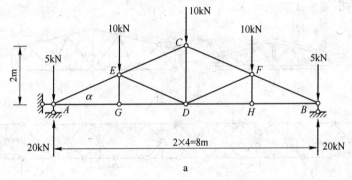

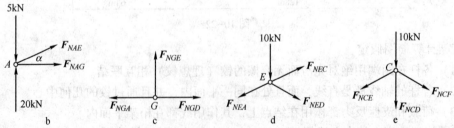

图 10-23

取 C 点为隔离体，由 $\sum F_x = 0$，$-F_{NCE} + F_{NCF} = 0$，$F_{NCF} = F_{NCE} = -22.36\text{kN}$，$\sum F_y = 0$，$-10 - 2F_{NCE}\sin\alpha - F_{NCD} = 0$，得：

$$F_{NCD} = -10 - 2 \times \frac{1}{\sqrt{5}}(-22.36) = 10\text{kN}$$

可以看出，桁架在对称轴右边各杆的内力与左边是对称相等的。结论：**对称结构，荷载也对称，则内力也是对称的。**

对于一些特殊的结点，可以应用平衡条件直接判断该结点的某些杆件的内力为零。

1）两杆交于一点，若结点无荷载，则两杆的内力都为零。

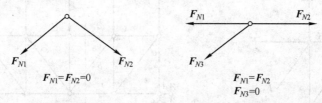

$F_{N1}=F_{N2}=0$

$F_{N1}=F_{N2}$
$F_{N3}=0$

2）三杆交于一点，其中两杆共线，若结点无荷载，则第三杆是零杆，而在直线上的两杆内力大小相等，且性质相同（同为拉力或压力）。

3）四杆交于一点，其中两两共线，若结点无荷载，则在同一直线上的两杆内力大小相等，且性质相同。

推论：若将其中一杆换成外力 F，则与 F 在同一直线上的杆的内力大小为 F，性质与 F 相同。

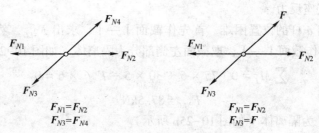

$F_{N1}=F_{N2}$
$F_{N3}=F_{N4}$

$F_{N1}=F_{N2}$
$F_{N3}=F$

若先把零杆剔出后再进行计算，可使计算大为简化。如下图所示对称结构在正对称荷载作用下，若 A 点无外荷载，则位于对称轴上的杆 1、2 都是零杆。

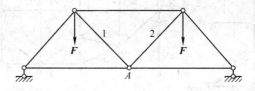

（2）**截面法**

截面法一般用于计算联合桁架，设想用一截面（不宜截断三根以上的杆）将桁架截断成两部分，暴露出截断杆的内力，隔离体上的外力与内力构成平面一般力系，由平衡条件就可以求出未知的内力。

例10-11　试求图10-24所示平行弦桁架中 a、b、c 三杆的内力。

解：（1）求支座反力。

（2）考虑截面以左部分平衡，由 $\sum M_C = 0$，$160 \times 3 - 40 \times 3 - F_{Nc} \times 4 = 0$

故：
$$F_{Nc} = 90\text{kN}$$

由
$$\sum M_D = 0, \ 160 \times 6 - 40 \times 6 - 80 \times 3 + F_{Na} \times 4 = 0$$

得：
$$F_{Na} = -120\text{kN}$$

由
$$\sum F_y = 0, \ 160 - 40 - 80 - F_{Nb} \times \cos\alpha = 0$$

故：
$$F_{Nb} = \frac{5}{4} \times 40 = 50 \text{kN}$$

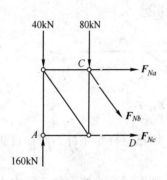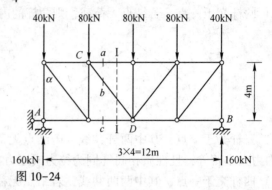

图 10-24

当要求内力的杆所处的位置比较特殊，或桁架构造比较复杂时，需取截面和取结点互相结合来求解。

例 10-12　试求图 10-25 所示桁架 a 杆的内力。

解：（1）求支座反力。

（2）直接求出 a 杆的位置困难。首先作截面 I—I，求出 F_{NEC}，然后取结点 E 就可求出 a 杆的轴力。作截面 I—I，取截面左侧部分为隔离体（如图 10-25a 所示），

由
$$\sum M_J = 0, \ 75 \times 5 + 30 \times 5 - F_{NEC} \times 6 = 0$$

故：
$$F_{NEC} = 87.5 \text{kN}$$

（3）取结点 E 为隔离体（如图 10-25b 所示）。

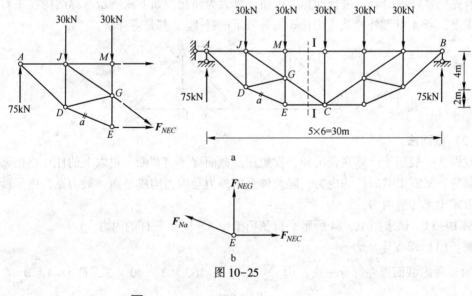

图 10-25

由
$$\sum F_x = 0, \ -F_{Na} \times \cos\alpha + F_{NEC} = 0$$

故：
$$F_{Na} = \frac{\sqrt{29}}{5} \times 87.5 = 94.24 \text{kN}$$

思考：是否还有不同的途径可以求出 F_{Na}？

10.5.3   桁架的外形对内力的影响

桁架的外形对桁架内力的分布有比较大的影响，在设计时应根据这些影响来选择合适的桁架外形。

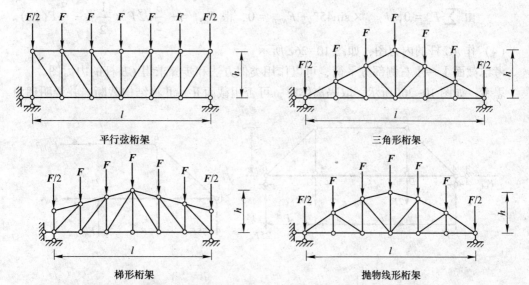

平行弦桁架   三角形桁架

梯形桁架   抛物线形桁架

上述几种类型的桁架中，梯形桁架形状介于平行弦桁架和三角形桁架之间，其内力相对比较均匀。抛物线形桁架的内力最为均匀，但构造复杂。在大跨度的结构中采用梯形桁架或抛物线形桁架是一种比较合理的选择。

10.6   组合结构的计算

组合结构是由梁式杆件和铰接链杆组成的结构。梁式杆件的内力为弯矩、剪力和轴力，而铰接链杆的内力只有轴力。两种构件组合共同承担结构的荷载。因此，求解此类结构的方法应与求解梁的方法和求解桁架的方法结合应用。组合结构的计算步骤一般为：先计算铰接链杆的轴力，然后再计算梁式杆件的弯矩、剪力和轴力。下面举例说明其计算方法。

例 10-13   组合结构如图 10-26a 所示，试求 AC 杆的内力图。

解：AC 杆、CB 杆是梁式杆件，内力有弯矩、剪力和轴力，其余杆件为桁架结构，内力只有轴力。

（1）求支座反力。

$$F_{xA} = 0, \quad F_{yA} = \frac{7}{4}F(\uparrow), \quad F_{yB} = \frac{5}{4}F(\uparrow)$$

（2）作截面 Ⅰ—Ⅰ，考虑左半部分平衡（如图 10-26b、c 所示）。

由 $\sum M_c = 0$，$\frac{7}{4}F \times 2d - 2F \times d - F_{NEH} \times d = 0$，得 $F_{NEH} = \frac{3}{2}F$。

由 $\sum F_x = 0$，$F_{NCX} - F_{NEH} = 0$，得 $F_{NCX} = \frac{3}{2}F$。

由 $\sum F_y = 0$，$\dfrac{7}{4}F - 2F + F_{NCY} = 0$，得 $F_{NCY} = \dfrac{1}{4}F$。

（3）取铰 E 为隔离体（如图 10-26d 所示）。

由 $\sum F_x = 0$，$F_{NEA} \times \cos45° - \dfrac{3}{2}F = 0$，得 $F_{NEA} = \dfrac{3}{2}\sqrt{2}F$（压）。

由 $\sum F_y = 0$，$F_{NEA} \times \sin45° + F_{NED} = 0$，得 $F_{NED} = -\dfrac{3}{2}\sqrt{2}F \times \dfrac{1}{\sqrt{2}} = -\dfrac{3}{2}F$（拉）。

（4）作 AC 杆的内力图，如图 10-26e 所示。

考虑截面 Ⅰ—Ⅰ 右侧部分平衡，可以作用类似方法和步骤求得 CB 杆的内力图。

思考：如图 10-26f 所示，取隔离体时，可否用截面 Ⅱ—Ⅱ 将结构截断？并说明理由。

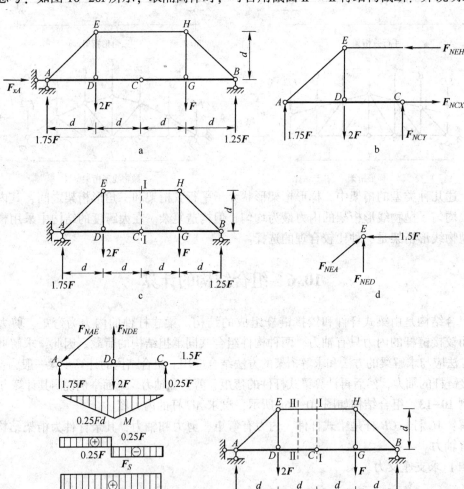

图 10-26

准确判断哪些杆件是梁式杆，哪些杆件是链杆，是计算组合结构内力的关键。

10.7 静定结构的特性

（1）静定结构除前已述及的基本特性外，还有下述几点一般特性：

1）温度变化、支座移动以及制造误差均不引起静定结构的内力。如图 10-27 所示的悬臂梁、简支梁和三铰拱，结构均不会产生内力。

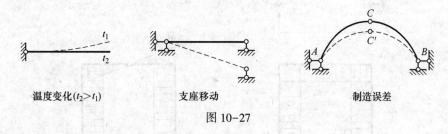

温度变化$(t_2 > t_1)$ 支座移动   制造误差

图 10-27

2）静定结构构件的可变换性。静定结构内部的某一几何不变部分可用另一个几何不变的部分替换而不改变其余部分的内力分布。图 10-28a 所示的桁架，如 *CD* 杆用一组合杆来代替（如图 10-28b 所示），桁架其余杆的内力是不会改变的。

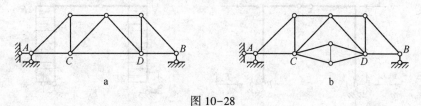

图 10-28

3）静定结构的内力与结构中各杆件的截面刚度无关。例如图 10-29 中 a 和 b 的内力是相同的。

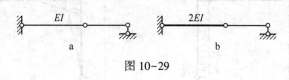

图 10-29

（2）结构的对称性

对称结构是指其几何形状与某一轴对称，以及结构的物理特性也与该轴对称的结构。对称结构在正对称荷载作用下，其反力是对称的，弯矩图、轴力图是对称的，剪力图是反对称的，其位移也是对称的，如图 10-30 所示。

对称结构在反对称荷载作用下，其弯矩、轴力是反对称的，其位移也是反对称的，而其剪力图则是对称的，如图 10-31 所示。

利用对称性可以使对称结构的计算大为简化。如图 10-32a、b 中只需计算左半部分即可，右半部分根据对称性得出。

需要指出的是：在静定结构中，只要结构的几何形状、支撑对称即为对称结构，静定结构的内力与结构中各杆的截面刚度无关；在超静定结构中，要求结构的几何形状、支撑和刚度分布都对称时才为对称结构。

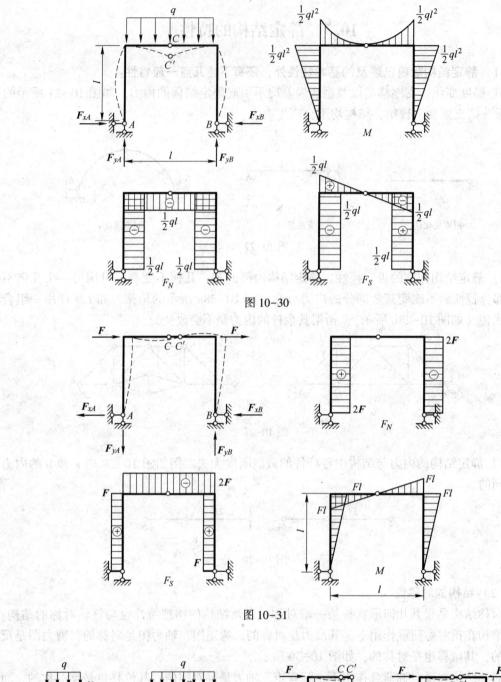

图 10-30

图 10-31

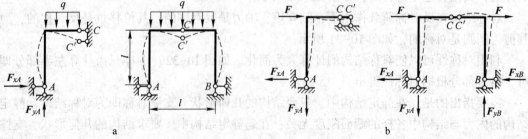

图 10-32

—— 小　结 ——

　　静定结构是没有多余约束的几何不变体系，静定结构的基本静力特征是满足平衡条件的解答是唯一的。静定结构的反力和内力只需用静力平衡条件就可以确定。静定平面结构主要有单跨和多跨静定梁、静定刚架、静定拱、静定桁架和组合结构。

　　（1）求作多跨静定梁内力图的方法

　　将多跨静定梁拆分为若干单跨梁，计算支座反力时，应首先计算附属部分，再计算基本部分，支座反力求得后，可求作出各单跨梁的内力图，然后连为一体，即可得到多跨静定梁的内力图。

　　（2）求作静定平面刚架内力图的方法

　　将刚架拆成单个杆件，求各杆件的杆端内力，分别作出各杆件的内力图，然后将各杆的内力图合并在一起即得到静定平面刚架的内力图。

　　（3）三铰拱的内力计算方法

　　计算三铰拱的支座反力和内力均可采用相应的"简支代梁"来代替计算。

　　（4）静定平面桁架的内力计算方法

　　基本方法有结点法和截面法，此外，还有联合法。

　　（5）组合结构的内力计算方法

　　先分清组合结构中的链杆和梁式杆，计算内力时，先计算链杆的轴力，然后计算梁式杆的内力。

习　题

10-1　作图示单跨静定梁的弯矩图。

图 10-33　习题 10-1 图

10-2　试作出图示多跨静定梁的内力图。

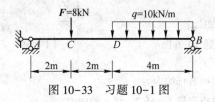

图 10-34　习题 10-2 图

10-3　试求图示多跨静定梁的最大弯矩。

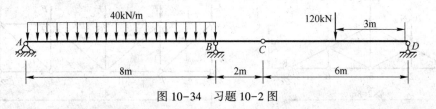

图 10-35　习题 10-3 图

10-4　试作图示静定刚架的内力图。

10-5 试作图示三铰刚架的内力图。

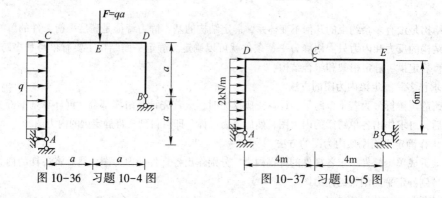

图 10-36 习题 10-4 图   图 10-37 习题 10-5 图

10-6 试作图所示刚架的内力图。

10-7 设三铰拱上作用有沿拱轴均匀分布的自重竖向荷载 p（为常数），试求其合理拱轴线。

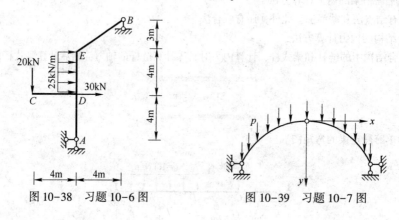

图 10-38 习题 10-6 图   图 10-39 习题 10-7 图

10-8 试用结点法计算图示桁架中各杆的内力。

10-9 试用截面法求图示桁架中指定杆 1、杆 2、杆 3 的内力。

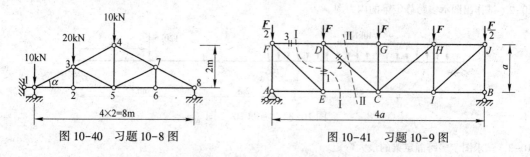

图 10-40 习题 10-8 图   图 10-41 习题 10-9 图

10-10 试计算如图所示组合结构的内力。

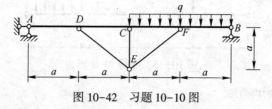

图 10-42 习题 10-10 图

11 静定结构位移计算

11.1 概　述

11.1.1 结构的位移

结构在荷载作用下会产生内力和变形，由于变形，结构上各点的位置会发生改变。结构的位移是指结构上的某一截面在荷载或其他因素作用下由某一位置移动到另一位置，这个移动的量就称为该截面的位移，结构的位移一般分为**线位移**和**角位移**。

（1）荷载引起结构产生位移

图 11-1a 所示的刚架在荷载作用下，结构产生图 11-1b 中表示的弯曲变形，引起刚架的 D 点位置发生了改变，即 D 点移动到 D' 点，产生线位移为 Δ_D，而线位移 Δ_D 通常分解为水平方向的位移 Δ_{DU} 和铅垂方向的位移 Δ_{DV}，如图 11-1b 所示。同时，截面 D 还产生角位移 θ。

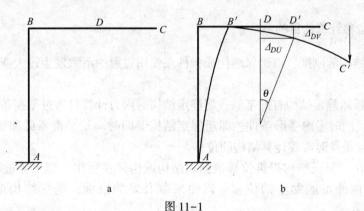

图 11-1

（2）温度变化引起结构产生位移

静定结构在温度变化的影响下，虽然不产生内力，结构会产生变形和位移，如图11-2所示。

（3）支座位移引起结构产生位移

静定结构在支座位移时不引起内力，杆件只有刚体位移不产生变形，结构产生位移，如图 11-3 所示。

（4）制造误差或材料胀缩引起结构产生位移

静定结构在制造误差或材料胀缩时不引起内力，杆件只有刚体位移不产生变形，结构产生位移，如图 11-4 所示。

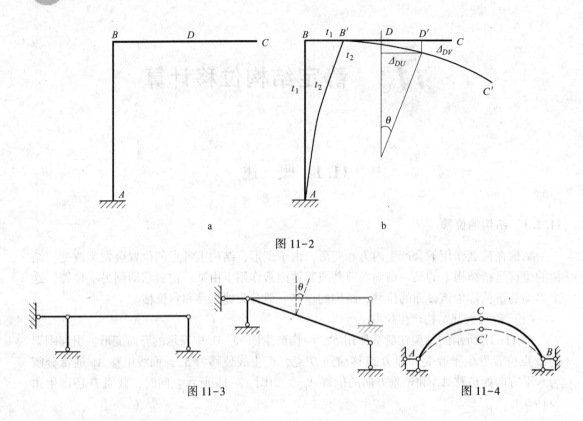

图 11-2

图 11-3　　　　　　　　　　　　图 11-4

11.1.2　结构位移计算的目的

（1）验算结构的刚度，以确保结构或构件在使用过程中不致发生过大变形而影响结构的正常使用。

（2）为分析超静定结构打好基础，超静定结构的内力计算只通过平衡条件是不能完全确定的，还必须同时考虑变形条件，即超静定结构要同时满足平衡条件和变形连续条件，而建立变形连续条件时需要计算结构的位移。

（3）为制作、架设结构提供位移依据。结构或构件在制作、施工等过程中需要预先知道该结构或构件可能发生的位移，以便采取必要的措施，确保结构或构件的正常使用。

11.1.3　求解结构位移的方法

（1）**几何法**

研究变形和位移的几何关系，用求解微分方程式的办法求出某截面的位移（材料力学用过，但对复杂的杆系不适用）。

（2）**功能法**

应用虚功原理及应变能（卡氏定理）求解结构位移。本章只讨论应用虚功原理求解结构位移。

11.2 外力在弹性体位移上所做的功

11.2.1 外力的实功

实功：力在其本身引起的位移上所做的功。图 11-5 所示为一线性直杆受轴向外力 F 作用，设 F 的大小由零逐渐增至 F，杆的伸长相应地从零增至 Δ，位移 Δ 是由外力 F 引起的，在此过程中，F 做的实功可表示为：

$$W = \int_0^\Delta F' \mathrm{d}\Delta'$$

设线弹性材料的弹性系数为 k，则：

$$F' = k\Delta'$$

所以

$$W = \int_0^\Delta k\Delta' \mathrm{d}\Delta' = \frac{1}{2}k\Delta^2 = \frac{1}{2}F\Delta = \frac{F^2}{2k}$$

实功的数值就等于图上三角形 OAB 的面积。实功是外力的非线性函数，计算外力实功不能应用叠加原理。

11.2.2 外力的虚功

虚功：力在其他原因引起的位移上所做的功，即做功的力系和相应的位移是彼此独立无关的。如图 11-6 所示，一线性直杆受轴向外力 F 作用处于平衡状态，若该直杆受另一因素影响（可以是另一个力或温度变化等其他因素）使直杆产生伸长变形 Δ_t，在此过程中 F 大小没有改变而是移动了 Δ_t，所以它在 Δ_t 上所做的虚功为：

$$\delta W = F\Delta_t$$

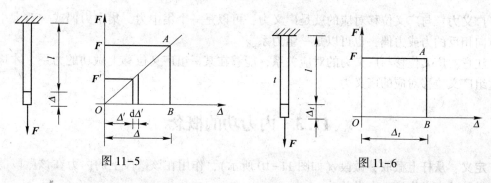

图 11-5   图 11-6

虚功的数值是位移曲线所围的矩形面积。虚功中的力与位移两者相互独立，力在做功过程中为常数，而且在考虑位移时，只考虑其最终的状态，而不考虑其过程，所以虚功这一概念不但可用于刚体，也可用于包括弹性体在内的任何变形体。计算外力虚功可应用叠加原理。

例如，图 11-7 中，F_1 力在其引起的位移 Δ_{11} 上做的实功为：

$$W = \frac{1}{2}F_1\Delta_{11}$$

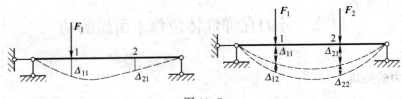

图 11-7

力 F_1 在力 F_2 引起的位移 Δ_{12} 上做的虚功为：

$$\delta W = F_1 \Delta_{12}$$

11.2.3　广义位移和广义力

广义位移：结构产生的各种位移，包括截面的线位移、角位移、相对线位移、相对角位移或者是一组位移等都可泛称为广义位移。

如图 11-8 中截面 C、D 的相对竖向线位移 $\Delta_{CDV} = \Delta_{CV} + \Delta_{DV}$ 和图 11-9 中截面 C、D 的相对角位移 $\theta = \theta_C + \theta_D$ 都是广义位移。

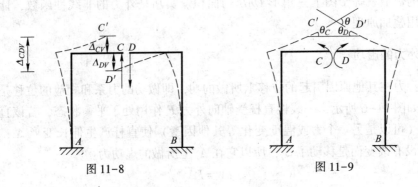

图 11-8　　　　　　　　　图 11-9

广义力：与广义位移对应的就是广义力，可以是一个集中力，集中力偶或一对大小相等方向相反的力或力偶，也可以是一组力系。

注意：广义位移与广义力的对应关系，能够在某一组广义位移上做功的力系，才称为与这组广义位移对应的广义力。

11.3　内力功的概念

定义：从杆上截取一微段（如图 11-10 所示），作用在该微段上的内力在该微段的变形上做的功定义为该内力做的功。

该微段上相应的变形为：

轴向变形　　　　　　　　　　$\varepsilon = \dfrac{\mathrm{d}\lambda}{\mathrm{d}s}$

剪力变形　　　　　　　　　　$\gamma = \dfrac{\mathrm{d}\eta}{\mathrm{d}s}$

弯曲变形　　　　　　$\dfrac{1}{\rho} = k = \dfrac{\mathrm{d}\theta}{\mathrm{d}s}$

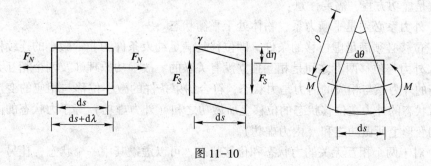

图 11-10

（1）内力实功

如果变形就是由此内力引起的，则此微段上内力功应为实功，其为轴力、剪力和弯矩分别做的功之和。

$$dw = \frac{1}{2}F_N d\lambda + \frac{1}{2}F_S d\eta + \frac{1}{2}M d\theta \tag{11-1}$$

因为

$$d\lambda = \varepsilon ds, \quad d\eta = \gamma ds, \quad d\theta = k ds = \frac{1}{\rho}ds \tag{11-2}$$

所以

$$dw = \frac{1}{2}F_N \varepsilon ds + \frac{1}{2}F_S \gamma ds + \frac{1}{2}M k ds \tag{11-3}$$

由胡克定律有：

$$\varepsilon = \frac{F_N}{EA}, \quad \gamma = \frac{\mu F_S}{GA}, \quad \frac{1}{\rho} = \frac{M}{EI} \tag{11-4}$$

故

$$dw = \frac{1}{2}\frac{F_N^2}{EA}ds + \frac{1}{2}\frac{\mu F_S^2}{GA}ds + \frac{1}{2}\frac{M^2}{EI}ds \tag{11-5}$$

即实功数值上就等于微段的应变能。

（2）内力虚功

若变形与内力彼此无关，则此微段上的内力功是虚功，其为：

$$dw_i = F_N d\lambda + F_S d\eta + M d\theta \tag{11-6}$$

对于整根杆的内力虚功，则可对整根杆积分，求得：

$$W_i = \int_s F_N d\lambda + \int_s F_S d\eta + \int_s M d\theta \tag{11-7}$$

式中，$d\lambda$、$d\eta$ 和 $d\theta$ 的具体表达式要视引起这个变形的具体原因而定。

11.4　变形体的虚功原理

11.4.1　虚功原理

设变形体在外力系作用下处于平衡状态。当变形体由于其他原因产生符合约束条件的微小连续位移时，则外力系在位移上做的虚功的总和为 δW_e，等于变形体的内力在变形上做的虚功的总和 δW_i，即：

$$\delta W_e = \delta W_i \tag{11-8}$$

这就是虚功方程，需要注意：

（1）外力系必须是平衡力系，物体处于平衡状态。

（2）位移必须满足虚位移的条件，即位移是满足约束条件的非常微小的连续位移。

（3）外力与位移两者之间是相互独立没有关联的。故虚功原理涉及两个相互无关的状态，平衡的外力系与相应的内力是力状态；符合约束条件的微小位移与相应的变形是位移状态。力状态的外力在位移状态的位移上所做功之和（外力虚功）等于力状态的内力在位移状态的变形上所做功之和（内力虚功）。

（4）对于两个相互无关的力状态和位移状态，可以虚设其中一个状态，让另一实际状态在此虚设状态下做功，列出虚功方程，可以求解不同的问题。

11.4.2   虚位移原理

令实际的力状态在虚设的位移状态下做功所建立的虚功方程表达的是力的平衡条件，从中可以求出实际力系中的未知力，这就是虚位移原理。

例如：应用虚位移原理求图 11-11 多跨梁支座 C 的反力 F_C。

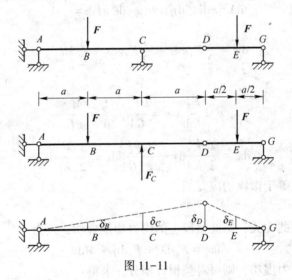

图 11-11

撤除与 F_C 相应的约束，将 F_C 变成主动力，取与 F_C 正向一致的刚体位移作为虚位移，使荷载及支座反力在虚位移上做虚功，列出虚功方程：

$$F_C \cdot \delta_C - F\delta_B - F\delta_E = 0$$

$$F_C \cdot \delta_C - F\left(\frac{1}{2}\delta_C\right) - F\left(\frac{3}{4}\delta_C\right) = 0$$

故：

$$F_C = \frac{5}{4}F$$

可见，虚位移原理写出的虚功方程是一个平衡方程式，可用于求解平衡力系中的未知力。

11.4.3   虚力原理

令虚设的平衡力系在实际的位移状态下做功所建立虚功方程表达的是位移协调条件，

从中可求出位移状态中的一些未知位移，这就是虚力原理（也称为余虚功原理）。

例如：图 11-12 所示外伸梁，当 A 支座向上移动一个已知位移 c_1，应用虚位移原理求点 B 产生的竖向位移 Δ。

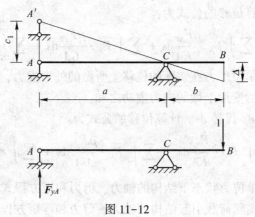

图 11-12

在拟求线位移的方向加单位力，由平衡条件 $\overline{F}_{yA} = -\dfrac{b}{a}$，令虚设的平衡力系在实际的位移状态下做功，得虚功方程：

$$\Delta \times 1 + c_1 \times \overline{F}_{yA} = 0$$

求得 $\Delta = -c_1 \overline{F}_{yA} = -c_1\left(-\dfrac{b}{a}\right) = \dfrac{b}{a}c_1(\downarrow)$，方向与单位力方向相同。

可见，虚力原理写出的虚功方程是一个几何方程，可用于求解几何问题。结构位移的计算方法正是基于虚力原理的计算方法。

11.5　荷载作用下的位移计算公式

图 11-13 所示结构在荷载作用下发生变形，现用虚力原理求在荷载作用下 D 点的竖向位移 Δ_{DV}。为此，虚设一个力状态，在 D 点上加一单位竖向力，令虚设的力状态在实际位移上做功，列出虚功方程：

$$\delta W_e = \delta W_i$$

$$1 \times \Delta_{DV} = \sum \int_0^l \overline{F}_N \mathrm{d}\lambda + \sum \int_0^l \overline{F}_S \mathrm{d}\eta + \sum \int_0^l \overline{M} \mathrm{d}\theta$$

实际的位移状态　　　　　　　虚设的力状态

图 11-13

在荷载作用下，有：

$$d\lambda = \frac{F_{NP}}{EA}ds, \quad d\eta = \frac{\mu F_{SP}}{GA}ds, \quad d\theta = \frac{M_P}{EI}ds$$

故荷载作用下的计算位移的公式为：

$$1 \times \Delta_{DV} = \sum \int_s \overline{F}_N \cdot \frac{F_{NP}}{EA}ds + \sum \int_s \overline{F}_S \cdot \frac{\mu F_{SP}}{GA}ds + \sum \int_s \overline{M} \cdot \frac{M_P}{EI}ds \qquad (11-9)$$

等号左侧是虚设的单位外力在实际的位移上所做的外力虚力，右侧是虚设单位力状态的内力在实际位移状态的变形上做的内力虚功之和。

对于直杆，则可用 dx 代替 ds。计算位移的公式为：

$$\Delta_{DV} = \sum \int_0^l \overline{F}_N \cdot \frac{F_{NP}}{EA}dx + \sum \int_0^l \overline{F}_S \cdot \frac{\mu F_{SP}}{GA}dx + \sum \int_0^l \overline{M} \cdot \frac{M_P}{EI}dx \qquad (11-10)$$

式中　$\overline{F}_N$，$\overline{F}_S$，$\overline{M}$——单位力状态下结构的轴力、剪力和矩方程式；

F_{NP}，F_{SP}，M_P——实际荷载引起结构的轴力、剪力和弯矩方程式；

E，G——材料的弹性模量和剪力弹性模量；

A，I——杆件的横截面面积和横截面惯性矩；

μ——剪力在截面上分布的不均匀系数，对于矩形截面 $\mu = 1.2$。

不同的结构，轴力、剪力和弯矩做的功所占的比重也不同，位移计算公式可作如下简化：

（1）梁、刚架（其轴力和剪力的影响很小）：

$$\Delta = \sum \int \frac{\overline{M}M_P}{EI}dx \qquad (11-11)$$

（2）桁架（只有轴力）：

$$\Delta = \sum \int \frac{\overline{F}_N F_{NP}}{EA}dx \qquad (11-12)$$

若桁架各杆均为等截面直杆，则：

$$\Delta = \sum \frac{\overline{F}_N F_{NP} \cdot l}{EA} \qquad (11-13)$$

（3）组合结构：

$$\Delta \times 1 = \sum \int \frac{\overline{M}M_P}{EI}dx + \sum \frac{\overline{F}_N F_{NP} l}{EA} \qquad (11-14)$$

（4）跨度较大的薄拱，其轴力和弯矩的影响相当，剪力的影响不计，位移计算公式为：

$$\Delta = \sum \int_s \frac{\overline{F}_N F_{NP}}{EA}ds + \sum \int_s \frac{\overline{M}M_P}{EI}ds \qquad (11-15)$$

拱坝一类的厚度较大的拱形结构，其剪力也是不能忽略的。所以计算拱坝时，轴力、剪力和弯矩三项因素都需要考虑进去。

例 11-1　图 11-14a 所示刚架，已知各杆的弹性模量 E 和截面惯性矩 I 均为常数，试求 B 点的竖向位移 Δ_{BV}，水平位移 Δ_{BU} 和位移 Δ_B。

解：（1）写出各杆的弯矩方程。

横梁 BC：

$$M_P(x) = \frac{1}{2}qx^2 \quad (0 \leqslant x \leqslant a)$$

竖柱 CA：

$$M_P(x) = \frac{1}{2}qa^2 \quad (0 \leqslant x \leqslant a)$$

作出荷载作用下的弯矩图，如图 11-14b 所示。

（2）求 B 点的竖向位移 Δ_{BV}。写出各杆在 B 点竖向单位力作用下的弯矩方程式，画出弯矩图（如图 11-14c 所示）。

横梁 BC：$\qquad \overline{M}(x) = x \quad (0 \leqslant x \leqslant a)$

竖柱 CA：$\qquad \overline{M}(x) = a \quad (0 \leqslant x \leqslant a)$

$$\Delta_{BV} = \sum \int_o^a \frac{\overline{M}M_P}{EI}dx = \int_o^a x \cdot \frac{1}{2}qx^2 \frac{dx}{EI} + \int_o^a a \cdot \frac{1}{2}qa^2 \frac{dx}{EI}$$

$$= \frac{q}{EI}\left[\frac{1}{4} \cdot \frac{1}{2}x^4 + \frac{1}{2}a^3 \cdot x\right]_o^a = \frac{5}{8}\frac{qa^4}{EI}(\downarrow)$$

（3）求 B 点的水平位移 Δ_{BU}。在 B 点加单位水平力。写出各杆的弯矩方程，并画出弯矩图，如图 11-14d 所示。

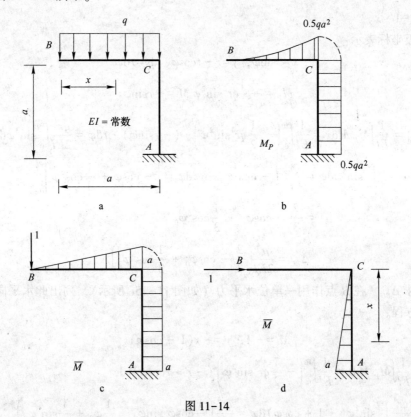

图 11-14

横梁 BC：
$$\overline{M}(x) = 0 \quad (0 \le x \le a)$$

竖柱 CA：
$$\overline{M}(x) = -x \quad (0 \le x \le a)$$

$$\Delta_{BU} = \sum \int_0^a \frac{\overline{M}M_P}{EI} \mathrm{d}x = \int_0^a -x\left(\frac{1}{2}qa^2\right)\frac{\mathrm{d}x}{EI} = -\frac{1}{4}\frac{qa^4}{EI}(\leftarrow)$$

注意：其中的负号表示位移的方向与假设的单位力的方向相反。

求 B 点的线位移 Δ_B。

$$\Delta_B = \sqrt{\Delta_{BV}^2 + \Delta_{BU}^2} = \frac{\sqrt{29}}{8} \cdot \frac{qa^4}{EI}$$

例 11-2　圆弧形悬臂梁受匀布荷载作用，如图 11-15a 所示，设曲梁矩形截面的弯曲刚度为 EI，半径为 r，圆弧 AB 的圆心角 φ_0 及荷载 q 均为已知，试求截面 B 的竖向及水平向位移 Δ_{BV} 和 Δ_{BU}。

解：当曲梁的半径较大截面比较薄时，可忽略轴力和剪力的影响。

(1) 列出曲梁在荷载作用下的弯矩方程。假定曲梁内侧纤维受拉为正弯矩。

取 B 点为坐标原点，任意截面 C 的横坐标为 x，该截面的弯矩为：

$$M_P = -\frac{1}{2}qx^2$$

(2) 求 Δ_{BV}，在 B 点加一竖向单位力（如图 11-15b 所示），单位竖向力引起的弯矩方程为：$\overline{M} = -1 \cdot x$。

采用极坐标表示：

$$x = r\sin\varphi, \ y = r - r\cos\varphi, \ \mathrm{d}s = r\mathrm{d}\varphi$$

$$\dot{M}_P = \frac{-1}{2}qr^2\sin^2\varphi \ \overline{M} = -r\sin\varphi$$

$$\Delta_{BV} = \frac{1}{EI}\int M_P \overline{M}\mathrm{d}x = \frac{1}{EI}\int_0^{\varphi_0}\left(-\frac{1}{2}qr^2\sin^2\varphi\right)\cdot(-r\sin\varphi)\cdot r\mathrm{d}\varphi = \frac{qr^4}{2EI}\int_0^{\varphi_0}\sin^3\varphi\mathrm{d}\varphi$$

由于
$$\int_0^{\varphi_0}\sin^3\varphi\mathrm{d}\varphi = \int_0^{\varphi_0}(1-\cos^2\varphi)\sin\varphi\mathrm{d}\varphi = \left[-\cos\varphi + \frac{1}{3}\cos^3\varphi\right]_0^{\varphi_0}$$

$$= \frac{2}{3} - \cos\varphi_0 + \frac{1}{3}\cos^3\varphi_0$$

所以
$$\Delta_{BC} = \frac{qr^4}{2EI}\left(\frac{2}{3} - \cos\varphi_0 + \frac{1}{3}\cos^3\varphi_0\right)$$

(3) 求 Δ_{BU}，在 B 点作用一单位水平力（如图 11-15c 所示），列出此水平向单位力引起的弯矩方程。

$$\overline{M} = -1 \cdot y = -r(1 - \cos\varphi)$$

$$\Delta_{BU} = \frac{1}{EI}\int M_P \overline{M}\mathrm{d}s = \frac{1}{EI}\int_0^{\varphi_0}\left(-\frac{1}{2}qr^2\sin^2\varphi\right)(-r + r\cos\varphi)r\mathrm{d}\varphi$$

$$= \frac{qr^4}{2EI}\int_0^{\varphi_0}\sin^2\varphi(-1 + \cos\varphi)\mathrm{d}\varphi = \frac{qr^4}{2EI}\left(\frac{1}{2}\cos\varphi_0\sin\varphi_0 - \frac{1}{2}\varphi_0 + \frac{1}{3}\sin^3\varphi_0\right)$$

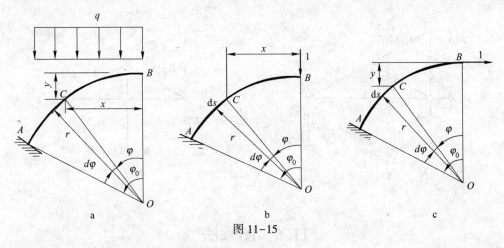

图 11-15

例 11-3 平面桁架如图 11-16a 所示，已知各杆截面积均为 $A = 0.4 \times 10^{-2} \mathrm{m}^2$，弹性模量 $E = 200\mathrm{GPa}$，试求 B 点和 D 点的竖向位移。

解：（1）求出实际荷载状态下各杆的内力 F_{NP}（如图 11-16b 所示）。

（2）求 Δ_{BV}。在 B 点加一向下的单位力，求出此单位力引起的各杆轴力 $\overline{F}_N$（如图 11-16c 所示）。

$$
\begin{aligned}
\Delta_{BV} &= \sum \frac{\overline{F}_N F_{NP} l}{EA} \\
&= \left[2 \times 1.667 \times 40 \times 5 + 2 \times (-1.333) \times (-32) \times 4 + \right. \\
&\quad \left. (-1) \times (-24) \times 6 \right] \frac{1}{200 \times 10^6 \times 0.4 \times 10^{-2}} \\
&= (666.8 + 341.25 + 144)/80 \times 10^4 = 14.4 \times 10^{-4}\mathrm{m}
\end{aligned}
$$

（3）求 Δ_{DV}。在 D 点加一向下的单位力，求出此单位力引起的各杆轴力 $\overline{F}_N$（如图 11-16d 所示）。

$$
\begin{aligned}
\Delta_{DV} &= \sum \frac{\overline{F}_N \cdot F_{NP} \cdot l}{EA} \\
&= \left[0.833 \times 40 \times 5 + (-0.5) \times (-24) \times 6 \right] \times \frac{1}{200 \times 10^6 \times 0.4 \times 10^{-2}} \\
&= (166.6 + 72)/80 \times 10^4 = 2.98 \times 10^{-4}\mathrm{m}
\end{aligned}
$$

图 11-16a、b 桁架图（含 C、A、D、B 各点，3m、3m、4m、4m 尺寸，24kN 荷载；F_{NP} 图标注 40kN、-24kN、-32kN、0 等内力值）

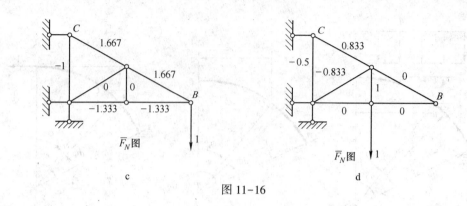

图 11-16

11.6　图乘法

从前述用积分法计算结构位移中可知，计算位移的问题可归结为计算实、虚两种状态的内力表达式乘积的积分问题。当结构的杆件数目较多，荷载较复杂时，需要逐杆逐段积分，然后再求和，使得积分计算工作量大。为避免繁锁的积分运算，对某些特殊且常见的位移计算问题，可采用图乘的几何运算方法来代替积分运算，使得计算问题大为简化，这种计算方法称为**图乘法**。

若杆件是均质材料的等截面直杆（杆件的 EI 为常数或可分为若干常数段），且弯矩图 M_P 和 $\overline{M}$ 中有一个是直线图形，可将计算梁或刚架结构的位移的积分运算变成图乘的几何运算。设图 11-17 所示为等截面直杆 AB 段上的两个弯矩图，实际状态弯矩 M_P 为任意形状，虚设状态弯矩 $\overline{M}$ 图为一段直线，则有 $\overline{M}=x\tan\alpha$，于是：

$$\int_A^B \frac{\overline{M}M_P}{EI}\mathrm{d}x = \frac{1}{EI}\int_A^B x\tan\alpha M_P\mathrm{d}x = \frac{1}{EI}\tan\alpha\int_A^B xM_P\mathrm{d}x = \frac{1}{EI}\tan\alpha\int_A^B x\mathrm{d}A$$

式中，$\mathrm{d}A$ 表示 M_P 图中 $\mathrm{d}x$ 微段的微面积，因而积分 $\int_A^B x\mathrm{d}A$ 就是 M_P 图形面积 A 对 y 轴的静矩。

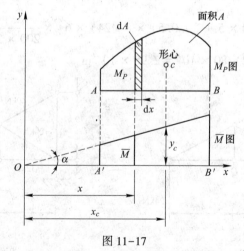

图 11-17

由静矩的性质可知

$$\int_A^B x\mathrm{d}A = Ax_c$$

式中，x_c 为 M_P 图形心到 y 轴的距离。因此，有 $\int_A^B \dfrac{\overline{M}M_P}{EI}\mathrm{d}x = \dfrac{1}{EI}Ax_c\tan\alpha$，而 $x_c\tan\alpha = y_c$，为

$\overline{M}$ 图中与 M_P 图形心相对应的纵坐标。于是导得：

$$\int_A^B \frac{\overline{M}M_P}{EI}\mathrm{d}x = \frac{1}{EI}Ay_c$$

故位移计算式（11-11）可改写为

$$\Delta = \sum \int \frac{\overline{M}M_P}{EI}\mathrm{d}x = \sum \frac{Ay_c}{EI} \tag{11-16}$$

例 11-4 试用图乘法计算例 11-1 所示刚架（如图 11-8a 所示）B 点的竖向及水平位移。

解：先作出荷载作用下的弯矩图 M_P，如图 11-18b 所示。

（1）求 B 点的竖向位移 Δ_{BV}。

在 B 点作一向下的单位力 $\overline{F} = 1$，作其弯矩图 $\overline{M}$（如图 11-18c 所示）。由图乘法得：

$$\Delta_{BV} = \sum \frac{Ay_c}{EI} = \frac{1}{EI}\left(\frac{1}{3}\cdot\frac{1}{2}qa^2\cdot a\cdot\frac{3}{4}a + \frac{1}{2}qa^2\cdot a\cdot a\right) = \frac{1}{EI}\frac{5}{8}qa^4(\downarrow)$$

（2）求 B 点的水平位移 Δ_{BU}。

为此，在 B 点作一向右（方向向右或向左，可任意假定）的单位力 $\overline{F} = 1$，画出弯矩

图 $\overline{M}$（如图 11-18d 所示），由图乘法得：

$$\Delta_{BU} = \sum \frac{Ay_c}{EI} = \frac{1}{EI}\left(-\frac{1}{2}a\cdot a\cdot\frac{1}{2}qa^2\right) = -\frac{1}{EI}\frac{1}{4}qa^4(\leftarrow)$$

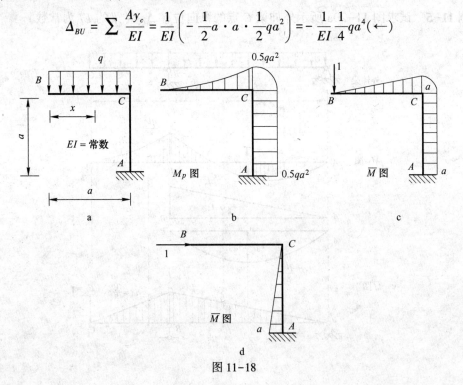

图 11-18

几点说明：

（1）当 $\overline{M}$ 和 M_P 两个图形处于杆的同一侧时，乘积取正号；处于杆的不同侧时，乘积取负号。

（2）计算结果若为正，表示位移的方向与所假定的单位力的方向一致。若为负号则表示位移的方向与单位力的方向相反。

（3）当图形中有抛物线时，则需计算由抛物线围成的图形的面积和形心的位置。图 11-19 列出了几种常用的抛物线图形的面积及形心位置。

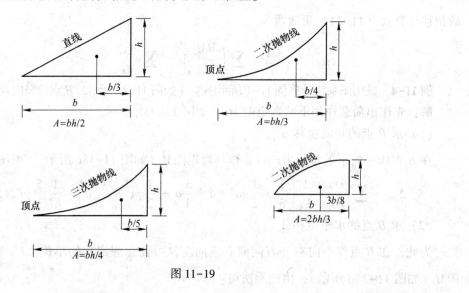

图 11-19

例 11-5　试求图 11-20a 所示外伸梁 C 点的纵向位移 Δ_{Cy}（梁的 EI 为常数）。

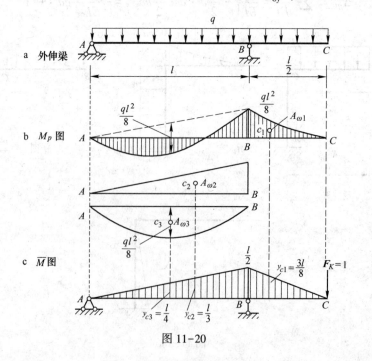

图 11-20

解：（1）作出 M_P 图，如图 11-20b 所示。

（2）在外伸梁 C 点虚设与 Δ_{Cy} 相应的单位力，如图 11-20c 所示。作出 $\overline{M}$ 图，如图 11-20c 所示。

（3）用图乘法求位移。

$$\Delta_{Cy} = \sum \frac{1}{EI} A_\omega y_c = \frac{1}{EI}(A_{\omega 1}y_{c1} + A_{\omega 2}y_{c2} - A_{\omega 3}y_{c3})$$

$$= \frac{1}{EI}\left[\left(\frac{1}{3} \times \frac{ql^2}{8} \times \frac{l}{2}\right) \times \frac{3l}{8} + \left(\frac{1}{2} \times \frac{ql^2}{8} \times l\right) \times \frac{l}{3} - \left(\frac{2}{3} \times \frac{ql^2}{8} \times l\right) \times \frac{l}{4}\right]$$

$$= \frac{ql^4}{128EI}(\downarrow)$$

例 11-6　刚架受荷载如图 11-21a 所示，试求结点 B 的水平位移 Δ_{BU}。

解：（1）作刚架在荷载作用下的弯矩图 M_P，如图 11-21c 所示。

注意：M_P 图中 AB 段的图形是一条折线。

M_P 图中 BC 杆的弯矩图可看成是由梯形面积 $B'BCC'$ 中减去抛物线面积而成，图乘时将梯形面积与抛物线面积分别与 M_1 图对应的面积相乘。

（2）在 B 点处加一单位水平力 $F=1$，作弯矩图 $\overline{M}$，如图 11-21b 所示。

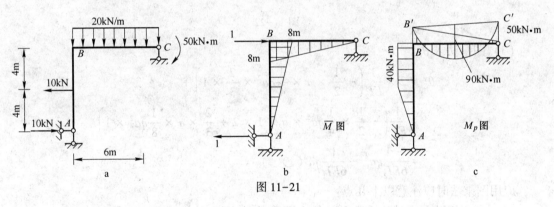

图 11-21

$$\Delta_{BU} = \frac{1}{EI}\left[-\frac{1}{2} \times 6 \times 50 \times \frac{1}{3} \times 8 - \frac{1}{2} \times 6 \times 40 \times \frac{2}{3} \times 8 + \frac{2}{3} \times 6 \times 90 - \right.$$

$$\left. \frac{1}{2}(8+4) \times 4 \times 40 - \frac{1}{2} \times 4 \times 4 \times \frac{2}{3} \times 40\right]$$

$$= \frac{1}{EI}(-400 - 640 + 1440 - 960 - 213.33)$$

$$= -\frac{773.33}{2.5 \times 10^6} = -309.2 \times 10^{-6}\text{m}(\leftarrow)$$

例 11-7　三铰刚架如图 11-22a 所示，试求 C 铰在受力后两侧截面的相对角位移 θ_c。

解：（1）作用荷载弯矩图 M_P，如图 11-22b 所示。

（2）求相对转角 θ_c，在 C 铰两侧作用一对大小相等方向相反的力矩，作单位力弯矩图 $\overline{M}$，如图 11-22c 所示。

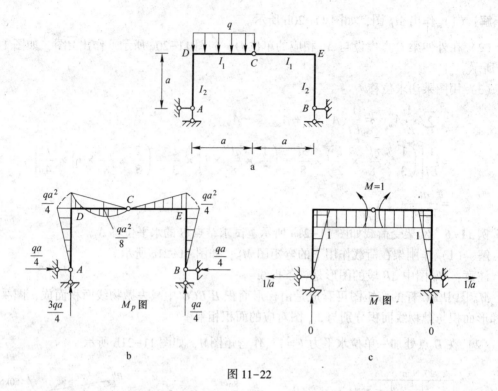

图 11-22

（3）图乘法求 θ_C。

$$\theta_C = 2 \times \frac{1}{EI_2}\left(-\frac{1}{2} \times a \times \frac{1}{4}qa^2 \times \frac{2}{3} \times 1\right) +$$

$$\frac{1}{EI_1}\left(-\frac{1}{2} \times \frac{1}{4}qa^2 \times a \times 1 \times 2 + \frac{2}{3} \times a \times \frac{1}{8}qa^2 \times 1\right)$$

$$= \frac{-1}{6EI_2}qa^4 - \frac{1}{6EI_1}qa^4 (\curvearrowright)$$

应用图乘法时应注意以下几点：

（1）在应用图乘法时要注意必须符合图乘法的应用条件，两个弯矩图 M_P 和 M_1 中必定要有一个是直线图，且纵坐标 y_c 只能取自直线图形。

（2）若某一图形是几段直线组成的折线，则应分段计算。

（3）若图形比较复杂，可将其分解为几个简单图形，分别计算后再进行叠加。如一梯形图形与一直线图形相乘，则应将梯形图划分成两个三角形计算。

11.7　线弹性体的互等定理

F_1 作用下产生的内力和变形称为第一状态，F_2 作用下产生的内力和变形称为第二状态。

（1）**虚功互等定理**：第一状态的外力在第二状态的位移上所做的功等于第二状态的外力在第一状态的位移上所做的功（如图 11-23 所示），即：

$$F_1\Delta_{12} = F_2\Delta_{21} \quad \text{或} \quad W_{12} = W_{21}$$

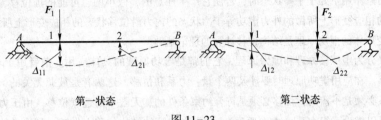

第一状态　　　　　　　第二状态

图 11-23

（2）**位移互等定理**：第二个单位力所引起的第一个单位力作用点沿其方向的位移 δ_{12}，等于第一个单位力所引起的第二个单位力作用点沿其方向的位移 δ_{21}（如图 11-24 所示），即：

$$\delta_{12} = \delta_{21}$$

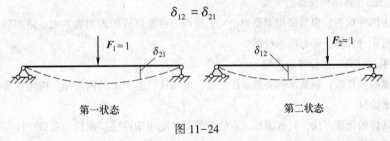

第一状态　　　　　　　第二状态

图 11-24

这里的单位力可以认为是广义的单位力，位移也可以认为是广义位移。虽然会出现角位移和线位移相等，二者含义不同，但二者在数值上是相等的，量纲也相同，定理亦成立。

（3）**反力互等定理**：支座 1 发生单位位移所引起的支座 2 的反力，等于支座 2 发生单位位移所引起的支座 1 的反力（如图 11-25 所示），即：

$$r_{21} = r_{12}$$

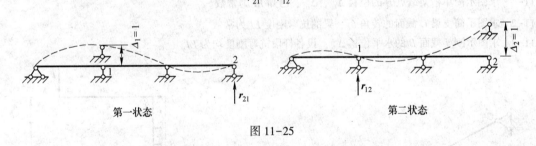

第一状态　　　　　　　　　　第二状态

图 11-25

反力互等定理用来说明在超静定结构中，假设两个支座分别产生单位位移时，两个状态中反力的互等关系。反力互等定理只有在超静定结构中才成立，对静定结构不适用。

—— 小　结 ——

结构的位移是指结构的变形引起结构各截面位置的变化。结构的位移一般分为线位移和角位移。荷载作用、温度改变、材料胀缩、支座移动和制造误差等都会使结构产生位移。

实功是指力在自身引起的位移上所做的功。当做功的力与相应的位移之间彼此独立无关时，这种功称为虚功。

变形体在力系作用下处于平衡状态时，若使它产生任意的、微小的、可能的虚位移，则力状态的外力沿位移状态的相应变形上所做的外力虚功等于力状态的内力沿位移状态的相应变形上所做的内力虚功，即 $\delta W_e = \delta W_i$，变形体的虚功原理是结构位移计算的理论基础。

虚功原理又分为虚位移原理和虚力原理，它们都是虚功原理的具体应用。前者用于求内力和反力，后者用于求位移。在应用虚功原理时要涉及两个量：力系和位移，这两者是彼此无关的，但却需满足一定的条件，力系必须是平衡的；位移必须是符合约束条件的、无限小的连续位移。由于力与位移两者彼此无关，因此可以虚设一组力系（虚力原理），让它在实际的结构位移上做功，列出虚功方程，从中求出未知位移。

虚功原理本身适用于任何变形体，但在本章推导位移计算公式时引入了胡克定律，故公式（11-10）只适用于线弹性体系。

（1）用积分法计算结构位移的步骤

建立实、虚两种状态；根据结构类型列出实、虚两种状态所需的内力表达式；将所列内力表达式代入位移公式进行积分计算，即得所求位移。

（2）用图乘法计算结构位移的步骤

建立实、虚两种状态；根据结构类型求作出实、虚两种状态所需的内力图；应用图乘公式进行图乘计算，即得所求位移。

图乘法是具体的运算方法，只有满足一定的条件下才能用图乘法。曲杆、变截面杆等均不能用图乘法。阶梯形变截面杆则要分段图乘计算。

（3）互等定理是线弹性体系的基本定理，本章介绍的三个互等定理是最常用的，其中虚功的互等定理是最基本的。

习　题

11-1　求图示简单桁架结点 B 的位移 Δ_{By}，Δ_{Bx}，已知 EI 为常数。

11-2　求图示简支梁 C 截面的转角 θ_C，梁的抗弯刚度 EI 为常数。

11-3　求图示刚架截面 B 的水平位移 Δ_{Bx}，设各杆段抗弯刚度均为 EI。

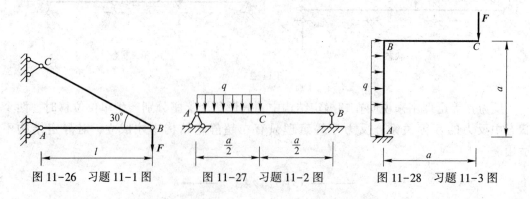

图 11-26　习题 11-1 图　　　图 11-27　习题 11-2 图　　　图 11-28　习题 11-3 图

11-4　试计算图示桁架结点 C 的竖向位移 Δ_{Cy}，设各杆 EA 为同一常数。

11-5　求图示伸臂梁截面 C 的竖向线位移 Δ_{CV} 及角位移 θ_C，EI 为常数。

11-6　试求图示组合结构 D 端的纵向位移 Δ_{Dy}，受弯杆件截面惯性矩 $I = 3.2 \times 10^{-5}\,\mathrm{m}^4$，$E = 2.1 \times 10^{11}\,\mathrm{N/m^2}$，拉杆 BE 的截面面积 $A = 16 \times 10^{-4}\,\mathrm{m}^2$。

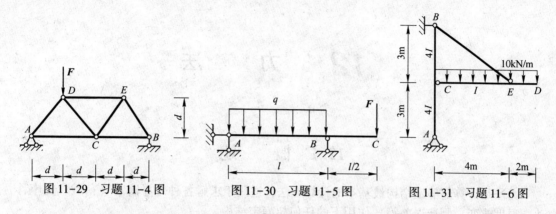

图 11-29 习题 11-4 图   图 11-30 习题 11-5 图   图 11-31 习题 11-6 图

11-7 矩形水槽如图所示，水的密度为 ρ，试求在水压力作用下水槽侧壁顶点 CD 两点之间的相对线位移 Δ_{CD}，已知侧壁和底板的 EI 为常数。

11-8 组合结构如图所示，已知 AB 杆及 BC 杆的刚度为 EI，DE 杆为 EA。求 C 点的竖向位移 Δ_{CV}。

11-9 悬臂梁受均布荷载 q 及受集中荷载 F 作用，试求悬臂端的竖向位移 Δ_{BV}。

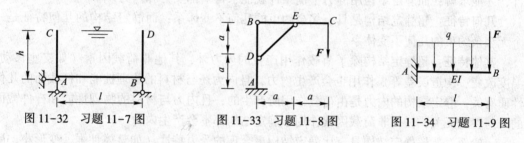

图 11-32 习题 11-7 图   图 11-33 习题 11-8 图   图 11-34 习题 11-9 图

12 力　法

12.1 概　述

力法是计算超静定结构最基本的计算方法，适用于求解各种外界因素（荷载、支座移动、温度改变、制造误差等）作用下的任何超静定结构。

具有多余约束的结构称为超静定结构，超静定结构又称为静不定结构。相对于静定结构而言，超静定结构具有如下主要特征：

静力特征：超静定结构的反力和内力不能仅由平衡条件全部解出，还须补充其他条件，才能求解；而静定结构用静力平衡条件就能求得全部反力和内力。

几何特征：超静定结构是具有多余约束的几何不变体系；而静定结构的几何特征是一个无多余约束的几何不变体系。

其他特征：超静定结构除了荷载作用产生的内力外，其他非荷载因素（如支座移动、温度改变、构造误差等）作用也会产生内力，且内力还与材料的物理性能和杆截面的几何性质有关；静定结构的内力是由荷载作用所产生的，且内力与材料的物理性能和杆件截面的几何性质无关，任何非荷载因素作用于静定结构都不会产生内力。

一般而言，超静定结构具有比静定结构更合理的受力特性（如整体性强、变形小、受力较为均匀等），在工程中得到广泛应用。

思考：图 12-1 和图 12-2 中的多余约束是多余的吗？（提示：从几何角度与结构的受力特性和使用要求两方面讨论。）

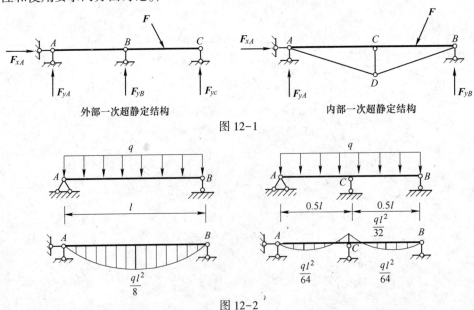

图 12-1

图 12-2

12.2 超静定次数的确定

多余约束的数目或多余未知力的数目称为超静定次数，在用力法求解超静定结构时，首先需要确定其超静定次数，通常用解除多余约束的办法确定超静定结构的超静定次数，该方法就是去掉结构中的多余约束，代之以相应的多余未知力，使原结构变成静定结构，即超静定次数 $n=$ 多余约束的数目 $=$ 多余未知力的数目。解除多余约束的方法一般有以下几种情况：

（1）**去掉一根支座链杆或切断一根链杆，相当于去掉一个约束**

如图 12-3a 所示的连续梁，去掉 B 支座链杆而变成静定结构，如图 12-3b 所示。因 $n=1$，故该结构一次超静定。又如图 12-3c 所示的组合梁，切断下弦链杆而变成静定结构，如图 12-3d 所示。因 $n=1$，故该结构也为一次超静定。

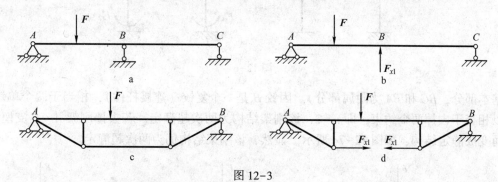

图 12-3

（2）**去掉一个单铰，相当于去掉两个约束**

如图 12-4a 所示的结构，去掉一个单铰而变成静定结构，如图 12-4b 所示。因 $n=2$，故该结构为两次超静定。

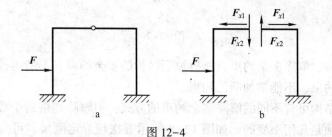

图 12-4

（3）**切断一根梁式杆，相当于去掉三个约束**

如图 12-5a 所示刚架结构，将结构杆件任一处截开而变成为静定结构，如图 12-5b 所示。因 $n=3$，故该刚架结构为三次超静定。

（4）**将刚结点改为单铰或把固定端支座改为固定铰支座，相当于去掉一个约束**

如图 12-6a 所示刚架结构，将刚结点改为铰后变成静定结构（三铰刚架），如 12-6b 所示。因 $n=3$，故该刚架结构仍为三次超静定。

若将刚结点改为铰，但此铰不是单铰而是复铰，则去掉的约束数目等于复铰所折算的单铰个数。例如，将图 12-7a 所示刚结点 B 改为铰，即得图 12-7b 所示的静定结构（BD

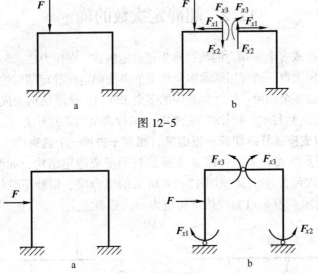

图 12-5

图 12-6

为基本部分，BC 和 BA 为附属部分）。因铰 B 是一个复铰（连接杆件），相当于两个单铰，所以相当于去掉两个约束，即 $n=2$，该刚架结构为两次超静定。若去掉刚架 A、C 支座链杆而变成静定结构，如图 12-7c 所示。显然，该刚架结构仍为两次超静定。

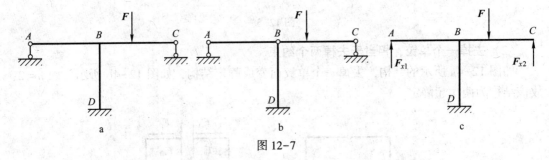

图 12-7

需要注意的是，解除多余约束只能拆掉原结构的多余约束，不能拆掉必要约束；只能在原结构中减少约束，不能增加新的约束。

同一超静定结构可有不同的解除多余约束的方式，但解除约束的个数是相同的，解除约束后的体系必须是几何不变的。如图 12-8 所示五次超静定刚架，可按不同的解除多余约束的方式，分别得到静定悬臂刚架、静定刚架和静定简支刚架。

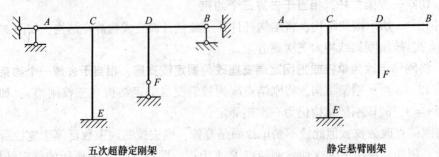

五次超静定刚架　　　　　　　　　**静定悬臂刚架**

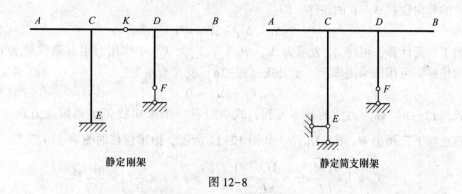

静定刚架   静定简支刚架

图 12-8

12.3 力法的基本原理及力法典型方程

12.3.1 力法的基本原理

（1）**力法基本思路**：去掉多余约束代之以多余未知力，将原结构转化为一个在荷载和未知力共同作用下的静定结构（基本体系）。沿多余未知力方向建立位移协调方程，解方程就可以求出多余未知力 X_1，最后将求出的多余未知力作用于基本结构，用叠加法即可求出超静定结构的内力。

例如，图 12-9 中的一次超静定单跨梁，原结构的 B 是刚性支座，该点的竖向位移是零。即原结构在 B 点的竖向位移为：$\Delta_1 = 0$。

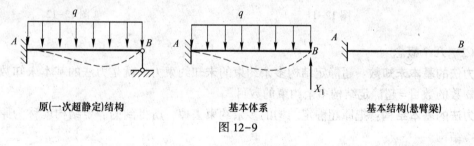

原(一次超静定)结构   基本体系   基本结构(悬臂梁)

图 12-9

在荷载 q 作用下 B 点产生向下的位移为 Δ_{1P}，未知力 X_1 的作用将使 B 点产生向上的位移为 Δ_{1X}，如图 12-10 所示。

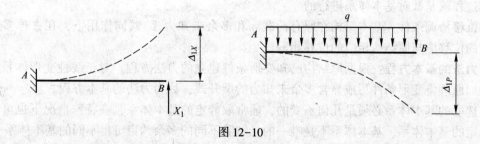

图 12-10

要使基本体系的受力情况与原结构一样，则必须 B 的位移也与原结构一样，即要求满

足该点的竖向位移 $\Delta_1 = 0$ 的条件，即：

$$\Delta_1 = \Delta_{1X} + \Delta_{1P} = 0 \tag{12-1a}$$

为了方便计算，可将 Δ_{1X} 表示为 $\Delta_{1X} = \delta_{11}X_1$，$\delta_{11}$ 为 $X_1 = 1$ 作用时引起悬臂梁点 B 沿 X_1 方向的位移，可用图乘法求出。于是式（12-1a）就可表示为：

$$\delta_{11}X_1 + \Delta_{1P} = 0 \tag{12-1b}$$

式（12-1b）称为力法的基本方程，式中只有一个未知数 X_1，可解此方程求出 X_1。具体算法如下：画出 M_P 图和 $\overline{M}_1$ 图，如图 12-11 所示，由求位移的图乘法可得：

$$\delta_{11} = \int \frac{\overline{M}_1\,\overline{M}_1}{EI}\mathrm{d}x = \frac{Ay_C}{EI} = \frac{1}{EI}\left(\frac{1}{2}\times l \times l \times \frac{2}{3}l\right) = \frac{1}{3EI}l^3$$

$$\Delta_{1P} = \int \frac{\overline{M}_1 M_P}{EI}\mathrm{d}x = \frac{Ay_C}{EI} = -\frac{1}{EI}\left(\frac{1}{3}\times \frac{1}{2}ql^2 \times l \times \frac{3}{4}l\right) = -\frac{ql^4}{8EI}$$

将 δ_{11}、Δ_{1P} 代入力法典型方程，解得：

$$X_1 = -\frac{\Delta_{1P}}{\delta_{11}} = \frac{3}{8}ql$$

将求出的多余未知力作用于基本结构，用叠加法即可求出原超静定结构的弯矩图（如图 12-12 所示）。

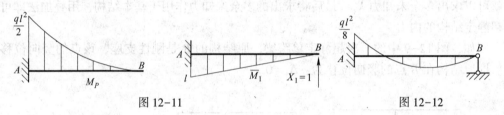

图 12-11　　　　　　　　　　　　　　　　图 12-12

（2）几个概念

力法的基本未知数：超静定结构多余约束的未知约束力，就是力法的基本未知数。基本未知数的数目＝超静定结构多余约束的数目。

力法的基本结构：把原超静定结构的多余约束去掉，所得到的静定结构就称为原结构的基本结构。

力法的基本体系：在基本结构上加上外荷载及多余约束力，就得到了基本体系。即去掉多余约束代之以多余未知力，得到基本体系。基本体系是力法的计算对象，整个力法的计算过程就是针对基本体系进行的。

位移协调条件：基本结构在原有荷载 q 和多余未知力 X_1 共同作用下，在去掉多余联系处的位移应与原结构相应的位移相等。

力法的基本方程：根据原结构已知变形条件建立的力法方程。对于线性变形体系，应用叠加原理将变形条件写成显含多余未知力的展开式，称为力法的基本方程。

选取的基本体系必须是几何不变的，通常取静定的基本体系，在特殊情况下也可以取超静定的基本体系。基本体系不是唯一的，解除不同的多余约束可得不同的基本体系。

为进一步理解力法的原理和解题方法，现以一个二次超静定刚架如图 12-13 所示为例来建立力法方程，图中荷载为作用在刚性结点 C 上的集中力矩 M。

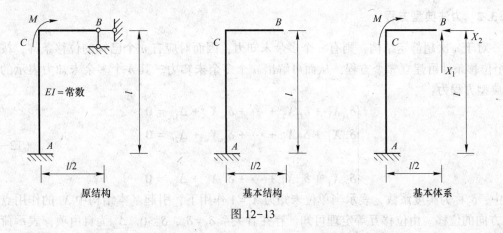

图 12-13

解除支座 B 的两根链杆约束后，得到基本结构、基本体系和力法基本未知数 X_1 与 X_2。

位移协调条件：基本结构在原有荷载 M 和赘余力 X_1、X_2 共同作用下，在去掉赘余联系处的位移应与原结构相应的位移相等（如图 12-14 所示）。

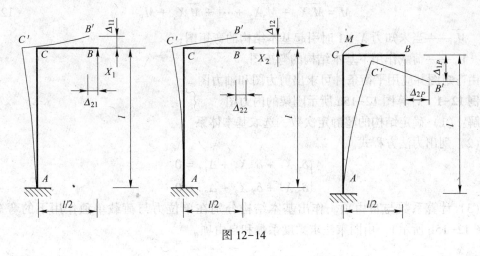

图 12-14

基本体系在 X_1 方向的位移为零，$\Delta_1 = 0$。

基本体系在 X_2 方向的位移为零，$\Delta_2 = 0$。

即：
$$\begin{cases} \Delta_1 = \Delta_{11} + \Delta_{12} + \Delta_{1P} = 0 \\ \Delta_2 = \Delta_{21} + \Delta_{22} + \Delta_{2P} = 0 \end{cases}$$

将 $\quad\quad\quad\quad \Delta_{12} = \delta_{12}X_2, \quad \Delta_{21} = \delta_{21}X_1, \quad \Delta_{11} = \delta_{11}X_1, \quad \Delta_{22} = \delta_{22}X_2$

代入上式，得两次超静定的力法基本方程：

$$\begin{cases} \delta_{11}X_1 + \delta_{12}X_2 + \Delta_{1P} = 0 \\ \delta_{21}X_1 + \delta_{22}X_2 + \Delta_{2P} = 0 \end{cases} \tag{12-2}$$

综上所述，力法的基本原理是以多余未知力作为基本未知量，取去掉多余约束代之以多余未知力的静定体系为基本体系，并根据去掉多余约束处的已知位移条件建立以多余未知力表示的力法基本方程，解出多余未知力，将超静定结构的计算转化为对其静定基本结构的计算。

12.3.2　力法典型方程

对于 n 次超静定结构，则有 n 个多余未知力，因而对应有 n 个已知的位移条件，按此 n 个位移条件可建立 n 个方程，从而可解出 n 个多余未知力。其 n 个多余未知力表示的力法典型方程为：

$$\begin{cases} \delta_{11}X_1 + \delta_{12}X_2 + \cdots + \delta_{1n}X_n + \Delta_{1P} = 0 \\ \delta_{21}X_1 + \delta_{22}X_2 + \cdots + \delta_{2n}X_n + \Delta_{2P} = 0 \\ \quad\vdots \qquad\quad\vdots \qquad\qquad\quad\vdots \qquad\quad\vdots \\ \delta_{n1}X_1 + \delta_{n2}X_2 + \cdots + \delta_{nn}X_n + \Delta_{nP} = 0 \end{cases} \tag{12-3}$$

式中，δ_{ij} 称为柔度系数，表示当单位未知力 $X_j = 1$ 作用下，引起基本结构中 X_i 的作用点沿 X_i 方向的位移。由位移互等定理可知，存在着关系 $\delta_{ij} = \delta_{ji}$，$\delta_{ij} > 0$。$\Delta_{iP}$ 为自由项，表示荷载作用下引起基本结构中 X_i 的作用点沿 X_i 方向的位移。

由力法典型方程解出 n 个基本未知数 X_1，X_2，$\cdots$，X_n 后，就将超静定问题转化成静定问题了。

弯矩可根据基本体系直接计算，也可用叠加原理计算弯矩：

$$M = \overline{M_1}X_1 + \overline{M_2}X_2 + \cdots + \overline{M_i}X_n + M_P \tag{12-4}$$

式中　$\overline{M_1}$——当未知力 $X_i = 1$ 时引起基本结构的弯矩图；

$\quad\quad M_P$——荷载作用下基本结构的弯矩图。

由弯矩图并应用平衡条件可求出剪力图和轴力图。

例 12-1　计算图 12-15a 所示刚架的内力图。

解：（1）确定结构的超静定次数，选取基本体系。

（2）列出力法方程式。

$$\begin{cases} \delta_{11}X_1 + \delta_{12}X_2 + \Delta_{1P} = 0 \\ \delta_{21}X_1 + \delta_{22}X_2 + \Delta_{2P} = 0 \end{cases}$$

（3）计算系数与自由项。作出基本结构分别在单位力与荷载单独作用下的弯矩图（如图 12-15b 所示），由图乘法求柔度系数和自由项。

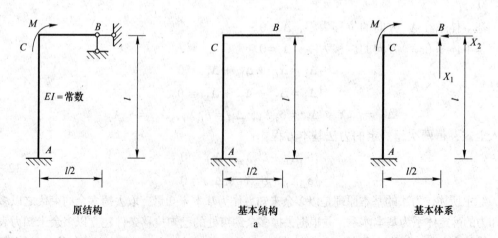

原结构　　　　　　　基本结构　　　　　　　基本体系

a

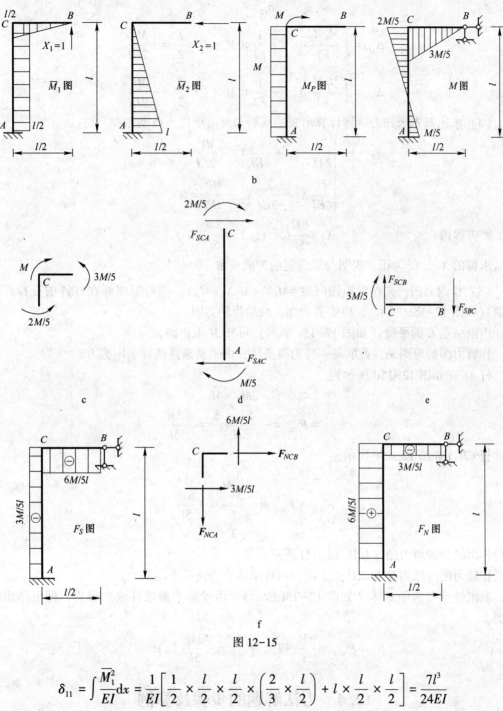

图 12-15

$$\delta_{11} = \int \frac{\overline{M}_1^2}{EI} \mathrm{d}x = \frac{1}{EI}\left[\frac{1}{2} \times \frac{l}{2} \times \frac{l}{2} \times \left(\frac{2}{3} \times \frac{l}{2} \right) + l \times \frac{l}{2} \times \frac{l}{2} \right] = \frac{7l^3}{24EI}$$

$$\delta_{22} = \int \frac{\overline{M}_2^2}{EI} \mathrm{d}x = \frac{1}{EI} \times \frac{1}{2} \times l \times l \times \frac{2}{3} \times l = \frac{l^3}{3EI}$$

$$\delta_{12} = \int \frac{\overline{M}_1 \, \overline{M}_2}{EI} \mathrm{d}x = \frac{1}{EI} \times \frac{l}{2} \times l \times l \times \frac{2}{2} = \frac{l^3}{4EI}$$

$$\delta_{12} = \delta_{21}$$

$$\Delta_{1P} = \int \frac{\overline{M}_1 M_P}{EI} dx = -\frac{1}{EI} \times M \times l \times \frac{l}{2} = -\frac{Ml^2}{2EI}$$

$$\Delta_{2P} = \int \frac{\overline{M}_2 M_P}{EI} dx = -\frac{1}{EI} \times M \times l \times \frac{l}{2} = -\frac{Ml^2}{2EI}$$

（4）求出基本未知力。将计算出来的系数与自由项代入典型方程，得：

$$\begin{cases} \dfrac{7l^3}{24EI} X_1 + \dfrac{l^3}{4EI} X_2 - \dfrac{Ml^2}{2EI} = 0 \\[3mm] \dfrac{l^3}{4EI} X_1 + \dfrac{l^3}{3EI} X_2 - \dfrac{Ml^2}{2EI} = 0 \end{cases}$$

解方程得：
$$X_1 = \frac{6M}{5l}(\uparrow), \quad X_2 = \frac{3M}{5l}(\leftarrow)$$

求得的 X_1、X_2 为正，表明与原假定的方向一致。

（5）作内力图。先作弯矩图（$M = \overline{M}_1 X_1 + \overline{M}_2 X_2 + M_P$），把弯矩图画在杆件的受拉纤维一侧（如图 12-15b 所示）。再作剪力图，最后作轴力图。

由刚结点 C 的平衡（如图 12-15c 所示）可知 M 图正确。

作剪力图的原则是，截取每一杆为隔离体，由平衡条件便可求出剪力。

杆 AC（如图 12-15d 所示）：

$$F_{SCA} = F_{SAC} = -\frac{\dfrac{2M}{5} + \dfrac{M}{5}}{l} = -\frac{3M}{5l}$$

杆 CB（如图 12-15e 所示）：

$$F_{SCB} = F_{SBC} = -\frac{\dfrac{3}{5}M}{\dfrac{l}{2}} = -\frac{6M}{5l}$$

则可作出结构的剪力图（如图 12-15f 所示）。

作轴力图的原则是考虑结点平衡，由杆端的剪力便可求出轴力。

取刚结点 C 为隔离体（如图 12-15f 所示），由投影平衡条件求出轴力，即可作出轴力图。

$$F_{NCA} = \frac{6M}{5l}(\text{拉}), \quad F_{NCB} = -\frac{3M}{5l}(\text{压})$$

12.4　力法解题的步骤及算例

（1）确定结构的超静定次数，选取适当的约束作为多余约束并加以解除，代之以多余约束的约束反力，即基本未知数，即得基本体系。

（2）列力法方程式 $\delta_{ij} X_j + \Delta_{iP} = 0$（$i, j = 1, 2, 3, \cdots, n$）。

（3）计算系数与自由项。分别画出基本结构在单位未知力和荷载作用下的弯矩图。等直杆用图乘法计算；曲杆则列出弯矩方程用积分公式计算。

（4）将计算出来的系数与自由项代入典型方程。解此方程，求出基本未知力。

（5）在基本体系上计算各杆端内力，并据此作出基本体系的内力图，也就是原结构的内力图。

（6）校核。

例 12-2 用力法求解图 12-16a 所示刚架内力，并作弯矩图和剪力图。

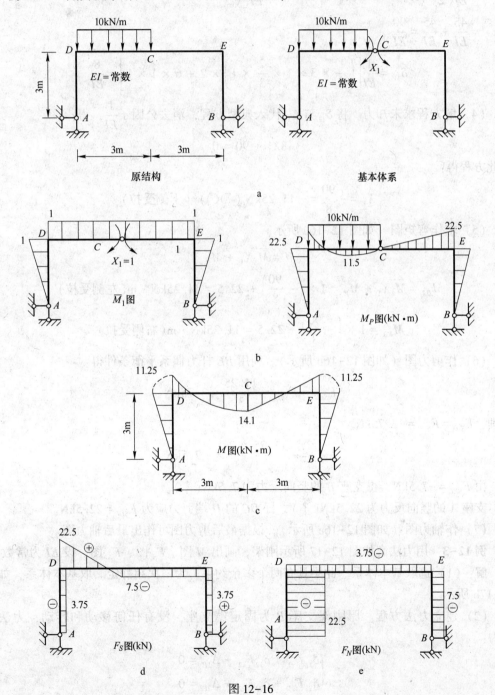

图 12-16

解：（1）确定超静定次数，选择基本体系。

（2）列出力法典型方程：

$$\delta_{11}X_1 + \Delta_{1P} = 0$$

（3）计算系数及自由项。作 $\overline{M}_1$、M_P 图（如图 12-16b 所示）。由图乘法得：

$$\Delta_{1P} = \frac{1}{EI}\left(\frac{1}{2} \times 3 \times 22.5 \times \frac{2}{3} \times 1\right) \times 2 + \frac{1}{EI}\left[\left(\frac{1}{2} \times 3 \times 225\right) \times 2 - \frac{2}{3} \times 3 \times 11.25\right] \times 1$$

$$= \frac{45}{EI} + \frac{45}{EI} = \frac{90}{EI}$$

$$\delta_{11} = \frac{1}{EI}\left[\left(\frac{1}{2} \times 3 \times 1 \times \frac{2}{3} \times 1\right) \times 2 + 6 \times 1 \times 1\right] = \frac{8}{EI}$$

（4）解方程求未知力。将 δ_{11} 与 Δ_{1P} 代入典型方程，消去公因子 $\frac{1}{EI}$，得：

$$8X_1 + 90 = 0$$

解此方程得：

$$X_1 = -\frac{90}{8} = -11.25\text{kN}（\curvearrowright\curvearrowleft）（下侧受拉）$$

（5）求作弯矩图（如图 12-16c 所示）。

$$M = \overline{M}_1 X_1 + M_P$$

$$M_{DA} = \overline{M}_1 X_1 + M_P = 1 \times \left(-\frac{90}{8}\right) + 22.5 = 11.25\text{kN} \cdot \text{m}（左侧受拉）$$

$$M_{EB} = 1 \times \left(-\frac{90}{8}\right) + 22.5 = 11.25\text{kN} \cdot \text{m}（右侧受拉）$$

（6）作剪力图（如图 12-16d 所示）。利用 BE 杆力偶系平衡条件得：

$$F_{SEB} = F_{SBE} = \frac{11.25}{3} = 3.75\text{kN}$$

同理，$F_{SDA} = F_{SAD} = -3.75\text{kN}$。

$$F_{SEC} = -\frac{11.25 \times 2}{3} = -7.5\text{kN}$$

由 $F_{SEC} = -7.5\text{kN}$，得支座 B 的竖向反力为 7.5kN（↑）。

支座 A 的竖向反力为 22.5kN（↑），杆 DC 的 D 端剪力应为 $F_{SDC} = 22.5\text{kN}$。

（7）作轴力图（如图 12-16e 所示）。根据最后剪力图可作出最后轴力图。

例 12-3　用力法解如图 12-17 所示刚架，画出 M 图、F_S 图、F_N 图。设 EI 为常数。

解：（1）选取基本体系。此梁具有两个多余约束，为二次超静定。取基本体系，如图 12-17b 所示。

（2）建立力法方程。原刚架支座 B 为固定端支座，没有任何移动和转动，力法方程为：

$$\begin{cases} \delta_{11}F_{x1} + \delta_{12}F_{x2} + \Delta_{1P} = 0 \\ \delta_{21}F_{x1} + \delta_{22}F_{x2} + \Delta_{2P} = 0 \end{cases}$$

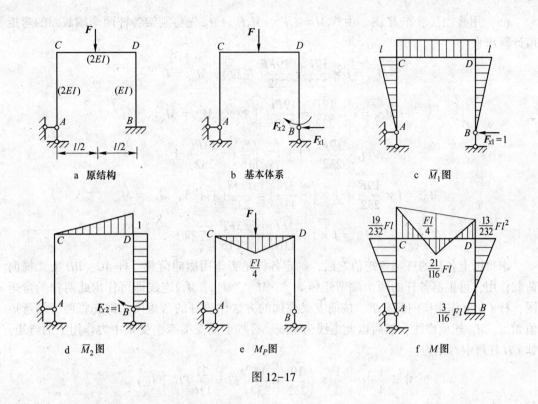

图 12-17

（3）求系数和自由项。分别绘出 $\overline{M}_1$、$\overline{M}_2$、M_P 图，如图 12-17c~e 所示。用图乘法求得各系数及自由项如下：

$$\delta_{11} = \frac{1}{2EI}(l \times l \times l) + \frac{1}{2EI}\left(\frac{1}{2} \times l \times l \times \frac{2}{3}l\right) + \frac{1}{EI}\left(\frac{1}{2} \times l \times l \times \frac{2}{3}l\right) = \frac{l^3}{EI}$$

$$\delta_{22} = \frac{1}{2EI}\left(\frac{1}{2} \times l \times 1\right) \times \left(\frac{2}{3} \times 1\right) + \frac{1}{EI}(1 \times l) \times 1 = \frac{7l}{6EI}$$

$$\delta_{12} = \delta_{21} = \frac{1}{2EI}\left(\frac{1}{2} \times 1 \times l\right) \times l + \frac{1}{EI}\left(\frac{1}{2} \times l \times l\right) \times 1 = \frac{3l^2}{4EI}$$

$$\Delta_{1P} = -\frac{1}{2EI}\left(\frac{1}{2} \times \frac{Fl}{4} \times l\right) \times l = -\frac{Fl^3}{16EI}$$

$$\Delta_{2P} = -\frac{1}{2EI}\left(\frac{1}{2} \times \frac{Fl}{4} \times l\right) \times \frac{1}{2} = -\frac{Fl^2}{32EI}$$

（4）求多余未知力 F_{x1}、F_{x2}。将所求各系数、自由项代入力法典型方程，得：

$$\begin{cases} \dfrac{l^3}{EI}F_{x1} + \dfrac{3l^2}{4EI}F_{x2} - \dfrac{Fl^3}{16EI} = 0 \\[3mm] \dfrac{3l^2}{4EI}F_{x1} + \dfrac{7l}{6EI}F_{x2} - \dfrac{Fl^2}{32EI} = 0 \end{cases}$$

联立解得：

$$F_{x1} = \frac{19F}{232}, \quad F_{x2} = -\frac{3Fl}{116}$$

（5）用叠加法求作 M 图。由式 $M = \overline{M}_1 F_{x1} + \overline{M}_2 F_{x2} + M_P$ 先将刚架各杆两个端截面的弯矩值计算出来：

$$M_{CA} = l \times \frac{19F}{232} = \frac{19Fl}{232}(左拉)，\quad M_{AC} = 0$$

$$M_{CD} = l \times \frac{19F}{232} = \frac{19Fl}{232}(上拉)，\quad M_{CA} = M_{CD}$$

$$M_{DC} = l \times \frac{19F}{232} = 1 \times \left(-\frac{3Fl}{116}\right) = \frac{13Fl}{232}(上拉)$$

$$M_{DB} = l \times \frac{19F}{232} + 1 \times \left(-\frac{3Fl}{116}\right) = \frac{13Fl}{232}(右拉)，\quad M_{DB} = M_{DC}$$

$$M_{BD} = l \times \left(-\frac{3Fl}{116}\right) = -\frac{3Fl^2}{116}(左拉)$$

求得以上各杆的杆端弯矩值之后，确定各杆是否作用横向荷载。杆 AC、BD 上无横向荷载作用，可根据各杆的两个端弯矩值 M_{AC}、M_{CA}、M_{BD}、M_{DB} 连线即可作出此两杆的弯矩图；杆 CD 上作用横向荷载 F，按简支梁叠加的方法作该杆的弯矩图，即先将两杆端弯矩值 M_{CD}、M_{DC} 连成虚线，然后以此虚线为基线，叠加上简支梁跨中受集中力作用下的弯矩。如 CD 杆跨中弯矩为：

$$M = \frac{1}{4}Fl - \frac{1}{2} \times \left(\frac{19}{232} + \frac{13}{232}\right)Fl = \frac{21}{116}Fl(下拉)$$

最后，作出弯矩图如图 12-17f 所示。

（6）求作 F_S 和 F_N 图。将求得的多余未知力 F_{x1}、F_{x2} 作用在基本结构上，按静定结构画剪力图和轴力图，如图 12-18 所示。

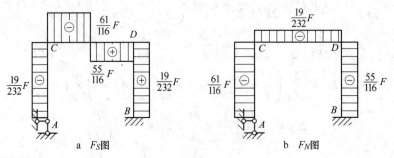

图 12-18

例 12-4　用力法计算图 12-19a 所示排架，作弯矩图。已知 $EI_3 = 1.6EI$，$EI_2 = 3.12EI$，$EI_1 = 0.68EI$。忽略排架顶部拉杆的轴向变形，将拉杆视为刚性杆。

解：（1）确定超静定次数并选定基本体系。

（2）列出力法方程。

$$\begin{cases} \delta_{11}X_1 + \delta_{12}X_2 + \Delta_{1P} = 0 \\ \delta_{21}X_1 + \delta_{22}X_2 + \Delta_{2P} = 0 \end{cases}$$

（3）计算系数及自由项。作 M_P、M_1、M_2 图（如图 12-19b 所示）。注意 δ_{11} 与 δ_{22} 都包括两部分，令 M_1 图左边柱、中间柱的计算结果分别为 δ'_{11}、δ''_{11}。

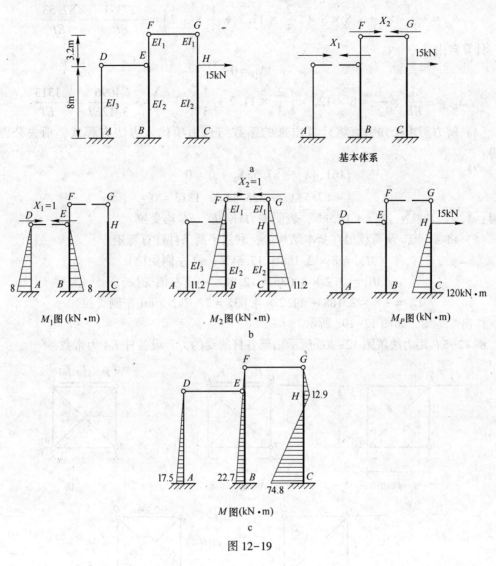

图 12-19

由 M_1 图得：$\delta'_{11} = \dfrac{8^3}{3EI_3}$，$\delta''_{11} = \dfrac{8^3}{3EI_2}$。

$$\delta_{11} = \delta'_{11} + \delta''_{11} = \frac{8^3}{3EI_3} + \frac{8^3}{3EI_2} = \frac{8^3}{3 \times 1.6EI} + \frac{8^3}{3 \times 3.12EI} = \frac{161.4}{EI}$$

$$\delta_{22} = \left[\frac{1}{EI_2}\left(\frac{1}{2} \times 11.2 \times 11.2 \times \frac{2}{3} \times 11.2 - \frac{1}{2} \times 3.2 \times 3.2 \times \frac{2}{3} \times 3.2 \right) + \right.$$

$$\left. \frac{1}{EI_1}\left(\frac{1}{2} \times 3.2 \times 3.2 \times \frac{2}{3} \times 3.2 \right) \right] \times 2$$

$$= \left[\frac{1}{3EI_2}(11.2^3 - 3.2^3) + \frac{1}{3EI_1} \times 3.2^3 \right] \times 2$$

$$= \frac{162.6}{EI} \times 2 = \frac{325.3}{EI}$$

$$\delta_{12} = -\frac{1}{EI_2} \times \frac{1}{2} \times 8 \times 8 \times \left(\frac{2}{3} \times 11.2 + \frac{1}{3} \times 3.2\right) = -\frac{273.1}{EI_2} = -\frac{87.53}{EI}$$

计算自由项：

$$\Delta_{1P} = 0$$

$$\Delta_{2P} = -\frac{1}{EI_2} \times \frac{1}{2} \times 8 \times 120 \times \left(\frac{2}{3} \times 11.2 + \frac{1}{3} \times 3.2\right) = -\frac{4096}{3.12EI} = -\frac{1313}{EI}$$

（4）解方程求未知力。将计算出来的系数与自由项代入力法方程式，消去公因子后得：

$$\begin{cases} 161.4X_1 - 87.53X_2 + 0 = 0 \\ -87.53X_1 + 325.4X_2 - 1313 = 0 \end{cases}$$

解得：$X_1 = 2.188$kN，$X_2 = 4.035$kN，表明轴力杆 DE、FG 均受拉。

（5）将 X_1、X_2 及荷载加在基本结构上，利用平衡条件计算弯矩：

$$M_{AD} = 8 \times 2.188 = 17.5\text{kN} \cdot \text{m}（左侧受拉）$$

$$M_{EF} = 3.2 \times 4.035 = 12.9\text{kN} \cdot \text{m}（左侧受拉）$$

$$M_{BF} = -8 \times 2.188 + 11.2 \times 4.035 = 27.7\text{kN} \cdot \text{m}（左侧受拉）$$

作出弯矩图，如图 12-19c 所示。

例 12-5　用力法解图 12-20a 所示桁架各杆所受的力，设各杆 EA 为常数。

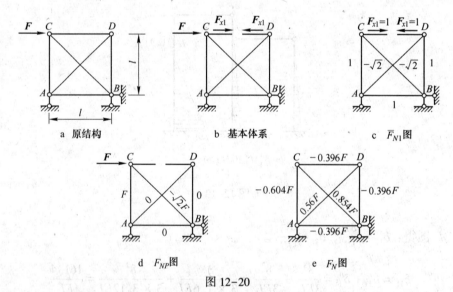

图 12-20

解：（1）选取基本体系。此桁架与基础相连且无多余约束，即外部是静定的。但桁架内部以任意铰接三角形为一个刚片，增加一个二元件得到静定桁架后多了一根链杆，桁架的这种超静定形式称为内部超静定，即该桁架是一次内部超静定。若切断链杆 CD 代之以多余力 F_{x1}，得基本体系如图 12-20b 所示。

（2）建立力法典型方程。根据基本体系切口两侧截面在 F_{x1} 和荷载共同作用下沿杆轴方向的相对线位移与原桁架相应线位移相同，即 $\Delta_1 = 0$ 的条件（切口两侧截面原来是同一截面），建立力法典型方程为：

$$\delta_{11}F_{x1} + \Delta_{1P} = 0$$

（3）求系数和自由项。分别作出 $F_{x1}=1$、荷载 F 单独作用下基本体系各杆轴力图，如图 12-20c、d 所示，然后利用桁架由位移公式求出系数和自由项为：

$$\delta_{11} = \frac{l}{EA}(1 \times 1 \times 4) + \frac{\sqrt{2}}{EA}l \times [(-\sqrt{2})^2 \times 2] = \frac{4l}{EA}(1 + \sqrt{2})$$

$$\Delta_{1P} = \frac{l}{EA}(1 \times F) + \frac{\sqrt{2}}{EA}l \times [(-\sqrt{2})(-\sqrt{2}F)] = \frac{Fl}{EA}(1 + 2\sqrt{2})$$

（4）求多余未知力 F_{x1}。将求得的 δ_{11}、Δ_{1P} 代入力法方程，得：

$$F_{x1} = -\frac{\Delta_{1P}}{\delta_{11}} = -\frac{(1 + 2\sqrt{2})F}{4(1 + \sqrt{2})} = -0.396F$$

（5）用叠加法求桁架各杆轴力。

由

$$F_N = \overline{F}_{N1}F_{x1} + F_{NP}$$

求得桁架各杆轴力值，如图 12-20e 所示。

例 12-6 用力法计算图 12-21a 所示组合结构。已知梁式杆 $EI = 1.99 \times 10^4 \text{kN} \cdot \text{m}^2$，$EA_1 = 2.48 \times 10^6 \text{kN}$。压杆 DC、EF 的 $EA_2 = 4.95 \times 10^5 \text{kN}$，拉杆 AD、DE、BE 的 $EA_3 = 2.4 \times 10^5 \text{kN}$。

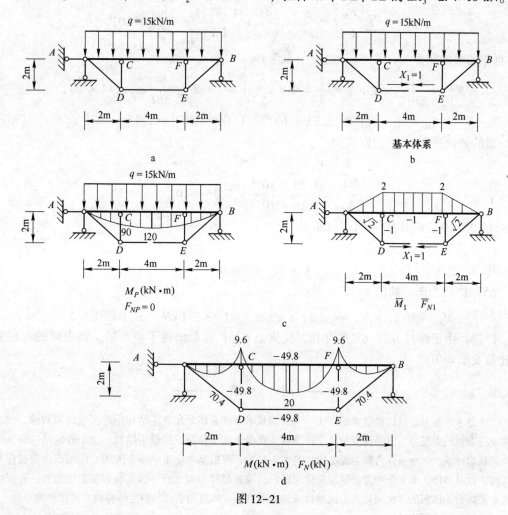

图 12-21

解：（1）原结构为一次超静定，切断 DE，得基本体系，如图 12-21b 所示。

（2）列出力法方程：

$$\delta_{11}X_1 + \Delta_{1P} = 0$$

（3）作 $\overline{F}_{N1}$、$\overline{M}_1$、M_P、F_{NP} 图，如图 12-21c 所示。

利用位移的公式：

$$\Delta = \sum \frac{F_{N1}F_{NP}}{EA} + \sum \frac{Ay_c}{EI}$$

$$\Delta_{1P} = -\frac{1}{EI}\left\{\left[\left(\frac{1}{2}\times 2 \times 90 \times \frac{2}{3}\times 2\right) + \frac{2}{3}\times 2 \times 7.5 \times \frac{1}{2}\times 2\right] \times \right.$$

$$\left. 2 + \left(4\times 90 + \frac{2}{3}\times 4 \times 30\right)\times 2\right\}$$

$$= -\frac{1}{EI}(260 + 880) = -\frac{1140}{1.99\times 10^4} = -5.73\times 10^{-2}\text{m}$$

$\overline{F}_{N1}$ 自相图乘的结果为：

$$\delta_{11}^{(1)} = \sum \frac{\overline{F}_{N1}^2}{EA}l = \frac{8}{EA_1} + \frac{4}{EA_2} + \frac{4+8\sqrt{2}}{EA_3} = 3.23\times 10^{-6}$$

$\overline{M}_1$ 自相图乘的结果为：

$$\delta_{11}^{(2)} = \frac{1}{EI}\left(\frac{1}{2}\times 2 \times 2 \times \frac{2}{3}\times 2 \times 2 + 4 \times 2 \times 2\right) = \frac{64}{3EI} = 1.144\times 10^{-3}$$

$$\delta_{11} = \delta_{11}^{(1)} + \delta_{11}^{(2)} = 3.23\times 10^{-6} + 1.144\times 10^{-3} = 1.15\times 10^{-3}$$

梁的轴向变形对 δ_{11} 的影响为：

$$\frac{\dfrac{8}{EA_1}}{\delta_{11}} = \frac{3.23\times 10^{-6}}{1.15\times 10^{-3}} = 2.81\times 10^{-3}$$

占 δ_{11} 的 0.28%，故计算 δ_{11} 时可以略去。

（4）解方程求未知力。

算得 $\qquad\qquad\qquad X_1 = 49.8\text{kN}$（拉）

（5）作内力图，如图 12-21d 所示。

$$M_{CA} = \overline{M}_1 X_1 + M_P = (-2)\times 49.8 + 90 = -9.6\text{kN}\cdot\text{m}（上侧受拉）$$

讨论：由于撑杆 DC、EF 的存在，使梁上 C、F 截面出现了负弯矩，整根梁的弯矩分布比简支梁均匀。

── 小　结 ──

力法是求解超静定结构最基本的方法。力法的基本原理是将原超静定结构中的多余约束解除，代之以相应的未知约束反力。原结构就变成了在荷载及多余未知力作用下的静定结构。这个静定结构称为原结构的基本体系，多余未知力称为原结构的基本未知数。根据基本体系中多余未知力作用点的位移应与原结构一致的条件，即多余约束处的位移谐调条件，建立位移协调方程，这就是力法典型方程。方程中的基本未知数是体系的多余未知力。这种以未知力为基本未知数的求解超静定结构的方法就称为力法。

由于基本体系满足位移谐调条件，因此基本体系的内力与变形便与原超静定结构完全一致。利用位移约束条件解出多余未知力是力法的关键，求出多余未知力后便将超静定问题转化为静定问题了。以后的计算便与静定结构的求解完全一样。

理论上力法可以求解任何超静定结构。其原理具有物理概念明晰、易于理解的特点。其不足之处是：当多余约束较多时，即超静定次数较高时，计算工作量很大。而且力法的基本体系有多种选择，难以编成通用的计算机程序，这就极大地限制了力法的应用。用力法计算超静定结构，要做到超静定次数判断准确，基本结构选取适当，位移计算无误，最后校核仔细。

用力法计算超静定结构的位移时，作单位弯矩图时可选择任意的基本结构。要理解这一点，就要理解基本体系的内力和变形与原结构完全一致这一原理。因而，求超静定结构的位移就是求基本体系的位移。基本体系的荷载弯矩图就是原超静定结构的最终弯矩图。因此，只要再画出基本体系在单位力作用下的弯矩图进行图形相乘即可。

力法典型方程由位移约束条件而来，其本质是原超静定结构上被解除多余约束处的位移应与原结构该点的位移一致的变形谐调条件，方程中的每项都是荷载或非荷载因素引起的位移，其中包括多余未知力引起的位移。方程中的每一项都不能单独使基本结构与原超静定结构的位移一致，只有将各项叠加起来才能做到这一点。所以，本章导出的力法典型方程只适用于线弹性结构。

习　题

12-1　确定图示结构的超静定次数。

12-2　确定图示结构的超静定次数。

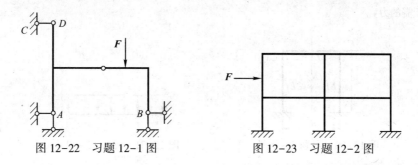

图 12-22　习题 12-1 图　　　　　图 12-23　习题 12-2 图

12-3　确定图示结构的超静定次数。

12-4　用力法计算图示超静定平面刚架，并作弯矩图。

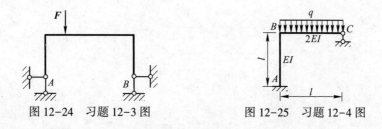

图 12-24　习题 12-3 图　　　　　图 12-25　习题 12-4 图

12-5　用力法求解图示单跨超静定梁，画出 M 图，设 EI 为常数。

12-6　用力法计算图示刚架，作弯矩图。

216

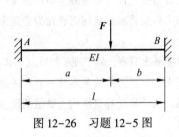

图 12-26 习题 12-5 图

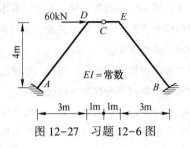

图 12-27 习题 12-6 图

12-7 用力法计算图示桁架，作轴力图，各杆 EA 相同。

12-8 用力法求作图示的单跨铰接排架受荷载 q 作用下的弯矩图（提示：可切断 CD 杆作为基本结构，根据杆 CD 切口处相对位移为零的条件建立力法方程）。

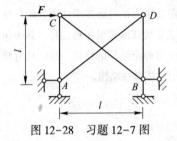

图 12-28 习题 12-7 图

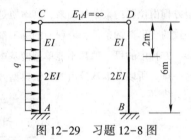

图 12-29 习题 12-8 图

12-9 作图示的刚架在水平力 F 作用下的弯矩图。

12-10 试用力法计算图示单跨梁的弯矩图。梁的 B 支座为弹簧支承，弹簧的刚度系数为 k（产生单位位移所需的力）。

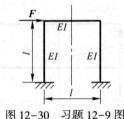

图 12-30 习题 12-9 图

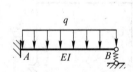

图 12-31 习题 12-10 图

13 位移法

13.1 基本概念

13.1.1 位移法的提出

力法与位移法是计算超静定结构的两种基本方法。力法是以未知力为基本未知量，运用位移协调条件建立力法方程，求出未知力，计算出全部的内力和相应的位移。在一定的外因作用下，线弹性结构的内力与位移之间存在确定的关系，故可以设定某些位移为基本未知量，**位移法**是以结点的位移（角位移和线位移）为基本未知量，运用结点或截面的平衡条件，建立位移法方程，求出未知位移，利用位移与内力之间确定的关系计算相应的内力。该方法在计算上只与结点位移的数目有关，而与结构的超静定次数无关。位移法主要是由于大量高次超静定刚架的出现而发展起来的一种方法。由于很多刚架的结点位移数远比结构的超静定次数少，采用位移法比较简单。

如图 13-1 所示六次超静定刚架，受力后结点 B 只转动一个角度，没有水平和竖向位移。如用力法求解，有六个未知约束力；用位移法求解，只有一个未知位移（θ_B）。

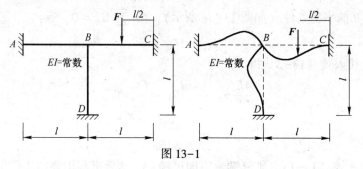

图 13-1

再如图 13-2 所示三次超静定刚架，如用力法求解，有三个未知约束力；用位移法求解，只一个未知位移（θ_B）。

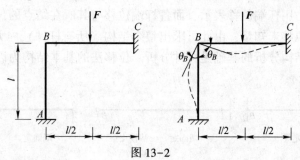

图 13-2

力法与位移法都必须满足力的平衡、位移的协调和力与位移的物理关系。为了减少基本未知量，简化计算，位移法通常作如下的基本假定：

（1）对于受弯杆件，只考虑弯曲变形，忽略轴向变形和剪切变形的影响。

（2）变形过程中，杆件的弯曲变形与它的尺寸相比是微小的（此即小变形假设），直杆两端之间的距离保持不变。

13.1.2　位移法思路

图 13-3 所示刚架，以 θ_B 为位移法基本未知量（规定顺时针转向为正）。由变形协调条件知，各杆在结点 B 端有共同的角位移 θ_B。

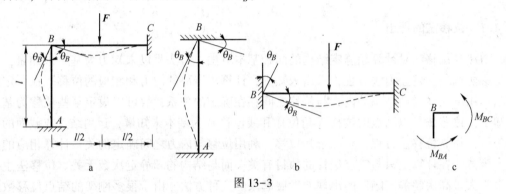

图 13-3

将原结构视为两个单跨超静定梁的组合（如图 13-3b 所示），杆端弯矩为：

$$M_{BC} = \frac{4EI}{l}\theta_B - \frac{Fl}{8}, \quad M_{BA} = \frac{4EI}{l}\theta_B \qquad (13-1)$$

考虑结点 B 的平衡条件（如图 13-3c 所示），由 $\sum M_B = 0$，有：

$$M_{BA} + M_{BC} = 0 \qquad (13-2)$$

将式（13-1）代入式（13-2）得：

$$\frac{4EI}{l}\theta_B + \frac{4EI}{l}\theta_B - \frac{Fl}{8} = 0$$

于是：

$$\theta_B = \frac{Fl^2}{64EI}$$

将 θ_B 回代入式（13-1），则杆端弯矩即可确定。然后可利用叠加法作出原结构的弯矩图，再利用平衡条件作出剪力图和轴力图。

位移法思路：设定某些结点的位移为基本未知量，取单个杆件作为计算的基本单元，将单个杆件的杆端力用杆端位移表示，而各杆端位移与其所在结点的位移相协调，然后由平衡条件求出基本位移未知量，由此可求出整个结构（所有杆件）内力。

用位移法进行结构分析的基础是杆件分析。位移法的基本结构为以下三种单跨超静定梁（如图 13-4 所示）。

两端固定梁　　　　　一端固定、一端铰支梁　　　　　一端固定、一端定向支承梁

图 13-4

仅由杆端单位位移引起的杆端内力是只与杆件截面尺寸、材料性质有关的常数，一般称为**形常数**；仅由荷载产生的杆端内力称为固端内力或**载常数**。位移法的基本结构的形常数和载常数都可由力法计算出，表 13-1 列出了一些计算结果，可供计算时直接查用，其中 $i = \dfrac{EI}{l}$ 是梁抗弯刚度与其跨度之比，称为梁的**线刚度**。查表使用时，应注意杆端内力、杆端位移符号规定：

（1）杆端弯矩以顺时针为正，逆时针为负；对结点或支座而言，则以逆时针方向为正，如图 13-5 所示。弯矩图仍画在杆件受拉纤维一侧。杆端剪力的正负号规定同前，即端剪力使梁产生顺时针转动趋势为正，反之为负。

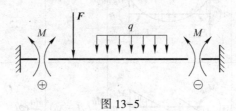

图 13-5

（2）杆件转角以顺时针为正，逆时针为负，如图 13-6 所示。杆件两端在垂直于杆轴方向上的相对线位移 Δ_{AB} 以使杆件顺时针转动为正，逆时针为负，如图 13-7 所示。

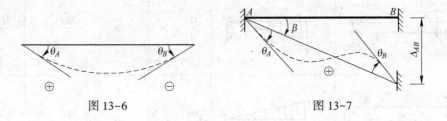

图 13-6　　　　　　　　　　　图 13-7

（3）当荷载或梁端单位位移与表中情况相反时，则杆端内力的正负也应做相应的改变。

表 13-1　单跨等截面超静定梁杆端弯矩和杆端剪力

编号	简　图	受力图 (绘于受拉边)	杆端弯矩值		杆端剪力值	
			M_{AB}	M_{BA}	F_{SAB}	F_{SBA}
1			$\dfrac{4EI}{l} = 4i$	$\dfrac{2EI}{l} = 2i$	$-\dfrac{6EI}{l^2} = -\dfrac{6i}{l}$	$-\dfrac{6EI}{l^2} = \dfrac{6i}{l}$
2			$-\dfrac{6EI}{l^2} = -\dfrac{6i}{l}$	$-\dfrac{6EI}{l^2} = -\dfrac{6i}{l}$	$\dfrac{12EI}{l^3} = \dfrac{12i}{l^2}$	$\dfrac{12EI}{l^3} = \dfrac{12i}{l^2}$

编号	简　图	受力图 （绘于受拉边）	杆端弯矩值		杆端剪力值	
			M_{AB}	M_{BA}	F_{SAB}	F_{SBA}
3			$-\dfrac{Fab^2}{l^2}$	$\dfrac{Fa^2b}{l^2}$	$\dfrac{Fb^2}{l^2}\left(1+\dfrac{2a}{l}\right)$	$-\dfrac{Fa^2}{l^2}\left(1+\dfrac{2b}{l}\right)$
4			$-\dfrac{ql^2}{12}$	$\dfrac{ql^2}{12}$	$\dfrac{ql}{2}$	$-\dfrac{ql}{2}$
5			$\dfrac{Mb}{l^2}(2l-3b)$	$\dfrac{Ma}{l^2}(2l-3a)$	$-\dfrac{6ab}{l^3}M$	$-\dfrac{6ab}{l^3}M$
6			$\dfrac{3EI}{l}=3i$	0	$-\dfrac{3EI}{l^2}=-\dfrac{3i}{l}$	$-\dfrac{3EI}{l^2}=-\dfrac{3i}{l}$
7			$-\dfrac{3EI}{l^2}=-\dfrac{3i}{l}$	0	$\dfrac{3EI}{l^3}=\dfrac{3i}{l^2}$	$\dfrac{3EI}{l^3}=\dfrac{3i}{l^2}$
8			$-\dfrac{Fb(l^2-b^2)}{2l^2}$	0	$\dfrac{Fb(3l^2-b^2)}{2l^3}$	$\dfrac{-Fa^2(3l-a)}{2l^3}$
9			$-\dfrac{ql^3}{8}$	0	$\dfrac{5}{8}ql$	$-\dfrac{3}{8}ql$
10			$\dfrac{M(l^2-3b^2)}{2l^2}$	0	$-\dfrac{3M(l^2-b^2)}{2l^3}$	$-\dfrac{3M(l^2-b^2)}{2l^3}$

编号	简 图	受力图 （绘于受拉边）	杆端弯矩值		杆端剪力值	
			M_{AB}	M_{BA}	F_{SAB}	F_{SBA}
11	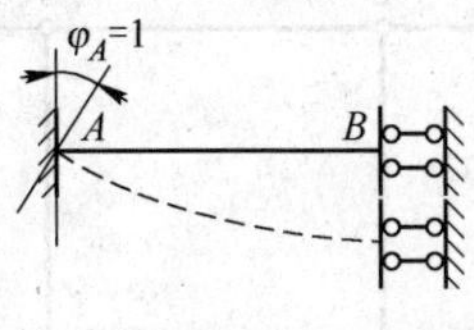 $\varphi_A=1$ 图	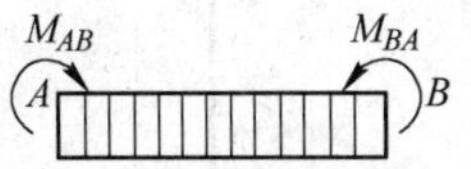 M_{AB} M_{BA} 图	$\dfrac{EI}{l}=i$	$-\dfrac{EI}{l}=-i$	0	0
12	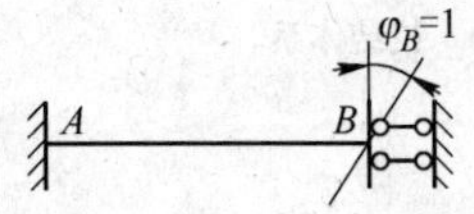 $\varphi_B=1$ 图	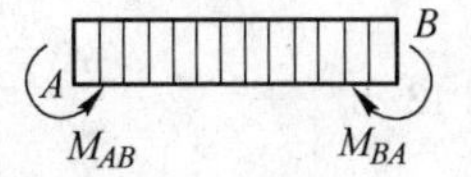 M_{AB} M_{BA} 图	$-\dfrac{EI}{l}=-i$	$\dfrac{EI}{l}=i$	0	0
13	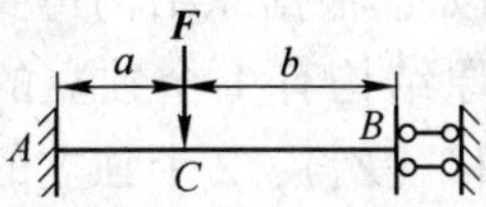 a b F C 图	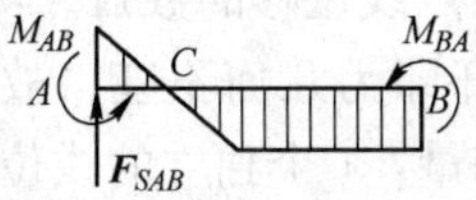 M_{AB} C M_{BA} F_{SAB} 图	$-\dfrac{Fa(l+b)}{2l}$	$-\dfrac{Fa^2}{2l}$	F	0
14	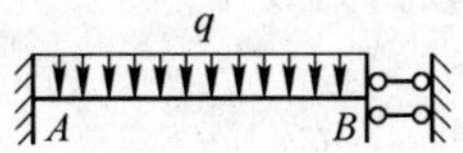 q 图	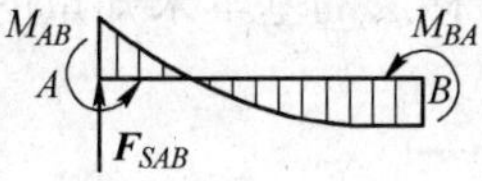 M_{AB} M_{BA} F_{SAB} 图	$-\dfrac{ql^2}{3}$	$-\dfrac{ql^2}{6}$	ql	0

13.2 位移法基本未知量数目的确定

位移法是以结点位移作为基本未知量的，从理论上讲，结构上的任何一个点均可作为结点，但在实用计算时，通常所取的结点是结构杆件的转折点、交汇点、支承点及截面的突变点等。结点位移包括结点角位移和独立的结点线位移。

（1）结点角位移的确定

确定结点角位移的数目比较简单。由于在同一刚结点处，各杆端的转角都是相等的，因此，每一个刚结点只有一个独立的角位移。在各固端支座处，其转角已知且为零，不是未知量。铰结点处（包括铰支座处的铰结点）的角位移，在计算杆端弯矩时不独立，一般不选作基本未知量。故作为基本未知量的结点角位移数目就等于刚结点的数目。如图 13-8a 所示刚架，其独立的结点角位移数目为 2。

（2）独立结点线位移的确定

结点线位移基本未知量数目等于独立结点线位移数目。确定结点线位移数目时，要注意是忽略了直杆的轴向变形的，且在小变形下受弯直杆两端之间的距离保持不变，因此直杆两端沿杆件轴线方向的位移是相等的。图 13-8a 所示刚架，节点 1、2、3 的水平线位移是相等的，而且它们都没有竖向线位移，故该刚架的独立线位移只有一个。所以刚架共有3个位移法的基本未知量：两个角位移和一个线位移。

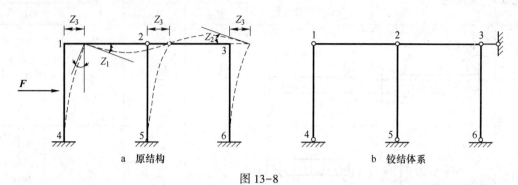

图 13-8

对于比较复杂的刚架结构，可采用换铰法，先将原结构的每一个刚结点（包括固定支座）都变成铰结点，从而得到一个相应的铰结链杆体系。为保持该体系为几何不变所需增加链杆的最少数目就是原结构独立的结点线位移的数目。例如，根据原结构得到的铰结体系（图 13-8b）中，只需增加一根链杆即为几何不变，故原结构有 1 个独立的线位移。所以该刚架共有 3 个位移法的基本未知量：1 个独立的线位移（Z_3），2 个独立的结点角位移（Z_1、Z_2）。

图 13-9 中，结构有 4 个刚结点，故有 4 个结点角位移。根据换铰法可知，需增加两根链杆，故有 2 个独立的线位移。因此，位移法的基本未知量的数目为 6 个。

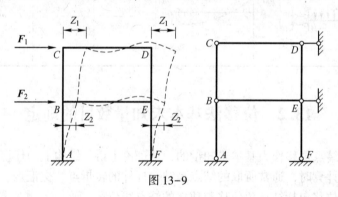

图 13-9

需注意：对于曲杆及需考虑轴向变形的杆件，变形后两端之间的距离不能看作是不变的。如图 13-10 所示结构中结点 1 和 2 的水平线位移都是独立的，独立结点线位移数目应为 2。

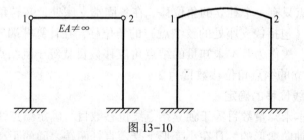

图 13-10

综上所述，**位移法基本未知量的数目等于结点角位移数与独立结点线位移数之和**。

13.3　位移法的基本结构和典型方程

13.3.1　位移法的基本结构

（1）**基本结构的概念**

对原结构添加一定数量的附加约束所得到的没有结点位移（铰结点的角位移除外）的单跨梁的组合体。

（2）**基本结构的确定**

位移法基本未知量确定后，位移法基本结构很容易确定，只需在原结构中有角位移的结点处附加阻转刚臂，在有线位移的结点处附加阻移链杆，即得位移法基本结构。图 13-11a 中，基本未知量为结点 1 的转角 Z_1 和水平线位移 Z_2，在结点 1 处附加阻转刚臂和阻移链杆，即得基本结构，如图 13-11b 所示。

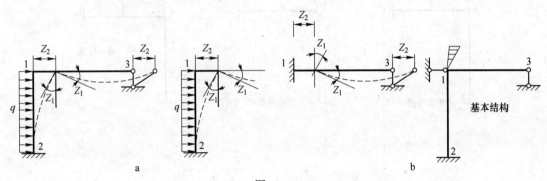

图 13-11

1）附加刚臂（用符号"┓"表示）只控制结点转动，不控制结点移动。

2）附加链杆，只控制结点沿某一方向的移动，不控制结点转动。

例如，图 13-12a 所示连续梁的基本结构如图 13-12b 所示。

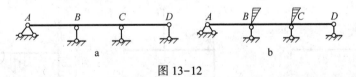

图 13-12

在确定基本结构的同时，也就确定了基本未知量及其数目。

13.3.2　位移法的基本方程

（1）**无侧移刚架**

图 13-13a 刚架基本未知量为结点 B 转角 θ_B，设其为 Z_1，在结点 B 附加刚臂得基本结构（如图 13-13b 所示）。

基本体系是指基本结构在荷载和基本未知位移共同作用下的体系。在基本结构上分别考虑：

224

1）荷载引起的附加约束中的反力 R_{1P}

2）人为给予结点 B 以转角 θ_B，由于转角而引起附加约束的附加反力 R_{11}

由线性系统的叠加原理得到位移法基本体系，如图 13-13c 所示。

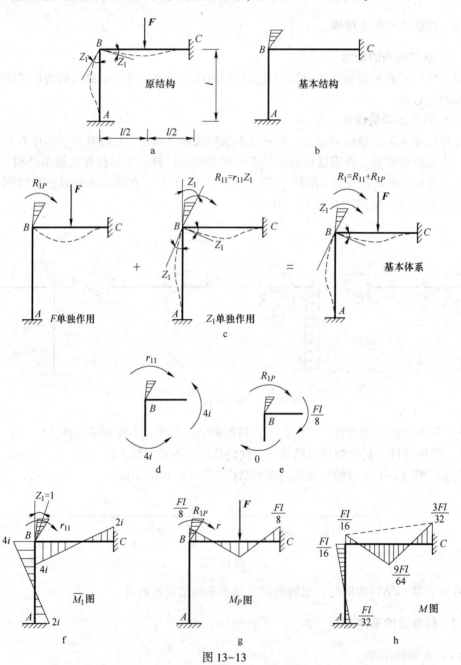

图 13-13

基本体系与原结构的区别在于原结构在结点 B 处并没有附加约束，因而也没有附加约束反力矩。

要使基本体系的受力和变形情况与原结构完全相等，必须要有 $R_{11}+R_{1P}=R_1=0$，即：

$$R_{11} + R_{1P} = 0 \tag{13-3}$$

R 的第一个下标表示产生附加反力矩的位置；第二个下标表示产生附加反力矩的原因。

设 r_{11} 为单位转角 $Z_1 = 1$ 时附加约束反力矩，则 $R_{11} = r_{11}Z_1$，将其代入式（13-3）得：

$$r_{11}Z_1 + R_{1P} = 0 \qquad\qquad (13-4)$$

上式即为求解基本未知量 Z_1 的位移法方程。

求系数 r_{11}，作出基本结构当位移 $Z_1 = 1$ 时的弯矩图 $\overline{M}_1$（如图 13-13f 所示）。

取结点 B 为隔离体（如图 13-13d 所示），由力矩平衡条件：

$$\sum M_B = 0, \quad r_{11} - 4i - 4i = 0 \quad 得 \quad r_{11} = 8i = \frac{8EI}{l}$$

求自由项 R_{1P}，作出基本结构在荷载作用时的弯矩 M_P 图（如图 13-13g 所示）。

取结点 B 为隔离体（如图 13-13e 所示），利用力矩平衡条件 $\sum M_B = 0$，得 $R_{1P} = -\dfrac{Fl}{8}$。

注意：系数 r_{11} 和自由项 R_{1P} 的正负号规定它们都与转角 Z_1 的正向一致时为正，即顺时针为正。

将系数 r_{11} 和自由项 R_{1P} 代入位移法方程式（13-4）有：

$$\frac{8EI}{l}Z_1 - \frac{Fl}{8} = 0 \quad 得 \quad Z_1 = \frac{Fl^2}{64EI}$$

结果为正，表明原结构结点 B 的角位移为顺时针转向。原结构的弯矩图可用叠加法绘制，即 $M = \overline{M}_1 Z_1 + M_P$，可得：

$$M_{BC} = 4i\frac{Fl^2}{64EI} - \frac{Fl}{8} = -\frac{1}{16}Fl$$

$$M_{BA} = 4i\frac{Fl^2}{64EI} - 0 = \frac{1}{16}Fl$$

根据弯矩图（如图 13-13h 所示），利用平衡条件，可绘出剪力图和轴力图。

（2）有侧移刚架

图 13-14a 所示刚架，有独立线位移，在荷载作用下该刚架将发生图 13-14b 所示的变形。

1）确定基本结构（如图 13-14c 所示），基本未知量为结点 1 的转角 Z_1 和结点 1、2 的独立水平线位移 Z_2（如图 13-14d 所示）。

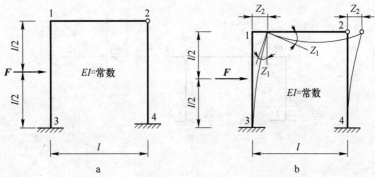

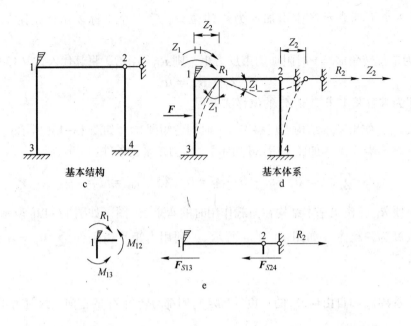

基本结构
c

基本体系
d

e

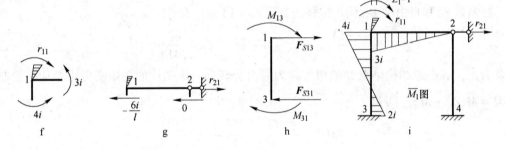

f   g   h   i

$\overline{M}_1$图

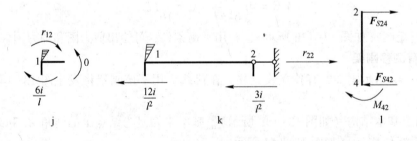

j   k   l

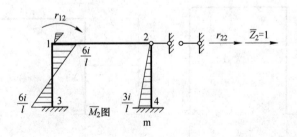

$\overline{M}_2$图
m

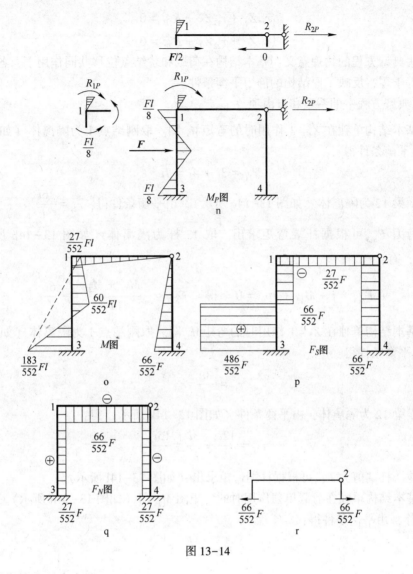

图 13-14

2）列位移法基本方程

基本体系转化为原体系的条件为附加约束上的反力 $R_1 = 0$、$R_2 = 0$，在小变形线弹性条件下，根据叠加原理可得：

$$\begin{cases} R_1 = R_{11} + R_{12} + R_{1P} = 0 \\ R_2 = R_{21} + R_{22} + R_{2P} = 0 \end{cases} \tag{13-5}$$

式（13-5）中，$R_1 = M_{12} + M_{13} = 0$ 反映了结点 1 的矩平衡条件，$R_2 = F_{S13} + F_{S24} = 0$ 反映了原结构横梁 12 的剪力平衡条件，如图 13-14e 所示。

设 $Z_1 = 1$ 时附加刚臂的约束反力矩为 r_{11}，附加链杆的约束力为 r_{21}；$Z_2 = 1$ 时附加刚臂的约束反力矩为 r_{12}，附加链杆的约束力为 r_{22}，则：

$$R_{11} = r_{11} Z_1, \quad R_{12} = r_{12} Z_2, \quad R_{21} = r_{21} Z_1, \quad R_{22} = r_{22} Z_2$$

将 R_{11}、R_{12}、R_{21}、R_{22} 代入位移法方程式（13-5）得位移法典型方程（基本方程）：

$$\begin{cases} r_{11}Z_1 + r_{12}Z_2 + R_{1P} = 0 \\ r_{21}Z_1 + r_{22}Z_2 + R_{2P} = 0 \end{cases} \tag{13-6}$$

位移法典型方程的物理意义：基本结构在荷载和各结点位移共同作用下，各附加约束中的反力等于零，反映了原结构的静力平衡条件。

3）求典型方程中的系数和自由项

①作基本结构单独在 $Z_1 = 1$ 作用时的弯矩 $\overline{M}_1$ 图。取刚结点 1 为隔离体（如图 13-14f 所示），由平衡条件得：

$$r_{11} = 3i + 4i = 7i$$

截取横梁 12 为隔离体（如图 13-14g 所示），由平衡条件得：$r_{21} = -\dfrac{6i}{l}$

杆端剪力 F_{S13} 可根据杆端弯矩求出。取 13 杆为隔离体（如图 13-14h 所示），由 $\sum M_3 = 0$，有：

$$F_{S13} \times l + M_{13} + M_{31} = 0 \quad 得 \quad F_{S13} = -\frac{M_{13} + M_{31}}{l} = -\frac{6i}{l}$$

②作基本结构单独在 $Z_2 = 1$ 作用时的弯矩 $\overline{M}_2$ 图。取刚结点 1 为隔离体（如图 13-14j 所示），由平衡条件得：

$$r_{12} = -\frac{6i}{l} = r_{21}$$

截取横梁 12 为隔离体，由平衡条件（如图 13-14k 所示）得：

$$r_{22} = \frac{12i}{l^2} + \frac{3i}{l^2} = \frac{15i}{l^2}$$

类似地，杆端剪力 F_{S24} 可根据杆端弯矩求出（如图 13-14l 所示）。

③作基本结构单独在荷载单独作用时的弯矩图 M_P 图（如图 13-14n 所示）。截取横梁 12 为隔离体，由平衡条件得：

$$R_{2P} = -\frac{F}{2}$$

取刚结点 1 为隔离体，由平衡条件得：

$$R_{1P} = \frac{Fl}{8}$$

进行系数和自由项计算时，应注意以下两点：杆端剪力可根据杆端弯矩求出，在绘出 $\overline{M}_1$ 图、$\overline{M}_2$ 图后，杆端剪力（包括大小和方向）即可确定；由反力互等定理可知，必有 $r_{12} = r_{21}$，计算时可以互相校核，熟练后只需计算其中之一。

4）解方程。将系数和自由项代入典型方程式（13-6），则：

$$\begin{cases} 7iZ_1 - \dfrac{6i}{l}Z_2 + \dfrac{Fl}{8} = 0 \\ -\dfrac{6i}{l}Z_1 + \dfrac{15i}{l^2}Z_2 - \dfrac{F}{2} = 0 \end{cases}$$

联立求解可得：

$$Z_1 = \frac{9}{552} \frac{Fl}{i}, \quad Z_2 = \frac{22}{552} \frac{Fl^2}{i}$$

结果为正值，表明所设 Z_1、Z_2 的方向与实际方向一致。

5）作弯矩图（如图 13-14o 所示）。

$$M = \overline{M}_1 Z_1 + \overline{M}_2 Z_2 + M_P = \frac{9}{552} \frac{Fl}{i} \overline{M}_1 + \frac{22}{552} \frac{Fl^2}{i} Z_2 + M_P$$

根据弯矩图可作出剪力图（如图 13-14p 所示）和轴力图（如图 13-14q 所示）。

6）校核（如图 13-14r 所示）。对计算结果的正确性，应进行校核。由于位移法在确定基本未知量时已满足了变形连续条件，位移法典型方程是静力平衡条件，故通常只需按平衡条件进行校核。

经校核结点满足力矩平衡条件；取横梁 12 为隔离体（如图 13-14r 所示），它满足剪力平衡条件，可以判断所得结果正确。

13.3.3 位移法典型方程

对于具有 n 个独立结点位移的结构，有 n 个基本未知量，为了得到它的基本结构需要增设 n 个附加约束。根据每个附加约束的反力等于零的条件，可建立 n 个平衡方程

$$\begin{cases} r_{11}Z_1 + r_{12}Z_2 + \cdots + r_{1n}Z_n + R_{1P} = 0 \\ r_{21}Z_1 + r_{22}Z_2 + \cdots + r_{2n}Z_n + R_{2P} = 0 \\ \vdots \quad\quad \vdots \quad\quad\quad \vdots \quad\quad \vdots \\ r_{n1}Z_1 + r_{n2}Z_2 + \cdots + r_{nn}Z_n + R_{nP} = 0 \end{cases} \tag{13-7}$$

式（13-7）称为位移法典型方程。

r_{ij} 表示基本结构仅在附加约束 j 发生单位位移 $Z_j = 1$ 时，在附加约束 i 上产生的约束力（或约束反力矩）。r_{ij} 反映结构的刚度，称为**刚度系数**。

r_{ii} 称为**主系数**，r_{ij}（$i \neq j$）称为**副系数**。另外，根据反力五等定理，有 $r_{ij} = r_{ji}$。R_{ip} 称为**自由项**，它表示在基本结构上仅有荷载作用时，在附加约束 i 上产生的约束反力或反力矩。系数和自由项的符号以其方向与所属附加约束假设位移方向一致者为正。由此可知，主系数恒为正值，且不会等于零。而副系数和自由项可能为正、为负或为零，这一性质和力法类似。

根据 $Z_1 = 1$，$Z_2 = 1$，$\cdots$，$Z_n = 1$ 和荷载分别单独作用在基本结构上的弯矩图及隔离体的平衡条件，可以求出各系数和自由项的值，然后求出基本未知量，由叠加原理求出结构的最终弯矩图。最终剪力图可根据弯矩图由平衡条件求得，最终轴力图则根据剪力图由平衡条件求得。

位移法典型方程可以写成矩阵形式：

$$\begin{bmatrix} r_{11} & r_{12} & \cdots & r_{1n} \\ r_{21} & r_{22} & \cdots & r_{2n} \\ \vdots & \vdots & & \vdots \\ r_{n1} & r_{n2} & \cdots & r_{nn} \end{bmatrix} \cdot \begin{bmatrix} Z_1 \\ Z_2 \\ \vdots \\ Z_n \end{bmatrix} + \begin{bmatrix} R_{1P} \\ R_{2P} \\ \vdots \\ R_{nP} \end{bmatrix} = \begin{bmatrix} 0 \\ 0 \\ \vdots \\ 0 \end{bmatrix} \tag{13-8}$$

由刚度系数 r_{ij} 组成的矩阵称为结构**刚度矩阵**，故位移法方程也称结构刚度方程。

13.4　位移法计算步骤及算例

位移法典型方程计算结构的步骤如下：

（1）确定基本未知量，即原结构的刚结点的角位移和独立的线位移数目之和。

（2）建立基本结构。在原结构上增设与基本未知量相应的附加约束，限制结点的角位移和线位移，得到位移法基本结构。

（3）建立位移法典型方程。

（4）计算典型方程中系数和自由项。绘出基本结构在各单位结点位移作用下的弯矩图和荷载作用下的基本结构的弯矩图，由平衡条件求出各系数和自由项。

（5）解算典型方程，求出作为基本未知量的各结点位移 Z_1，Z_2，…，Z_n。

（6）作内力图，根据 $M=\overline{M}_1Z_1+\overline{M}_2Z_2+\cdots+\overline{M}_nZ_n+M_P$，按叠加法绘制最后弯矩图，利用平衡条件求出各杆杆端剪力和轴力，作剪力图和轴力图。

（7）校核，按平衡条件进行校核。

凡是具有未知结点位移的结构，无论是静定的或是超静定的，都可以用位移法求解。故位移法也能用于计算静定结构，且位移法比较适宜于编制通用计算程序，进行大规模的工程计算。

例 13-1　用位移法计算图 13-15 所示的连续梁的内力，EI 为常数。

解：（1）确定基本未知量，结点 B 的角位移 Z_1。

（2）建立基本结构（如图 13-15b 所示），得到基本体系（如图 13-15c 所示）。

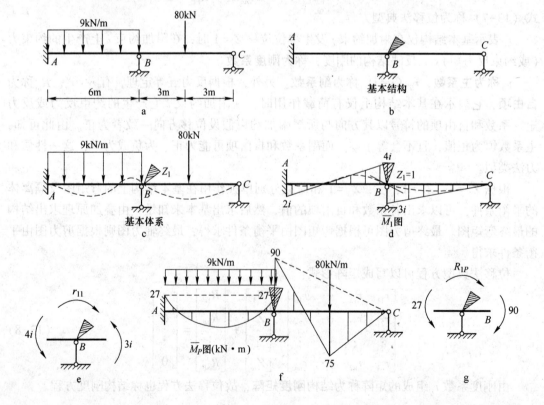

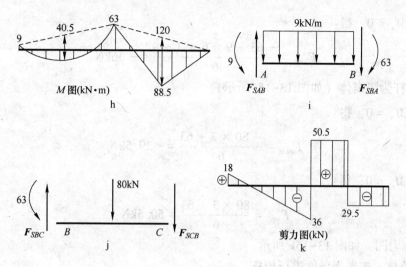

图 13-15

（3）建立位移法典型方程。

$$r_{11}Z_1 + R_{1P} = 0$$

（4）计算系数和自由项。令 $i = \dfrac{EI}{6}$，作 $\overline{M}_1$ 图（如图 13-15d 所示）由隔离体结点 B

（如图 13-15e 所示）的力矩平衡条件 $\sum M_B = 0$，得：

$$r_{11} = 4i + 3i = 7i$$

作 M_P 图（如图 13-15f 所示）。

取结点 B 为隔离体（如图 13-15g 所示），由 $\sum M_B = 0$，得：

$$R_{1P} - 27 + 90 = 0, \quad R_{1P} = -63\text{kN} \cdot \text{m}$$

（5）解算位移法方程。将系数 r_{11} 和自由项 R_{1P} 代入位移法方程，解得：

$$Z_1 = -\frac{R_{1P}}{r_{11}} = \frac{63}{7i} = \frac{9}{i}\text{kN} \cdot \text{m}$$

（6）作内力图。按叠加法，根据 $M = \overline{M}_1 Z_1 + M_P$，计算杆端弯矩：

$$M = \frac{9}{i}\overline{M}_1 + M_P$$

$$M_{AB} = -9\text{kN} \cdot \text{m}$$

$$M_{BA} = 63\text{kN} \cdot \text{m}$$

$$M_{BC} = -63\text{kN} \cdot \text{m}$$

注意：杆端弯矩顺时针为正，但弯矩图仍画在杆件纤维受拉一侧（如图 13-15h 所示）。

根据 M 图利用平衡条件求出各杆杆端剪力，绘出剪力图。

取 AB 杆为隔离体（如图 13-15i 所示）。

由 $\sum M_B = 0$，得：

$$F_{SAB} = \frac{-63 + 9 \times 6 \times 3 + 9}{6} = 18\text{kN}$$

由 $\sum M_A = 0$，得：

$$F_{SBA} = \frac{-63 - 9 \times 6 \times 3 + 9}{6} = -36\text{kN}$$

取 BC 杆为隔离体（如图 13-15j 所示）。

由 $\sum M_B = 0$，得：

$$F_{SCB} = \frac{-80 \times 3 + 63}{6} = -29.5\text{kN}$$

由 $\sum M_C = 0$，得：

$$F_{SBC} = \frac{80 \times 3 + 63}{6} = 50.5\text{kN}$$

绘出剪力图，如图 13-15k 所示。

（7）校核。按平衡条件进行校核。

例 13-2 试用位移法计算图 13-16a 所示刚架，并绘出 M 图。各杆的 EI 为常数。

解：（1）确定基本未知量结点 D、E 的角位移 Z_1 和 Z_2。

（2）建立基本结构。

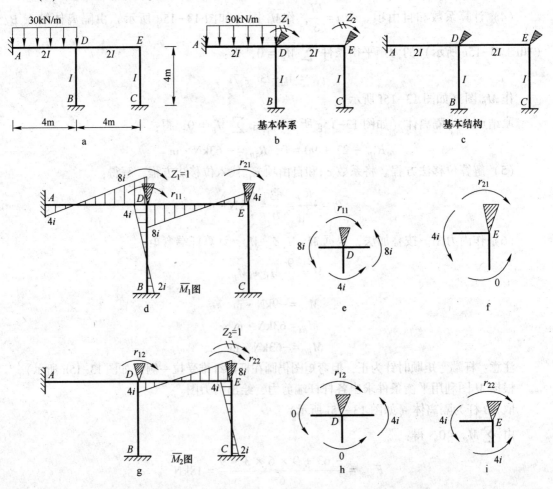

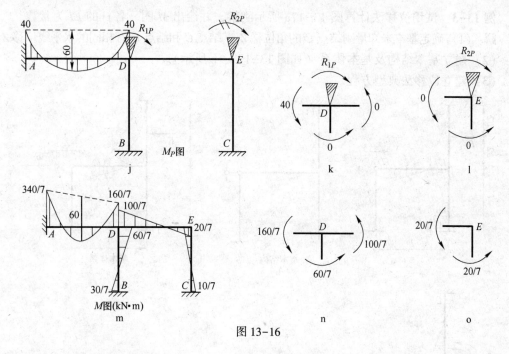

图 13-16

（3）建立位移法典型方程

$$\begin{cases} r_{11}Z_1 + r_{12}Z_2 + R_{1P} = 0 \\ r_{21}Z_1 + r_{22}Z_2 + R_{2P} = 0 \end{cases}$$

（4）计算系数和自由项。作出 $\overline{M}_1$（如图 13-16d 所示），分别取结点 D 和结点 E 为隔离体（如图 13-16e、f 所示），由力矩平衡条件得：

$$r_{11} = 8i + 4i + 8i = 20i, \quad r_{21} = 4i$$

作出 $\overline{M}_2$ 图（如图 13-16g 所示）。

分别取结点 D 和结点 E 为隔离体（如图 13-16h、i 所示），由力矩平衡条件得：

$$r_{12} = 4i, \quad r_{22} = 8i + 4i = 12i$$

作出 M_P 图（如图 13-16j 所示）。

分别取结点 D 和结点 E 为隔离体（如图 13-16k、l 所示），由力矩平衡条件得：

$$R_{1P} = 40, \quad R_{2P} = 0$$

（5）解算位移法方程。将系数和自由项代入位移法方程，得：

$$\begin{cases} 20iZ_1 + 4iZ_2 + 40 = 0 \\ 4iZ_1 + 12iZ_2 + 0 = 0 \end{cases}$$

解得：

$$Z_1 = -\frac{15}{7i}\text{kN} \cdot \text{m}, \quad Z_2 = \frac{5}{7i}\text{kN} \cdot \text{m}$$

（6）作弯矩图。根据 $M = \overline{M}_1Z_1 + \overline{M}_2Z_2 + M_P$，按叠加法绘制最后弯矩图（如图 13-16m 所示）。

（7）校核取结点 D 和结点 E 为隔离体（如图 13-16n、o 所示）。满足结点的力矩平衡条件，计算无误。

234

例 13-3　试用位移法计算图 13-17a 所示刚架，并绘出 M 图。各杆的 EI 为常数。

解：（1）确定基本未知量刚结点 C 的角位移 Z_1，结点 C 和结点 D 有相同的水平线位移 Z_2。

（2）建立基本结构及基本体系（如图 13-17b、c 所示）。

（3）建立位移法典型方程。

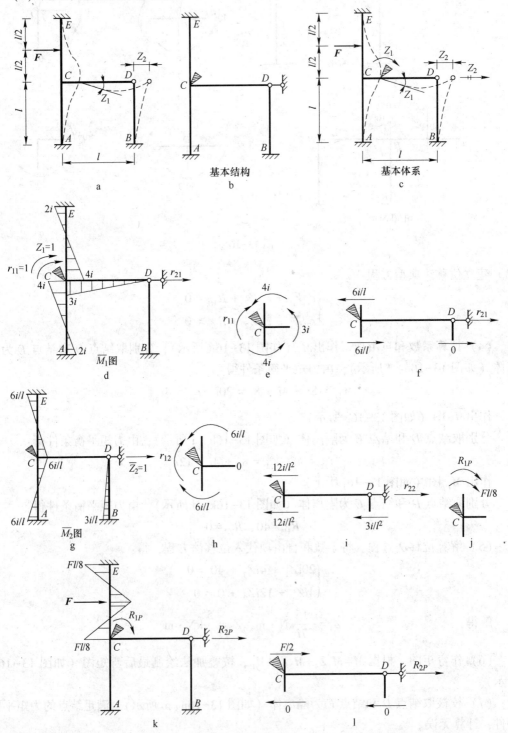

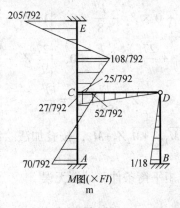

图 13-17

$$\begin{cases} r_{11}Z_1 + r_{12}Z_2 + R_{1P} = 0 \\ r_{21}Z_1 + r_{22}Z_2 + R_{2P} = 0 \end{cases}$$

（4）计算系数和自由项。作出 $\overline{M}_1$ 图（如图 13-17d 所示）。令 $i = \dfrac{EI}{4}$，取结点 C 为隔离体（如图 13-17e 所示），由力矩平衡条件 $\sum M_C = 0$，得：

$$r_{11} = 4i + 4i + 3i = 11i$$

截取杆 CD 为隔离体（如图 13-17f 所示），由投影平衡条件 $\sum F_x = 0$，得：

$$r_{21} = -\frac{6i}{l} + \frac{6i}{l} = 0$$

作 $\overline{M}_2$ 图（如图 13-17g 所示）。

取结点 C 为隔离体（如图 13-17h 所示），由力矩平衡条件 $\sum M_C = 0$，得：

$$r_{12} = -\frac{6i}{l} + \frac{6i}{l} = 0 \quad （满足 \ r_{12} = r_{21}）$$

截取杆 CD 为隔离体（如图 13-17i 所示），由投影平衡条件 $\sum F_x = 0$，得：

$$r_{22} = \frac{12i}{l^2} + \frac{12i}{l^2} + \frac{3i}{l^2} = \frac{27i}{l^2}$$

作 M_P 图（如图 13-17k 所示）。

取结点 C 为隔离体（如图 13-17j 所示）由力矩平衡条件 $\sum M_C = 0$，得：

$$R_{1P} = -\frac{Fl}{8}$$

截取杆 CD 为隔离体（如图 13-17l 所示），由投影平衡条件 $\sum F_x = 0$，得：

$$R_{2P} = -\frac{F}{2}$$

（5）解算位移法方程。将系数和自由项代入位移法方程，便有：

$$\begin{cases} 11iZ_1 + 0 \times Z_2 - \dfrac{Fl}{8} = 0 \\ 0 \times Z_1 + \dfrac{27i}{l^2}Z_2 - \dfrac{F}{2} = 0 \end{cases}, \quad \begin{cases} 11iZ_1 - \dfrac{Fl}{8} = 0 \\ \dfrac{27i}{l^2}Z_2 - \dfrac{F}{2} = 0 \end{cases}$$

解得：
$$Z_1 = \frac{Fl}{88i}, \quad Z_2 = \frac{Fl^2}{54i}$$

（6）作弯矩图。根据 $M = \overline{M}_1 Z_1 + \overline{M}_2 Z_2 + M_P$，按叠加法绘制最后弯矩（如图 13-17m 所示）。

（7）校核。满足结点的力矩平衡条件，计算无误。

13.5 超静定结构的特性

超静定结构（与静定结构相比）有如下一些重要特性：

（1）由于超静定结构有多余的约束，因此超静定结构的内力状态由平衡条件不能唯一地确定，必须同时还要考虑变形条件才能求解。

（2）由于存在多余约束，因而超静定结构在某些约束被破坏后，结构仍保持为几何不变体系，因而还具有一定的承载能力；而静定结构在任一约束被破坏后，即变成几何可变体系，因而丧失承载能力。这说明超静定结构具有较强的防护能力。

（3）一般情况下，超静定结构的内力分布也比静定结构要均匀，内力的峰值也要小些。

（4）超静定结构的内力与结构的材料性质和截面尺寸有关，若构件截面尺寸和刚度有变化，则其内力分布也随之而变。

（5）在超静定结构中，除荷载外，其他任何因素如温度变化、支座移动、制造误差等都可以引起内力。这种没有荷载作用而在结构中引起的内力状态称作自内力状态。自内力状态有不利的一面，也有有利的一面。如，地基不均匀沉降和温度变化等产生的自内力会引起结构裂缝；采用预应力结构则可以主动利用自内力来调节结构截面应力。

—— 小　结 ——

位移法基本未知量的数目等于结点角位移数与独立结点线位移数之和。位移法基本未知量确定后，只需在原结构中有角位移的结点处附加阻转刚臂，在有线位移的结点处附加阻移链杆，即得位移法基本结构。

位移法是以结构的结点位移为未知数的求解超静定结构的基本方法。对同一结构，位移法的基本体系只有一种，位移法典型方程也是唯一的，因而位移法更适宜编程进行计算。对超静定次数高而结点位移数少的超静定结构，用位移法计算较为简便。

利用对称性来简化计算是常用的计算手段。在位移法中利用对称性与力法中利用对称性有不同之处，力法中利用对称性是利用力的对称，而在位移法中利用对称性是利用变形和位移的对称。

习　题

13-1 图示刚架，已知荷载 q，线刚度 i，试确定其位移法基本未知量，并画出弯矩图。

13-2 用位移法计算图示刚架，已知 F，线刚度 i，画出刚架的弯矩图。

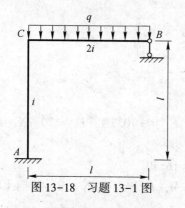

图 13-18　习题 13-1 图

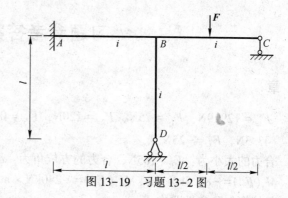

图 13-19　习题 13-2 图

13-3　试用位移法作图示连续梁的弯矩图。

13-4　试用位移法作图示刚架的弯矩图。

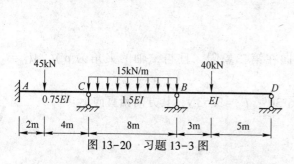

图 13-20　习题 13-3 图

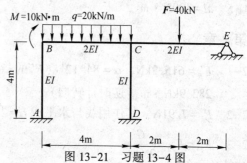

图 13-21　习题 13-4 图

13-5　试用位移法计算图示横梁刚度无穷大的刚架，绘弯矩图，EI 为常数（提示：横梁弯曲刚度无穷大，结点处不产生转动，故本题只有一个线位移未知量 Z_1）。

13-6　用位移法作图示结构的弯矩图。

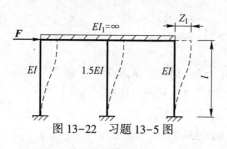

图 13-22　习题 13-5 图

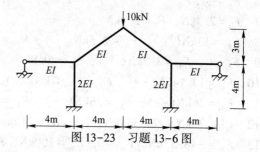

图 13-23　习题 13-6 图

13-7　试用位移法计算图示排架，并绘出 M 图。各杆的 EI 为常数。

13-8　试用位移法计算图示刚架，并绘出 M 图。各杆的 EI 为常数。

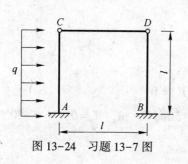

图 13-24　习题 13-7 图

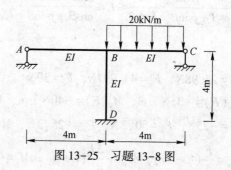

图 13-25　习题 13-8 图

习题参考答案

第1章

1-1　$F_{1x} = 129.9\text{N}$, $F_{1y} = 75\text{N}$, $F_{2x} = 120\text{N}$, $F_{2y} = 0$, $F_{3x} = -70.7\text{N}$, $F_{3y} = 70.7\text{N}$, $F_{4x} = 43.3\text{N}$, $F_{4y} = -25\text{N}$

1-2　合力的大小为：$F_R = 165\text{N}$，合力的方位角为：$\alpha = 16°10'$

1-3　$M_A(\boldsymbol{F}_G) = -82.5\text{kN} \cdot \text{m}$, $M_A(\boldsymbol{F}_V) = -240\text{kN} \cdot \text{m}$, $M_A(\boldsymbol{F}_N) = 144\text{kN} \cdot \text{m}$；该挡土墙满足抗倾斜稳定性要求

1-4　$M_A(\boldsymbol{F}) = F \cdot (a\sin\alpha - b\cos\alpha)$

1-5　$M = 400\text{N} \cdot \text{m}$

第2章

2-1　$F'_R = 615.2\text{kN}$, $\alpha = 84°12'$（F'_R的指向在第二象限，且与 x 轴的夹角为 α），$M'_O = 282.9\text{kN} \cdot \text{m}$（逆时针转向）

2-2　$F_A = 7.91\text{N}$，其作用线与水平成 $\alpha = 26°36'$；$F_B = 3.53\text{N}$，其方向铅直向上

2-3　$F_{T1} = F_{T2} = \dfrac{G}{2\sin\alpha}$

2-4　$F_{AB} = 54.64\text{kN}$, $F_{AC} = -74.64\text{kN}$

2-5　$F_A = -50\text{kN}(\swarrow)$, $F_B = 30\text{kN}(\uparrow)$

2-6　$F_C = -\sqrt{2}\,F_B$

2-7　$F_A = 2.9\text{kN}$, $F_B = 2.9\text{kN}$

2-8　$F_{BC} = 13\text{kN}(\nwarrow)$, $F_{Ay} = 2.5\text{kN}(\uparrow)$, $F_{BC} = 13\text{kN}(\nwarrow)$

2-9　$F_{Ax} = 0$, $F_{Ay} = 3.2\text{kN}(\uparrow)$, $F_B = 20.8\text{kN}(\uparrow)$

2-10　$F_{Ax} = 14.14\text{kN}(\rightarrow)$, $F_{Ay} = 17.07\text{kN}(\uparrow)$, $M_A = 24.14\text{kN}$, $F_C = 7.07\text{kN}(\uparrow)$

2-11　$F_{Ax} = 26\text{kN}(\leftarrow)$, $F_{Bx} = 26\text{kN}(\leftarrow)$, $F_{Ay} = 62\text{kN}(\uparrow)$, $F_{By} = 34\text{kN}(\uparrow)$

2-12　（1）$75\text{kN} \leqslant Q \leqslant 350\text{kN}$；（2）$N_A = 210\text{kN}$, $N_B = 870\text{kN}$

2-13　$F_{Ay} = -48.33\text{kN}$, $F_{Ax} = 0$, $F_{By} = 100\text{kN}$, $F_{Dy} = 8.33\text{kN}$

2-14　$f_s = 0.223$

2-15　$\dfrac{\sin\theta - f\cos\theta}{\cos\beta + f\sin\beta} \cdot \dfrac{M}{l\cos\theta} \leqslant F \leqslant \dfrac{\sin\theta + f\cos\theta}{\cos\beta - f\sin\beta} \cdot \dfrac{M}{l\cos\theta}$

第3章

3-1　$F_x = 25.98\text{N}$, $F_y = 44.997\text{N}$, $F_z = 30\text{N}$

3-2　$M_x(\boldsymbol{F}) = -35\text{N} \cdot \text{m}$, $M_y(\boldsymbol{F}) = -40\text{N} \cdot \text{m}$, $M_z(\boldsymbol{F}) = 0$

3-3　$F_x = -25\text{N}$, $F_y = 50\sqrt{3}\,\text{N}$, $F_z = -25\sqrt{3}\,\text{N}$, $M_x = -50\sqrt{3}\,\text{N} \cdot \text{m}$, $M_y = 0$, $M_z = -50\text{N} \cdot \text{m}$

3-4　$M_x = \dfrac{F}{4}(h - 3r)$, $M_y = \dfrac{\sqrt{3}\,F}{4}(r + h)$, $M_z = -\dfrac{Fr}{2}$

3-5 $F_{OA}=1.04\text{kN}$, $F_{OB}=1.8\text{kN}$, $F_{OC}=2.4\text{kN}$

第4章

4-1 $F_{N1}=30\text{kN}$, $F_{N2}=-20\text{kN}$, $F_{N3}=-60\text{kN}$

4-2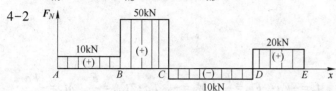

4-3 $\sigma_1=120\text{MPa}$, $\sigma_2=-50\text{MPa}$

4-4 $\sigma_{BC}=-46.2\text{MPa}$, $\sigma_{BD}=57.7\text{MPa}$

4-5 $\sigma_{\max}=-\dfrac{F_P}{a^2}-\gamma H$

4-6 $\Delta l_A=-2.26\text{mm}$, $\Delta l_B=-1.46\text{mm}$

4-7 $\Delta l_{AB}=0.294\text{mm}$, $\Delta l_{BC}=-0.018\text{mm}$

4-8 $\tau=129.4\text{MPa}<[\tau]=140\text{MPa}$, $\sigma_{jy}=162.5\text{MPa}<[\sigma_{jy}]=320\text{MPa}$, $\sigma=118.2\text{MPa}<[\sigma]=$ 160MPa，故整个连接均满足强度要求

4-9 此连接能承受的最大荷载 $F=314\text{kN}$

4-10 $d\geqslant19.1\text{mm}$，取 $d=20\text{mm}$

4-11 $F=36.2\text{kN}$

第5章

5-1 a 和 d 正确

5-2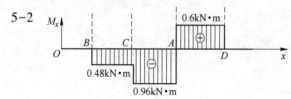

5-3 （1） $|M_{n\max}|_1=1592\text{N}\cdot\text{m}$；（2） $|M_{n\max}|_2=955\text{N}\cdot\text{m}$，故后一种布置较前种布置合理

5-4 $d\geqslant50\text{mm}$

5-5 $\varphi=\varphi_{AB}+\varphi_{BC}=0.0318-0.00796\approx0.0239\text{rad}=1.37°$

5-6 $\tau_{\max}=16.3\text{MPa}<[\tau]=40\text{MPa}$, $\theta=0.58°/\text{m}<2°/\text{m}$，即传动轴满足强度和刚度条件

5-7 $\varphi_{AC}=\varphi_{AB}+\varphi_{BC}=13\times10^{-3}-4\times10^{-3}=9\times10^{-3}\text{rad}$

第6章

6-1 $I_{z1}=\dfrac{bh^3}{3}$, $I_{y1}=\dfrac{hb^3}{3}$

6-2 $I_z=\dfrac{bh^3}{12}-\dfrac{5\pi d^4}{32}$

6-3　$I_z = 35.6 \times 10^6 \text{mm}^4$，$I_y = 14.291 \times 10^6 \text{mm}^4$；当 $a = 111.2\text{mm}$ 时，截面对 z、y 轴的惯性矩相等

6-4　$I_z = 9.33 \times 10^9 \text{mm}^4$，$I_y = 2.01 \times 10^9 \text{mm}^4$

6-5　$I_z = 27.9936 \times 10^6 \text{mm}^4$，$I_y = 4.08 \times 10^6 \text{mm}^4$

第7章

7-1　c 正确

7-2　$F_{S1} = -F$，$M_1 = -Fa$；$F_{S2} = \dfrac{F}{4}$，$M_2 = -Fa$；$F_{S3} = \dfrac{F}{4}$，$M_3 = -\dfrac{3}{4}Fa$；$F_{S4} = \dfrac{F}{4}$，$M_4 = -\dfrac{Fa}{4}$

7-3　$F_{SF} = \sum F_{F左} = 0.75\text{kN}$，$M_F = \sum M_{F左} = -2.25\text{kN} \cdot \text{m}$；$F_{SD左} = \sum F_{D左} = -3.25\text{kN}$，

　　$M_{D左} = \sum M_{D左} = -4\text{kN} \cdot \text{m}$

7-4　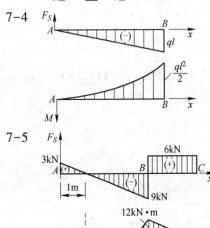

7-5　

7-6　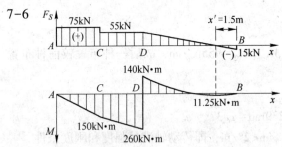

7-7　$\sigma_a = 8.64\text{MPa}(\text{拉})$，$\sigma_b = 4.80\text{MPa}(\text{拉})$；$\sigma_{max} = 9.73\text{MPa} < [\sigma] = 10\text{MPa}$，该木梁满足正应力强度要求

7-8　选择 45b 工字钢

7-9　$[F] = 44.2\text{kN}$

7-10　$\tau_{max} = \dfrac{3ql}{4bh}$，$\sigma_{max} = \dfrac{3ql^2}{4bh^2}$；$\dfrac{\tau_{max}}{\sigma_{max}} = \dfrac{h}{l}$

7-11　$d \geqslant 72.57\text{mm}$，取 $d = 75\text{mm}$

7-12 $b \geqslant 113.57\text{mm}$，取 $b = 115\text{mm}$，$h = 230\text{mm}$

7-13 $\sigma_{max} = 130.06\text{MPa} < [\sigma] = 160\text{MPa}$，$\tau_{max} = 21.08\text{MPa} < [\tau] = 100\text{MPa}$，梁满足正应力和剪应力强度要求

7-14 $y_B = y_{BF} + y_{Bq} = \dfrac{ql^4}{3EI} + \dfrac{ql^4}{8EI} = \dfrac{11ql^4}{24EI}(\downarrow)$，$\theta_B = \theta_{BF} + \theta_{Bq} = \dfrac{ql^3}{2EI} + \dfrac{ql^3}{6EI} = \dfrac{2ql^3}{3EI}$ （↵）

7-15 $\sigma_{max} = 52\text{MPa} < [\sigma]$，$\dfrac{y_{max}}{l} = \dfrac{5ql^3}{384EI} = \dfrac{1}{987} < \left[\dfrac{1}{400}\right]$，梁满足强度和刚度要求

7-16 $d \geqslant 153.3\text{mm}$，取 $d = 160\text{mm}$

7-17 截面竖放时 $\sigma_{max} = 93.8\text{MPa} < [\sigma]$，满足强度条件；截面横放时 $\sigma_{max} = 187.5\text{MPa} > [\sigma]$，不满足强度条件

7-18 $d \geqslant 25.5\text{mm}$，取 $d = 26\text{mm}$

第 8 章

8-1 $\sigma_{ymax} = 130.1\text{MPa} < [\sigma]$，梁满足强度条件

8-2 $\sigma_{lmax} = 157.9\text{MPa} < [\sigma]$，竖杆满足强度条件

8-3 $\sigma_{lmax} = 8.8\text{MPa}$，最大拉应力位于固定端截面上边缘和后边缘的交点 d，即梁的危险截面是固定端截面，危险点为截面的 d 角点

8-4 选用 16 号工字钢

8-5 $\sigma_{max} = 11.63\text{MPa} < [\sigma]$，梁满足强度条件。

8-6 $e_{max} = \dfrac{h}{6}$

8-7 $d \geqslant 50.8\text{mm}$，取 $d = 50\text{mm}$

8-8 $\sigma_{xd3} = 43.4\text{MPa} \leqslant [\sigma]$，轴满足强度条件

第 9 章

9-1 a 体系为无多余约束的几何不变体系；b 体系为无多余约束的几何不变体系

9-2 a 体系为几何可变体系；b 体系为无多余约束的几何不变体系

9-3 a 体系为几何可变体系；b 体系为有两个多余约束的几何不变体系

9-4 a 体系为几何可变体系；b 体系为无多余约束的几何不变体系

9-5 体系为无多余约束的几何不变体系

9-6 体系为无多余约束的几何不变体系

9-7 体系为有一个多余约束的几何不变体系

9-8 体系为无多余约束的几何不变体系

9-9 体系为无多余约束的几何不变体系

第 10 章

10-1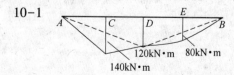

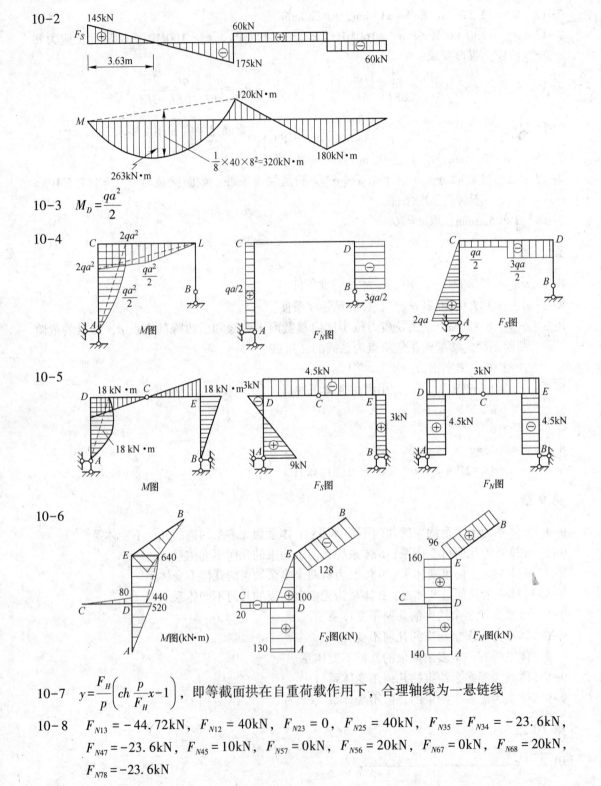

10-2

10-3 $M_D = \dfrac{qa^2}{2}$

10-4

10-5

10-6

10-7 $y = \dfrac{F_H}{p}\left(ch\,\dfrac{p}{F_H}x - 1 \right)$，即等截面拱在自重荷载作用下，合理轴线为一悬链线

10-8 $F_{N13} = -44.72\text{kN}$，$F_{N12} = 40\text{kN}$，$F_{N23} = 0$，$F_{N25} = 40\text{kN}$，$F_{N35} = F_{N34} = -23.6\text{kN}$，
$F_{N47} = -23.6\text{kN}$，$F_{N45} = 10\text{kN}$，$F_{N57} = 0\text{kN}$，$F_{N56} = 20\text{kN}$，$F_{N67} = 0\text{kN}$，$F_{N68} = 20\text{kN}$，
$F_{N78} = -23.6\text{kN}$

10-9 $F_{N1} = -\dfrac{3}{2}F$，$F_{N2} = \dfrac{\sqrt{2}}{2}F$，$F_{N3} = -\dfrac{3}{2}F$

10-10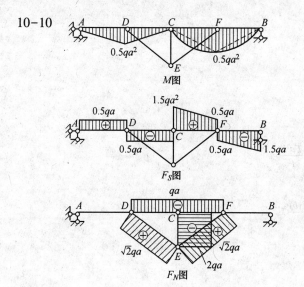

第 11 章

11-1 $\Delta_{By} = \dfrac{7.62Fl}{EA}$ （↓），$\Delta_{Bx} = -\dfrac{\sqrt{3}Fl}{EA}$ （←）

11-2 $\theta_C = -\dfrac{qa^3}{384EI}$，$\theta_C$ 的实际转向为逆时针方向

11-3 $\Delta_{Bx} = \dfrac{1}{EI}\left(\dfrac{Fa^3}{2} + \dfrac{qa^4}{8}\right)$ （→）

11-4 $\Delta_{Cy} = 3.41\dfrac{Fd}{EA}$ （↓）

11-5 $\Delta_{CV} = \dfrac{1}{EI}\left(\dfrac{1}{8}Fl^3 - \dfrac{1}{48}ql^4\right)$，$\theta_C = \dfrac{1}{EI}\left(\dfrac{7}{24}Fl^2 - \dfrac{1}{24}ql^3\right)$

11-6 $\Delta_{Dy} = 0.0259\text{m}$ （↓）

11-7 $\Delta_{CD} = \dfrac{\rho gh^2}{EI}\left(\dfrac{h^3}{15} + \dfrac{1}{6}h^3l - \dfrac{1}{12}l^3\right)$

11-8 $\Delta_{CV} = \dfrac{1}{EI}\cdot\dfrac{10}{3}Fa^3 + \dfrac{1}{EA}8\sqrt{2}\,Fa$

11-9 $\Delta_{BV} = \dfrac{1}{EI}\left(\dfrac{1}{8}ql^4 + \dfrac{1}{3}Fl^3\right)$

第 12 章

12-1 $n = 1$

12-2 $n = 12$

12-3 $n = 1$

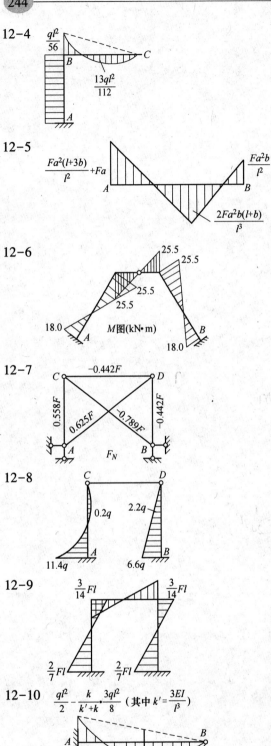

12-4

$\dfrac{ql^2}{56}$

B

C

$\dfrac{13ql^2}{112}$

A

12-5

$\dfrac{Fa^2(l+3b)}{l^2}+Fa$

$\dfrac{Fa^2b}{l^2}$

A B

$\dfrac{2Fa^2b(l+b)}{l^3}$

12-6

25.5

25.5

25.5

25.5

18.0

M图(kN·m)

A B

18.0

12-7

$-0.442F$

C D

0.558F

$-0.442F$

0.625F $-0.789F$

A B

F_N

12-8

C D

0.2q 2.2q

A B

11.4q 6.6q

12-9

$\dfrac{3}{14}Fl$ $\dfrac{3}{14}Fl$

$\dfrac{2}{7}Fl$ $\dfrac{2}{7}Fl$

12-10 $\dfrac{ql^2}{2}-\dfrac{k}{k'+k}\cdot\dfrac{3ql^2}{8}$ （其中 $k'=\dfrac{3EI}{l^3}$ ）

A B

$\dfrac{ql^2}{8}$

第 13 章

13-1 基本未知量为刚结点 C 的转角位移 θ_C

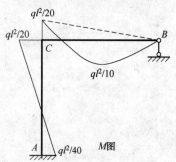

13-2

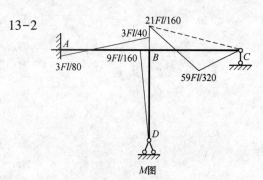

13-3

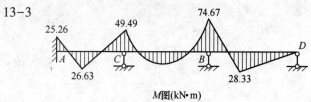

13-4

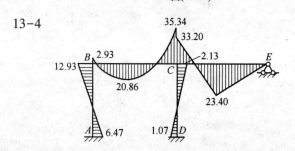

13-5

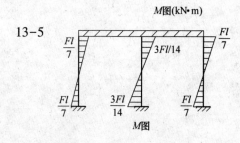

13-6

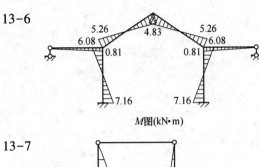

M图(kN·m)

13-7

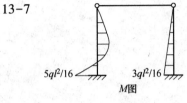

$5ql^2/16$　　　$3ql^2/16$

M图

13-8

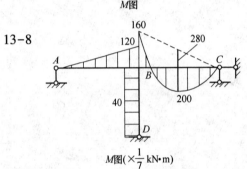

M图($\times\dfrac{1}{7}$ kN·m)

附录 型钢表

1. 热轧等边角钢（GB/T 706—2008）

符号意义：
b—边宽度；
d—边厚度；
r—内圆弧半径；
r_1—边端圆弧半径；
l—惯性矩；
i—惯性半径；
W—截面系数；
z_0—重心距离。

| 型号 | 截面尺寸/mm | | | 截面面积/cm² | 理论重量/kg·m⁻¹ | 外表面积/m²·m⁻¹ | 惯性矩/cm⁴ | | | | 惯性半径/cm | | | 截面系数/cm³ | | | 重心距离/cm |
	b	d	r				I_x	I_{x1}	I_{x0}	I_{y0}	i_x	i_{x0}	i_{y0}	W_x	W_{x0}	W_{y0}	z_0
2	20	3	3.5	1.132	0.889	0.078	0.40	0.81	0.63	0.17	0.59	0.75	0.39	0.29	0.45	0.20	0.60
		4		1.459	1.145	0.077	0.50	1.09	0.78	0.22	0.58	0.73	0.38	0.36	0.55	0.24	0.64
2.5	25	3	3.5	1.432	1.124	0.098	0.82	1.57	1.29	0.34	0.76	0.95	0.49	0.46	0.73	0.33	0.73
		4		1.859	1.459	0.097	1.03	2.11	1.62	0.43	0.74	0.93	0.48	0.59	0.92	0.40	0.76
3.0	30	3	4.5	1.749	1.373	0.117	1.46	2.71	2.31	0.61	0.91	1.15	0.59	0.68	1.09	0.51	0.85
		4		2.276	1.786	0.117	1.84	3.63	2.92	0.77	0.90	1.13	0.58	0.87	1.37	0.62	0.89
3.6	36	3	4.5	2.109	1.656	0.141	2.58	4.68	4.09	1.07	1.11	1.39	0.71	0.99	1.61	0.76	1.00
		4		2.756	2.163	0.141	3.29	6.25	5.22	1.37	1.09	1.38	0.70	1.28	2.05	0.93	1.04
		5		3.382	2.654	0.141	3.95	7.84	6.24	1.65	1.08	1.36	0.70	1.56	2.45	1.00	1.07
4	40	3	5	2.359	1.852	0.157	3.59	6.41	5.69	1.49	1.23	1.55	0.79	1.23	2.01	0.96	1.09
		4		3.086	2.422	0.157	4.60	8.56	7.29	1.91	1.22	1.54	0.79	1.60	2.58	1.19	1.13
		5		3.791	2.976	0.156	5.53	10.74	8.76	2.30	1.21	1.52	0.78	1.96	3.10	1.39	1.17

248

型号	截面尺寸/mm b	d	r	截面面积/cm²	理论重量/kg·m⁻¹	外表面积/m²·m⁻¹	惯性矩/cm⁴ I_x	I_{x1}	I_{x0}	I_{y0}	惯性半径/cm i_x	i_{x0}	i_{y0}	截面系数/cm³ W_x	W_{x0}	W_{y0}	重心距离/cm z_0
4.5	45	3	5	2.659	2.088	0.177	5.17	9.12	8.20	2.14	1.40	1.76	0.89	1.58	2.58	1.24	1.22
		4		3.486	2.736	0.177	6.65	12.18	10.56	2.75	1.38	1.74	0.89	2.05	3.32	1.54	1.26
		5		4.292	3.369	0.176	8.04	15.2	12.74	3.33	1.37	1.72	0.88	2.51	4.00	1.81	1.30
		6		5.076	3.985	0.176	9.33	18.36	14.76	3.89	1.36	1.70	0.8	2.95	4.64	2.06	1.33
5	50	3	5.5	2.971	2.332	0.197	7.18	12.5	11.37	2.98	1.55	1.96	1.00	1.96	3.22	1.57	1.34
		4		3.897	3.059	0.197	9.26	16.69	14.70	3.82	1.54	1.94	0.99	2.56	4.16	1.96	1.38
		5		4.803	3.770	0.196	11.21	20.90	17.79	4.64	1.53	1.92	0.98	3.13	5.03	2.31	1.42
		6		5.688	4.465	0.196	13.05	25.14	20.68	5.42	1.52	1.91	0.98	3.68	5.85	2.63	1.46
5.6	56	3	6	3.343	2.624	0.221	10.19	17.56	16.14	4.24	1.75	2.20	1.13	2.48	4.08	2.02	1.48
		4		4.390	3.446	0.220	13.18	23.43	20.92	5.46	1.73	2.18	1.11	3.24	5.28	2.52	1.53
		5		5.415	4.251	0.220	16.02	29.33	25.42	6.61	1.72	2.17	1.10	3.97	6.42	2.98	1.57
		6		6.420	5.040	0.220	18.69	35.26	29.66	7.73	1.71	2.15	1.10	4.68	7.49	3.40	1.61
		7		7.404	5.812	0.219	21.23	41.23	33.63	8.82	1.69	2.13	1.09	5.36	8.49	3.80	1.64
		8		8.367	6.568	0.219	23.63	47.24	37.37	9.89	1.68	2.11	1.09	6.03	9.44	4.16	1.68
6	60	5	6.5	5.829	4.576	0.236	19.89	36.05	31.57	8.21	1.85	2.33	1.19	4.59	7.44	3.48	1.67
		6		6.914	5.427	0.235	23.25	43.33	36.89	9.60	1.83	2.31	1.18	5.41	8.70	3.98	1.70
		7		7.977	6.262	0.235	26.44	50.65	41.92	10.96	1.82	2.29	1.17	6.21	9.88	4.45	1.74
		8		9.020	7.081	0.235	29.47	58.02	46.66	12.28	1.81	2.27	1.17	6.98	11.00	4.88	1.78
6.3	63	4	7	4.978	3.907	0.248	19.03	33.35	30.17	7.89	1.96	2.46	1.26	4.13	6.78	3.29	1.70
		5		6.143	4.822	0.248	23.17	41.73	36.77	9.57	1.94	2.45	1.25	5.08	8.25	3.90	1.74
		6		7.288	5.721	0.247	27.12	50.14	43.03	11.20	1.93	2.43	1.24	6.00	9.66	4.46	1.78
		7		8.412	6.603	0.247	30.87	58.60	48.96	12.79	1.92	2.41	1.23	6.88	10.99	4.98	1.82
		8		9.515	7.469	0.247	34.46	67.11	54.56	14.33	1.90	2.40	1.23	7.75	12.25	5.47	1.85
		10		11.657	9.151	0.246	41.09	84.31	64.85	17.33	1.88	2.36	1.22	9.39	14.56	6.36	1.93

型号	截面尺寸/mm			截面面积/cm²	理论重量/kg·m⁻¹	外表面积/m²·m⁻¹	惯性矩/cm⁴				惯性半径/cm			截面系数/cm³			重心距离/cm
	b	d	r				I_x	I_{x1}	I_{x0}	I_{y0}	i_x	i_{x0}	i_{y0}	W_x	W_{x0}	W_{y0}	z_0
7	70	4	8	5.570	4.372	0.275	26.39	45.74	41.80	10.99	2.18	2.74	1.40	5.14	8.44	4.17	1.86
		5		6.875	5.397	0.275	32.21	57.21	51.08	13.31	2.16	2.73	1.39	6.32	10.32	4.95	1.91
		6		8.160	6.406	0.275	37.77	68.73	59.93	15.61	2.15	2.71	1.38	7.48	12.11	5.67	1.95
		7		9.424	7.398	0.275	43.09	80.29	68.35	17.82	2.14	2.69	1.38	8.59	13.81	6.34	1.99
		8		10.667	8.373	0.274	48.17	91.92	76.37	19.98	2.12	2.68	1.37	9.68	15.43	6.98	2.03
7.5	75	5	9	7.412	5.818	0.295	39.97	70.56	63.30	16.63	2.33	2.92	1.50	7.32	11.94	5.77	2.04
		6		8.797	6.905	0.294	46.95	84.55	74.38	19.51	2.31	2.90	1.49	8.64	14.02	6.67	2.07
		7		10.160	7.976	0.294	53.57	98.71	84.96	22.18	2.30	2.89	1.48	9.93	16.02	7.44	2.11
		8		11.503	9.030	0.294	59.96	112.97	95.07	24.86	2.28	2.88	1.47	11.20	17.93	8.19	2.15
		9		12.825	10.068	0.294	66.10	127.30	104.71	27.48	2.27	2.86	1.46	12.43	19.75	8.89	2.18
		10		14.126	11.089	0.293	71.98	141.71	113.92	30.05	2.26	2.84	1.46	13.64	21.48	9.56	2.22
8	80	5	9	7.912	6.211	0.315	48.79	85.36	77.33	20.25	2.48	3.13	1.60	8.34	13.67	6.66	2.15
		6		9.397	7.376	0.314	57.35	102.50	90.98	23.72	2.47	3.11	1.59	9.87	16.08	7.65	2.19
		7		10.860	8.525	0.314	65.58	119.70	104.07	27.09	2.46	3.10	1.58	11.37	18.40	8.58	2.23
		8		12.303	9.658	0.314	73.49	136.97	116.60	30.39	2.44	3.08	1.57	12.83	20.61	9.46	2.27
		9		13.725	10.774	0.314	81.11	154.31	128.60	33.61	2.43	3.06	1.56	14.25	22.73	10.29	2.31
		10		15.126	11.874	0.313	88.43	171.74	140.09	36.77	2.42	3.04	1.56	15.64	24.76	11.08	2.35
9	90	6	10	10.637	8.350	0.354	82.77	145.87	131.26	34.28	2.79	3.51	1.80	12.61	20.63	9.95	2.44
		7		12.301	9.656	0.354	94.83	170.30	150.47	39.18	2.78	3.50	1.78	14.54	23.64	11.19	2.48
		8		13.944	10.946	0.353	106.47	194.80	168.97	43.97	2.76	3.48	1.78	16.42	26.55	12.35	2.52
		9		15.566	12.219	0.353	117.72	219.39	186.77	48.66	2.75	3.46	1.77	18.27	29.35	13.46	2.56
		10		17.167	13.476	0.353	128.58	244.07	203.90	53.26	2.74	3.45	1.76	20.07	32.04	14.52	2.59
		12		20.306	15.940	0.352	149.22	293.76	236.21	62.22	2.71	3.41	1.75	23.57	37.12	16.49	2.67

型号	截面尺寸/mm			截面面积/cm²	理论重量/kg·m⁻¹	外表面积/m²·m⁻¹	惯性矩/cm⁴				惯性半径/cm			截面系数/cm³			重心距离/cm
	b	d	r				I_x	I_{x1}	I_{x0}	I_{y0}	i_x	i_{x0}	i_{y0}	W_x	W_{x0}	W_{y0}	z_0
10	100	6	12	11.932	9.366	0.393	114.95	200.07	181.98	47.92	3.10	3.90	2.00	15.68	25.74	12.69	2.67
		7		13.796	10.830	0.393	131.86	233.54	208.97	54.74	3.09	3.89	1.99	18.10	29.55	14.26	2.71
		8		15.638	12.276	0.393	148.24	267.09	235.07	61.41	3.08	3.88	1.98	20.47	33.24	15.75	2.76
		9		17.462	13.708	0.392	164.12	300.73	260.30	67.95	3.07	3.86	1.97	22.79	36.81	17.18	2.80
		10		19.261	15.120	0.392	179.51	334.48	284.68	74.35	3.05	3.84	1.96	25.06	40.26	18.54	2.84
		12		22.800	17.898	0.391	208.90	402.34	330.95	86.84	3.03	3.81	1.95	29.48	46.80	21.08	2.91
		14		26.256	20.611	0.391	236.53	470.75	374.06	99.00	3.00	3.77	1.94	33.73	52.90	23.44	2.99
		16		29.627	23.257	0.390	262.53	539.80	414.16	110.89	2.98	3.74	1.94	37.82	58.57	25.63	3.06

注：截面图中的 $r_1=1/3d$ 及表中 r 的数据用于孔型设计，不做交货条件。

2. 热轧工字钢（GB/T 706—2008）

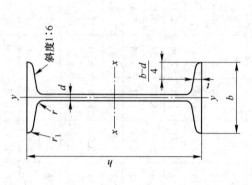

符号意义：

h—高度；
b—腿宽度；
d—腰厚度；
t—平均腿厚度；
r—内圆弧半径；
r_1—腿端圆弧半径；
I—惯性矩；
W—截面系数；
i—惯性半径。

型号	截面尺寸/mm						截面面积 /cm²	理论重量 /kg·m⁻¹	惯性矩/cm⁴		惯性半径/cm		截面系数/cm³	
	h	b	d	t	r	r_1			I_x	I_y	i_x	i_y	W_x	W_y
10	100	68	4.5	7.6	6.5	3.3	14.345	11.261	245	33.0	4.14	1.52	49.0	9.72
12	120	74	5.0	8.4	7.0	3.5	17.818	13.987	436	46.9	4.95	1.62	72.7	12.7
12.6	126	74	5.0	8.4	7.0	3.5	18.118	14.223	488	46.9	5.20	1.61	77.5	12.7
14	140	80	5.5	9.1	7.5	3.8	21.516	16.890	712	64.4	5.76	1.73	102	16.1
16	160	88	6.0	9.9	8.0	4.0	26.131	20.513	1130	93.1	6.58	1.89	141	21.2
18	180	94	6.5	10.7	8.5	4.3	30.756	24.143	1660	122	7.36	2.00	185	26.0
20a	200	100	7.0	11.4	9.0	4.5	35.578	27.929	2370	158	8.15	2.12	237	31.5
20b	200	102	9.0	11.4	9.0	4.5	39.578	31.069	2500	169	7.96	2.06	250	33.1
22a	220	110	7.5	12.3	9.5	4.8	42.128	33.070	3400	225	8.99	2.31	309	40.9
22b	220	112	9.5	12.3	9.5	4.8	46.528	36.524	3570	239	8.78	2.27	325	42.7
24a	240	116	8.0	13.0	10.0	5.0	47.741	37.477	4570	280	9.77	2.42	381	48.4
24b	240	118	10.0	13.0	10.0	5.0	52.541	41.245	4800	297	9.57	2.38	400	50.4
25a	250	116	8.0	13.0	10.0	5.0	48.541	38.105	5020	280	10.2	2.40	402	48.3
25b	250	118	10.0	13.0	10.0	5.0	53.541	42.030	5280	309	9.94	2.40	423	52.4
27a	270	122	8.5	13.7	10.5	5.3	54.554	42.825	6550	345	10.9	2.51	485	56.6
27b	270	124	10.5	13.7	10.5	5.3	59.954	47.064	6870	366	10.7	2.47	509	58.9
28a	280	122	8.5	13.7	10.5	5.3	55.404	43.492	7110	345	11.3	2.50	508	56.6
28b	280	124	10.5	13.7	10.5	5.3	61.004	47.888	7480	379	11.1	2.49	534	61.2
30a	300	126	9.0	14.4	11.0	5.5	61.254	48.084	8950	400	12.1	2.55	597	63.5
30b	300	128	11.0	14.4	11.0	5.5	67.254	52.794	9400	422	11.8	2.50	627	65.9
30c	300	130	13.0	14.4	11.0	5.5	73.254	57.504	9850	445	11.6	2.46	657	68.5
32a	320	130	9.5	15.0	11.5	5.8	67.156	52.717	11100	460	12.8	2.62	692	70.8
32b	320	132	11.5	15.0	11.5	5.8	73.556	57.741	11600	502	12.6	2.61	726	76.0
32c	320	134	13.5	15.0	11.5	5.8	79.956	62.765	12200	544	12.3	2.61	760	81.2

型号	截面尺寸/mm						截面面积/cm²	理论重量/kg·m⁻¹	惯性矩/cm⁴		惯性半径/cm		截面系数/cm³	
	h	b	d	t	r	r_1			I_x	I_y	i_x	i_y	W_x	W_y
36a	360	136	10.0	15.8	12.0	6.0	76.480	60.037	15800	552	14.4	2.69	875	81.2
36b		138	12.0				83.680	65.689	16500	582	14.1	2.64	919	84.3
36c		140	14.0				90.880	71.341	17300	612	13.8	2.60	962	87.4
40a	400	142	10.5	16.5	12.5	6.3	86.112	67.598	21700	660	15.9	2.77	1090	93.2
40b		144	12.5				94.112	73.878	22800	692	15.6	2.71	1140	96.2
40c		146	14.5				102.112	80.158	23900	727	15.2	2.65	1190	99.6
45a	450	150	11.5	18.0	13.5	6.8	102.446	80.420	32200	855	17.7	2.89	1430	114
45b		152	13.5				111.446	87.485	33800	894	17.4	2.84	1500	118
45c		154	15.5				120.446	94.550	35300	938	17.1	2.79	1570	122
50a	500	158	12.0	20.0	14.0	7.0	119.304	93.654	46500	1120	19.7	3.07	1860	142
50b		160	14.0				129.304	101.504	48600	1170	19.4	3.01	1940	146
50c		162	16.0				139.304	109.354	50600	1220	19.0	2.96	2080	151
55a	550	166	12.5	21.0	14.5	7.3	134.185	105.335	62900	1370	21.6	3.19	2290	164
55b		168	14.5				145.185	113.970	65600	1420	21.2	3.14	2390	170
55c		170	16.5				156.185	122.605	68400	1480	20.9	3.08	2490	175
56a	560	166	12.5	21.0			135.435	106.316	65600	1370	22.0	3.18	2340	165
56b		168	14.5				146.635	115.108	68500	1490	21.6	3.16	2450	174
56c		170	16.5				157.835	123.900	71400	1560	21.3	3.16	2550	183
63a	630	176	13.0	22.0	15.0	7.5	154.658	121.407	93900	1700	24.5	3.31	2980	193
63b		178	15.0				167.258	131.298	98100	1810	24.2	3.29	3160	204
63c		180	17.0				179.858	141.189	102000	1920	23.8	3.27	3300	214

注：表中 r、r_1 的数据用于孔型设计，不做交货条件。

3. 热轧槽钢（GB/T 706—2008）

符号意义：

h—高度；
b—腿宽度；
d—腰厚度；
t—平均腿厚度；
r—内圆弧半径；
r_1—腿端圆弧半径；
I—惯性矩；
W—截面系数；
i—惯性半径；
z_0—yy 轴与 y_1y_1 轴间距。

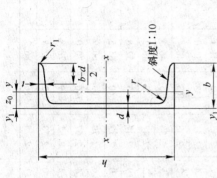

| 型号 | 截面尺寸/mm | | | | | | 截面面积 /cm² | 理论重量 /kg·m⁻¹ | 惯性矩/cm⁴ | | | 惯性半径/cm | | 截面系数/cm³ | | 重心距离/cm |
	h	b	d	t	r	r_1			I_x	I_y	I_{y1}	i_x	i_y	W_x	W_y	z_0
5	50	37	4.5	7.0	7.0	3.5	6.928	5.438	26.0	8.30	20.9	1.94	1.10	10.4	3.55	1.35
6.3	63	40	4.8	7.5	7.5	3.8	8.451	6.634	50.8	11.9	28.4	2.45	1.19	16.1	4.50	1.36
6.5	65	40	4.3	7.5	7.5	3.8	8.547	6.709	55.2	12.0	28.3	2.54	1.19	17.0	4.59	1.38
8	80	43	5.0	8.0	8.0	4.0	10.248	8.045	101	16.6	37.4	3.15	1.27	25.3	5.79	1.43
10	100	48	5.3	8.5	8.5	4.2	12.748	10.007	198	25.6	54.9	3.95	1.41	39.7	7.80	1.52
12	120	53	5.5	9.0	9.0	4.5	15.362	12.059	346	37.4	77.7	4.75	1.56	57.7	10.2	1.62
12.6	126	53	5.5	9.0	9.0	4.5	15.692	12.318	391	38.0	77.1	4.95	1.57	62.1	10.2	1.59
14a	140	58	6.0	9.5	9.5	4.8	18.516	14.535	564	53.2	107	5.52	1.70	80.5	13.0	1.71
14b	140	60	8.0	9.5	9.5	4.8	21.316	16.733	609	61.1	123	5.35	1.69	87.1	14.1	1.67
16a	160	63	6.5	10.0	10.0	5.0	21.962	17.24	866	73.3	144	6.28	1.83	108	16.3	1.80
16b	160	65	8.5	10.0	10.0	5.0	25.162	19.752	935	83.4	161	6.10	1.82	117	17.6	1.75
18a	180	68	7.0	10.5	10.5	5.2	25.699	20.174	1270	98.6	190	7.04	1.96	141	20.0	1.88
18b	180	70	9.0	10.5	10.5	5.2	29.299	23.000	1370	111	210	6.84	1.95	152	21.5	1.84

斜度1:10

| 型号 | 截面尺寸/mm | | | | | | 截面面积 /cm² | 理论重量 /kg·m⁻¹ | 惯性矩/cm⁴ | | | 惯性半径/cm | | 截面系数/cm³ | | 重心距离/cm |
	h	b	d	t	r	r_1			I_x	I_y	I_{y1}	i_x	i_y	W_x	W_y	z_0
20a	200	73	7.0	11.0	11.0	5.5	28.837	22.637	1780	128	244	7.86	2.11	178	24.2	2.01
20b	200	75	9.0	11.0	11.0	5.5	32.837	25.777	1910	144	268	7.64	2.09	191	25.9	1.95
22a	220	77	7.0	11.5	11.5	5.8	31.846	24.999	2.390	158	298	8.67	2.23	218	28.2	2.10
22b	220	79	9.0	11.5	11.5	5.8	36.246	28.453	2570	176	326	8.42	2.21	234	30.1	2.03
24a	240	78	7.0	12.0	12.0	6.0	34.217	26.860	3.050	174	325	9.45	2.25	254	30.5	2.10
24b	240	80	9.0	12.0	12.0	6.0	39.017	30.628	3280	194	355	9.17	2.23	274	32.5	2.03
24c	240	82	11.0	12.0	12.0	6.0	43.817	34.396	3510	213	388	8.96	2.21	293	34.4	2.00
25a	250	78	7.0	12.0	12.0	6.0	34.917	27.410	3370	176	322	9.82	2.24	270	30.6	2.07
25b	250	80	9.0	12.0	12.0	6.0	39.917	31.335	3530	196	353	9.41	2.22	282	32.7	1.98
25c	250	82	11.0	12.0	12.0	6.0	44.917	35.260	3690	218	384	9.07	2.21	295	35.9	1.92
27a	270	82	7.5	12.5	12.5	6.2	39.284	30.838	4360	216	393	10.5	2.34	323	35.5	2.13
27b	270	84	9.5	12.5	12.5	6.2	44.684	35.077	4690	239	428	10.3	2.31	347	37.7	2.06
27c	270	86	11.5	12.5	12.5	6.2	50.084	39.316	5020	261	467	10.1	2.28	372	39.8	2.03
28a	280	82	7.5	12.5	12.5	6.2	40.034	31.427	4760	218	388	10.9	2.33	340	35.7	2.10
28b	280	84	9.5	12.5	12.5	6.2	45.634	35.823	5130	242	428	10.6	2.30	366	37.9	2.02
28c	280	86	11.5	12.5	12.5	6.2	51.234	40.219	5500	268	463	10.4	2.29	393	40.3	1.95
30a	300	85	7.5	13.5	13.5	6.8	43.902	34.463	6050	260	467	11.7	2.43	403	41.1	2.17
30b	300	87	9.5	13.5	13.5	6.8	49.902	39.173	6500	289	515	11.4	2.41	433	44.0	2.13
30c	300	89	11.5	13.5	13.5	6.8	55.902	43.883	6950	316	560	11.2	2.38	463	46.4	2.09
32a	320	88	8.0	14.0	14.0	7.0	48.513	38.083	7600	305	552	12.5	2.50	475	46.5	2.24
32b	320	90	10.0	14.0	14.0	7.0	54.913	43.107	8140	336	593	12.2	2.47	509	49.2	2.16
32c	320	92	12.0	14.0	14.0	7.0	61.313	48.131	8690	374	643	11.9	2.47	543	52.6	2.09
36a	360	96	9.0	16.0	16.0	8.0	60.910	47.814	11900	455	818	14.0	2.73	660	63.5	2.44
36b	360	98	11.0	16.0	16.0	8.0	68.110	53.466	12700	497	880	13.6	2.70	703	66.9	2.37
36c	360	100	13.0	16.0	16.0	8.0	75.310	59.118	13400	536	948	13.4	2.67	746	70.0	2.34
40a	400	100	10.5	18.0	18.0	9.0	75.068	58.928	17600	592	1070	15.3	2.81	879	78.8	2.49
40b	400	102	12.5	18.0	18.0	9.0	83.068	65.208	18600	640	114	15.0	2.78	932	82.5	2.44
40c	400	104	14.5	18.0	18.0	9.0	91.068	71.488	19700	688	1220	14.7	2.75	986	86.2	2.42

注：表中 r、r_1 的数据用于孔型设计，不做交货条件。

参 考 文 献

[1] 范钦珊，等．工程力学［M］．2版．北京：高等教育出版社，2011.
[2] 干光瑜，等．材料力学［M］．4版．北京：高等教育出版社，2006.
[3] 李家宝，等．结构力学［M］．4版．北京：高等教育出版社，2006.
[4] 张秉荣，等．工程力学［M］．4版．北京：机械工业出版社，2012.
[5] 于英，等．建筑力学［M］．3版．北京：中国建筑工业出版社，2013.
[6] 阳日，等．结构力学［M］．北京：高等教育出版社，2005.
[7] 孙训方，等．材料力学［M］．5版．北京：高等教育出版社，2011.
[8] 刘鸿文．材料力学［M］．5版．北京：高等教育出版社，2011.
[9] 祁皑．结构力学学习辅导与解题指南［M］．2版．北京：清华大学出版社，2013.
[10] 王焕定，等．结构力学［M］．2版．北京：清华大学出版社，2013.